기억의 미래

A Brain for Innovation

Copyright © 2024 Columbia University Press

All rights reserved.

Korean translation rights arranged with Columbia University Press through Danny Hong Agency.

Korean translation copyright © 2025 by Prunsoop Publishing Co., Ltd.

이 책의 한국어판 저작권은 대니홍에이전시를 통한 저작권사와의
독점 계약으로 (주)도서출판 푸른숲에 있습니다.
신저작권법에 의해 한국 내에서 보호를 받는 저작물이므로
무단전재와 복제를 금합니다.

기억의 미래

A Brain for Innovation

언제나 최적의 선택을 찾아내는
우리 뇌의 비밀

정민환 지음

시심

일러두기
- 학술지, 신문, 단행본은 《》로, 영화, 드라마, 논문은 〈〉로 묶었다.
- 본문에서 언급한 매체 중 국내에 출간·소개된 경우 번역된 제목을 따랐고, 국내에 소개되지 않은 매체는 원어 제목을 우리말로 옮기고 원제를 병기했다.
- 인명 및 도시명은 국립국어원 외래어표기법을 따랐다.

머리말

불완전한 인간이 만드는 더 나은 미래

사람, 즉 호모 사피엔스는 매우 특별한 존재다. 자신의 존재 이유와 삶의 의미를 고민하고 성찰하는 동물은 지구상에서 인류가 유일할 것이다. 사람들은 자신이 속한 세상과 그 안에서의 자신의 위치에 대해 오랫동안 사유해왔으며, 이러한 지적 탐구는 과학, 철학, 예술 등 여러 분야에서 눈부신 발전을 이뤄냈다. 지구상의 수많은 생물종 중 인류만이 생존을 위한 삶을 초월하는 문명을 이룩했고, 그 과정에서 찬란한 정신문화를 발전시켜왔다. 이 내적 성찰 능력은 인류를 다른 종들과 뚜렷이 구별해준다. 그러나 이러한 특별함에도 불구하고, 인류 역시 다른 생물종들과 마찬가지로 종의 생존과 지속이라는 생명체의 궁극적 목적에서 완전히 자유롭지는 않다.

사실 인간은 생물학적으로 그리 특별한 종이 아니다. 생물을 분류할 때 사용하는 주요 범주는 '계-문-강-목-과-속-종'이다. 인간은 '동물계-척삭동물문-포유강-영장목-사람과-사람속-사람종'으로 분류된다. 생물종을 학명으로 부를 때는 하위 두 범주인 속과 종의 이름을 사용하며, 인간의 경우 호모(Homo, 사람속) 사피엔스(Sapiens, 사람종)가 된다. 그렇다면 수많은 동물종 중 종의 생존과 지속이라는 생명체의 궁극적 목적을 기준으로 뒀을 때 가장 뛰어난 동물은 무엇일까? 과학자들은 현존하는 동물을 대략 35개의 문으로 분류하는데, 이 중 생물학적으로 가장 성공적인 동물문은 절지동물문이다. 절지동물문 내에서도 가장 많은 개체를 가진 강은 곤충강이다. 많은 사람에게 의외일 수 있지만, 현재 지구 환경에 가장 성공적으로 적응한 동물은 바로 곤충이다.

과학자들은 현재 지구상의 곤충 총 개체 수를 약 10경(京)으로 추정하며, 이들의 총 질량은 전 인류의 총 질량보다 70배나 많다. 곤충의 다양성 또한 놀랍다. 현재까지 알려진 곤충종은 약 백만 종으로, 이는 전체 동물종의 약 90퍼센트, 전체 생명종의 50퍼센트 이상을 차지한다.[1] 더 놀라운 점은 아직까지 알려지지 않은 곤충종이 200만에서 천만 종(평균 550만 종)에 이를 것으로 추정된다는 사실이다.[2] 이를 고려하면 곤충을 연구하는 학문인 곤충학 entomology이 독립된 분야로 존재하는 것은 놀랍지 않다. 이처럼 곤충은 개체 수와 다양성이라는 측면에서 다른 동물에 비해 압도적인 우위를 점하고 있다. 이 때문에 지구 환경 변화로 인류를 포함한 포유류와 많은 동물종이 멸종하더라도 곤충들은 끈질기게 살아남을 가능성이 높다. 생물학적 관점에서 보면 인간이 지구상에서 가장 성공적인 생명체가 아님은 분명하다.

그러나 종의 보존이라는 생물학적 목적을 초월해 문화와 문명의 발전을 이룬 종은 인간이 유일하다. 과연 인간은 다른 동물과 어떤 점이 다르기에 고도의 문명사회를 이룩할 수 있었을까? 인간의 특징인 뛰어난 지적 능력 덕분이다. 다양한 지적 능력이 종합적으로 작용해 현대 문명의 발전이 가능했고, 그 중심에는 바로 '혁신'이라는 능력이 자리한다. 인간은 본질적으로 혁신을 추구하는 존재다. 과거를 그대로 답습하지 않고 더 나은 미래를 향해 끊임없이 나아간다. 역사적으로 인류는 과학, 기술, 예술, 철학 등 여러 분야에서 끊임없는 혁신을 이뤄왔고 그 성과가 축적되어 오늘날의 전 지구적인 문명사회가 형성됐다. 심지어 현대사회에서는 특허제도를 통해 혁신을 장려하고 있다. 인류는 혁신 능력으로 모든 대륙에서 번성을 누리고, 지구 생태계 전체를 변화시킬 정도의 강력한 영향력을 행사하고 있다. 이런 점에서 인간은 혁신하는 종, 즉 '호모 이노바티쿠스Homo Innovaticus'라고 할 수 있다.

그림 1은 농업 시작 이후 기술 발전과 세계 인구 증가 추이를 보여준다. 인구는 기하급수적으로 증가해왔으며, 지난 두 세기 동안 기술은 놀라운 속도로 발전해왔다. 그림에 표시된 주요 기술적 진보는 인류가 지난 200년 동안 이룬 수많은 과학적·기술적 성과 중 극히 일부에 불과하다.

머리말

인류 혁신의 원동력은 과연 무엇일까? 아마도 우리 뇌가 다른 동물들과 다르다는 점일 것이다. 그렇다면 인간의 뇌는 무엇이 다를까? 이 질문이 바로 이 책의 핵심 주제다. 그 답을 찾기 위해 우리는 인간의 뇌에서 상상과 추상적 사고가 어떻게 일어나는지 살펴볼 것이다. 혁신을 이루기 위해서는 기존의 사고체계를 뛰어넘는 새로운 통찰이 필요한데, 여기서 중요한 요소는 상상하는 능력이다. 상상을 통해 우리는 기존 정보와 지식을 재조합하고 새로운

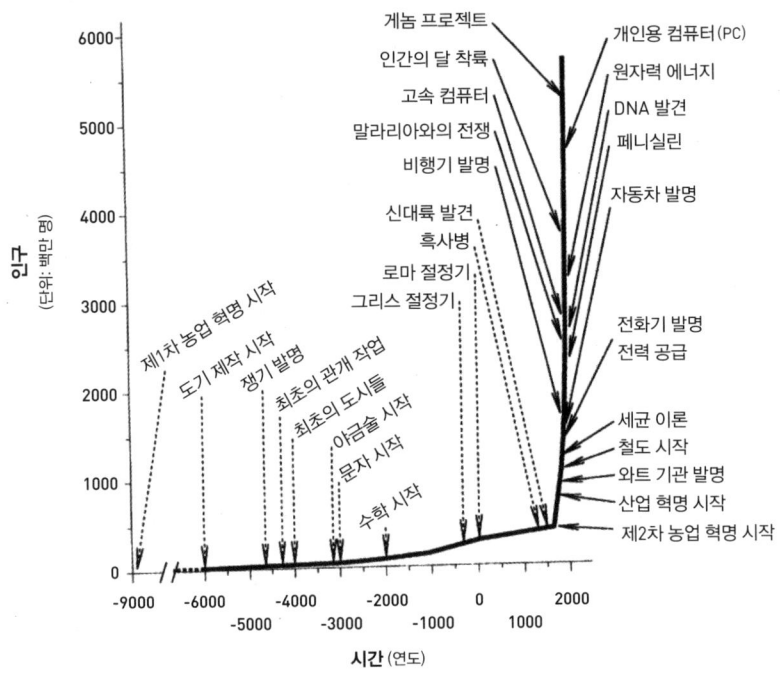

그림 1   농경 시대 이후의 인구 증가와 주요 기술적 진보.

기억의 미래

기술, 지식, 사상, 예술을 창조해낸다. 아인슈타인은 상상하는 능력을 이렇게 표현했다. "논리는 당신을 A에서 B로 데려다주지만, 상상은 당신을 모든 곳으로 데려다줄 것이다."

상상력은 인류만의 전유물일까? 사람처럼 상상하는 능력을 다른 동물들도 가지고 있는가에 대한 논의는 오랫동안 이어져왔다. 동물들의 행동을 면밀히 관찰해보면 그들 또한 상상력을 가지고 있음을 시사하는 사례들이 종종 관찰된다. 반려동물을 키우는 사람이라면 익히 알겠지만, 고양이나 개와 같은 동물들은 놀이를 통해 가상의 상황을 시뮬레이션하는 듯한 행동을 보인다. 예를 들어, 개는 놀이 중 역할 전환과 같은 행동을 통해 사회적 상호작용을 연습하며, 이는 다양한 상황에서 상호작용을 예측하고 시뮬레이션하는 능력이 있음을 시사한다.[3] 까마귀는 도구를 사용해 먹이를 꺼내는 문제 해결 실험에서 여러 도구를 조합해 해결책을 '계획'하는 모습을 보인다.[4] 침팬지도 미래에 사용할 도구를 미리 저장하거나 준비하는 행동을 통해 학습된 단순한 행동을 넘어 미래 상황을 '상상'했을 가능성을 보여준다.[5] 최근 뇌 과학 연구에서는 쥐와 같은 설치류 동물에서도 상상과 관련된 뇌 활동 패턴이 관찰됐으며, 이를 통해 상상과 관련된 뇌 신경 메커니즘을 직접 연구할 수 있는 길이 열리고 있다. 이러한 연구 결과는 4장에서 더욱 자세히 다룰 예정이다.

그렇다면 인간의 어떤 능력이 현대 문명의 토대가 되는 혁신을 가능하게 했을까? 나는 그것을 '추상적 영역에서의 자유로운 상상'이라고 말하고 싶다. 미분방정식, 열전도율, 사회 정의, 행복과 같은 추상적 개념을 사용한 상상력이 인류를 다른 동물들과 구별 짓고, 현대 문명의 눈부신 발전을 가능하게 해준 원동력이라고 할 수 있다. 상상력은 혁신을 촉진하지만 혁신을 보장하지는 않는다. 상상의 범위는 인지 능력에 의해 제한되므로, 충분히 높은 인지 능력이 없다면 상상의 내용은 혁신적일 수 없다. 특히 개념적 지식을 포함하는 혁신에는 고도의 추상화 능력이 필수다. 인류는 허수, 벡터, 중력, 원자, 유전자, 돌연변이, 아름다움, 자유의지와 같은 고차원의 추상적 개념을 학습하고 활용할 수 있는 인지 능력을 가지고 있다. 이러한 개념을 사용해 자유롭게 상상하는 능력은 인간 고유의 특성이며, 인류를 혁신적인 존재로 만들어준 힘이다.

물론 다른 동물들, 특히 영장류 또한 추상적 사고를 할 수 있다. 그러나 인간에 근접한 추상적 사고 능력을 가진 동물은 없다. 사람은 다른 어떤 동물보다 고차원의 추상적 개념을 형성하는 데 뛰어나며, 이를 바탕으로 다양한 상상을 전개할 수 있다. 대표적인 예가 언어 능력이다. 오직 인간만이 언어에 특화된 뇌 부위를 지니며, 진정한 언어 능력을 가지고 있다. **그림 1**에 제시된 혁신들은 이러한 인간의 능력, 즉 고도의 추상적 개념을 활용한 자유로운 상상력이 없었다면 불가능했을 것이다.

우리는 '혁신'의 뇌 과학을 얼마나 이해하고 있을까? 안타깝게도 이에 대한 우리의 이해는 상당히 제한적이다. 그럼에도 다양한 학문 분야, 특히 뇌 과학의 최신 연구 성과를 살펴보면 인류의 위대한 능력 근저에 자리 잡고 있는 뇌의 작동 과정을 고찰해볼 수 있다. 전통적으로 뇌 과학은 뇌가 외부 감각 정보를 어떻게 처리하고 저장하는지, 그리고 이 정보를 바탕으로 어떻게 행동을 제어하는지에 초점을 맞춰왔다. 반면, 내적 사고internal mentation, 특히 상상력과 창의성에 관련된 뇌의 작동 과정은 상대적으로 덜 주목받아왔다.

그러나 최신 연구 성과로 흐름이 점차 변하고 있다. 다음은 이를 잘 보여주는 주요 발견들이다. 우리가 백일몽을 꾸거나 미래에 대해 이런저런 상상을 할 때 특히 활성화되는 뇌 신경 시스템이 존재한다. 이 신경 시스템은 창의성이 필요한 과제를 수행할 때 다른 신경 시스템들과 역동적으로 상호작용한다. 기억에 핵심적인 뇌 부위인 해마도 상상에 관여한다. 동물 연구에서는 상상과 관련된 뇌 신경 활동 패턴을 관찰하는 데 성공했다. 이러한 연구 결과들은 내적 사고, 상상력, 창의적 사고, 그리고 혁신과 관련된 뇌의 작동 과정을 이해하는 단서를 제공해준다.

《기억의 미래》에서는 현대 뇌 과학이 이룬 상상과 추상적 사고에 관한 주요 발견과 통찰을 되짚어볼 것이다. 최근 해마 연구에서 얻은 새로운 발견들은 미래를 상상하는 과정을 신경 회로 수준에서 설명할 수 있는 기틀을 마련했다. 물론 고차원의 추상적 사고가 뇌에서 작동하는 과정에 대한 이해는 여전히 제한적이다. 하지만 이를 추측할 수 있는 단서들은 존재한다. 이 책에서는 이러한 단서들을 살펴보며 심리학, 인류학, 인공지능 등 관련 학문 분야의 연구 성과를 논의할 것이다. 이를 통해 호모 사피엔스의 고유 능력인 혁신 능력을 어떻게 신경 시스템과 회로의 작동이라는 측면으로 설명할 수 있는지 탐구하고자 한다.

이 책은 총 네 부분으로 구성되어 있다. 1부에서는 해마가 상상에서 어떤 역할을 하는지 다루고, 2부에서는 상상과 관련된 해마 신경 회로의 작동 과정을 살펴본다. 3부에서는 인간의 고차원적 추상화와 관련된 뇌의 작동 과정을 탐구하며, 4부에서는 상상과 추상화의 뇌 과학을 넘어 창의성과 혁신 능력의 미래를 간략히 논의한다. 또한 뇌 과학과 인접 분야의 다양한 발견을 종합해 인류의 혁신 능력이 뇌에서 어떻게 작동하는지를 간결하게 설명한다.

논의 주제와 연구 성과는 선별적으로 다뤘으며, 이 과정에서 일부 중요한 발견들이 생략됐음을 양해 바란다. 책의 내용과 관련된 문헌과 자료가 방대하지만, 그중 극히 일부만을 인용했음을 밝혀 둔다. 아울러, 현대 뇌 과학 연구를 깊이 있게 소개하면서도 관련 전문 지식이 없는 독자도 이해할 수 있도록 집필했기에 과학 논문 수준의 엄밀성을 완전히 충족하지는 않을 수 있다. 좀 더 전문적인 내용은 네 편의 부록에 담았으니 뇌 과학에 깊은 관심을 가진 독자들은 부록을 참고하기 바란다.

이 책이 인간 본성의 중요한 특징 중 하나인 혁신 능력을 이해하는 데 작은 도움이 되길 바란다.

차례

머리말 불완전한 인간이 만드는 더 나은 미래 5

1부 기억과 상상으로 미래를 만드는 뇌

1장 기억에서 상상으로

영원히 기억될 기억 상실자 22 | 기억 임시 저장소 25 | 해마의 새로운 역할 28 | 우리가 쉴 때 뇌는 미래를 상상한다 30

2장 그 기억은 가짜일 수 있다

기억의 오류 36 | 아버지를 살인자로 만든 기억 38 | 가짜 기억 심기 41 | 기억은 조작할 수 있다 44 | 그림 하나로 천 가지 가짜 기억을 만들 수 있다 45 | 저장된 조각으로 구성되는 기억 48

3장   기억과 상상의 핵심, 경로 재생

동물 연구로 밝힌 해마의 기능 51 | 뇌 속 내비게이션, 장소세포 53 | 기억의 시간적 요소를 증명하다 55 | 세타 수면 경로 재생 56 | 서파 수면 경로 재생 58 | 과거를 회상하고 미래를 계획하는 기능 59 | 가지 않은 길을 상상하는 쥐 61 | 공간이 아닌 경험 순서도 떠올리는 인간 64 | 쉴 때도 정보를 정리하는 뇌 66

2부   기억과 상상은 어떻게 이뤄지는가

4장   상상하는 해마

신경망에 자율성을 주는 회귀 투사 74 | 해마 신경망 80 | 해마의 창의적인 CA3 신경망 82

5장   상상을 평가하는 해마

여전히 베일에 싸인 CA1 신경망 90 | 맥락을 표현하는 신경망 92 | 효용가치를 표상하는 신경망 93 | 최적의 선택을 이끄는 모사-선택 96 | 더 나은 선택을 하는 뇌의 학습 99

6장   해마 기능의 진화적 기원

포유류와 조류의 해마 105 | 조류에게는 없는 모사-선택 기능

109 | 모사-선택의 진화 111 | 고래와 박쥐의 뒤바뀐 특성 113 | 댕기박새와 얼룩말핀치새 115

3부 상상을 확장한 추상적 세계

7장 인간을 혁신의 주체로 만든 힘

경험으로 얻는 추상적 사고 124 | 선천적으로 갖고 있는 추상적 사고 127 | 인간의 압도적인 추상적 사고 능력 133 | 뇌의 크기와 뉴런 밀도의 중요성 136 | 신피질의 진화에 비례하는 추상적 사고 능력 139

8장 판단과 조절을 담당하는 전전두피질

모든 행동을 통제하는 집행자 146 | 성격을 좌우하는 뇌 영역 149 | 끈기와 융통성 152 | 전전두피질과 추상적 사고 156

9장 인류 혁명과 쐐기앞소엽

고차원적 인지 능력의 증거 163 | 해부학적 현대인의 등장 168 | 인류 혁명의 원인 170 | 두개골 모양이 말해주는 뇌 신경계의 변화 172 | 고등 추상 개념의 핵심, 쐐기앞소엽 174

10장   **인공 신경망의 발전**

딥러닝이란 무엇일까? 182 | 스스로 학습하는 심층 신경망 187 | 인간 지능의 본질에 다가가다 188 | 다단계 은닉층의 긴밀한 상호작용 190 | 지금보다 더 진화할 수 있을까? 194

4부   상상과 추상을 넘어서

11장   **상상력과 창의성**

창의성의 세 가지 요소 204 | 기억은 상상과 창의성의 재료다 208 | 다양한 경험의 중요성 210 | 실패와 일탈을 허용하기 213 | 창의성과 지속성의 관계 216 | 창의성을 촉진하는 3B 217 | 창의적 아이디어를 만드는 깊은 몰입 220 | 계발이 아닌 활용을 고민하라 222

12장   **인공지능과 혁신의 미래**

인공지능의 현재 231 | 인간이 만드는 인공지능의 미래 239 | 인간과 인공지능의 혁신 능력 차이 250

맺음말 우리의 행동이 우리의 미래를 결정한다 257

부록1 회귀 투사와 연합 기억 263
부록2 모사-선택 이론의 핵심 근거 267
부록3 가치를 표상하는 CA1 뉴런 281
부록4 치상회의 기능 286

후주 293
그림 출처 327

1
기억과 상상으로 미래를 만드는 뇌

1장
기억에서 상상으로

우리 뇌에서 추상적 개념을 사용한 자유로운 상상은 어떻게 이뤄질까? 의외라고 느낄 수도 있겠지만 이 흥미로운 질문에 대한 뇌과학적 탐구는 '기억'이라는 주제에서 출발한다. 과거의 경험을 기억하는 것과 미래에 있을 법한 상황을 상상하는 것은 분명히 다르다. 대부분의 사람은 기억을 담당하는 뇌 부위와 상상을 담당하는 뇌 부위는 다르다고 생각할 것이다. 뇌 과학자들조차도 최근까지 같은 생각을 하고 있었다.

그러나 2007년, 이러한 통념을 뒤집는 연구 결과가 발표됐다. 기억을 담당하는 뇌 부위와 상상을 담당하는 뇌 부위가 상당 부분 중복된다는 사실이 밝혀진 것이다. 그 중심에 있는 핵심 부위가 바로 '해마'다. 해마는 측두엽 깊숙한 곳에 위치해 있으며, 모양이 바

닷속 생물인 해마를 닮아 이런 이름이 붙었다. 이 장에서는 해마가 기억에 중요한 역할을 한다는 1950년대의 발견부터 상상에도 관여한다는 2000년대의 연구 결과에 이르기까지 해마 연구의 발전 과정을 살펴볼 것이다. 기억과 상상이 뇌 속에서 어떻게 얽혀 있는지 탐구해보자.

영원히 기억될 기억 상실자

2008년 12월 2일, 미국 동부 코네티컷주에 있는 요양원에서 한 남자가 82세의 나이로 세상을 떠났다. 그의 사망 소식은 세계 중요 언론을 통해 널리 보도됐다. 그는 단지 젊은 시절에 뇌 수술을 받은 후 과학자들의 연구에 성실히 협조한 환자일 뿐이었다. 그러나 이 한 사람으로 인해 뇌 과학의 역사가 완전히 바뀌었다.《뉴욕타임스》는 그의 부고에 "뇌 과학 역사상 가장 중요한 환자가 세상을 떠났다"고 전했다.[1] 추론, 판단, 주의, 언어 등 인간의 다양한 고위 뇌 기능 중 학습과 기억에 대한 뇌 과학적 이해는 특히 앞서 있는데, 이 지식 발전에 가장 큰 공헌을 한 인물로 그를 꼽을 수 있다. 그는 뇌 수술로 기억을 잃었지만, 그로 인해 뇌 과학사에 영원히 기억될 흔적을 남기며 생을 마쳤다.

이 남자의 이름은 헨리 구스타프 몰레이슨Henry Gustav Molaison 으로,

생전에는 사생활 보호를 위해 머리글자를 따서 'H.M.'으로만 알려져 있었다. 헨리 몰레이슨은 9세 때 자전거 사고로 머리를 부딪친 후 심한 간질 발작을 겪기 시작했다. 수술을 받기 전 그의 상태는 매우 심각해 하루에 한 번 이상 의식을 잃을 정도로 발작이 잦았다. 그는 27세에 해마를 포함한 내측 측두엽을 절제하는 뇌 수술을 받았는데, 이때부터 그의 삶은 돌이킬 수 없는 변화를 맞았다. 수술 후 간질 증세는 크게 완화됐지만, 새로운 경험을 기억하는 능력을 완전히 상실했다. 그는 과거는 떠올릴 수 있었지만 현재를 축적하지 못하는 '기억의 캡슐' 속에 갇힌 채 살아가야 했다. 놀랍게도 뇌의 다른 기능들은 거의 정상적으로 유지됐다. 감각, 운동, 언어, 지능, 단기 기억 등 대부분의 기능은 정상이었으며, 오래된 과거 기억도 비교적 잘 보전됐다. 새로운 경험을 장기적으로 저장하는 능력만 완전히 상실한 것이다.[2]

헨리 몰레이슨의 사례는 과학자들에게 뇌에 기억을 담당하는 부위가 따로 있음을 알려줬다. 헨리 몰레이슨 이전에는 많은 과학자가 뇌 전체가 기억에 관여한다고 생각했다. 예를 들어, 심리학자 칼 래슐리Karl Lashley는 쥐의 대뇌피질cerebral cortex을 다양한 조합으로 손상시키는 실험을 통해 기억의 위치를 추적하려 했다. 그러나 그는 손상된 위치와 학습 행동 간에 뚜렷한 상관관계를 발견하지 못했다. 대신 대뇌피질의 손상 범위에 따라 학습 능력이 저하된다는 결과를 바탕으로 기억이 대뇌피질 전체에 분산 저장된다고 주장

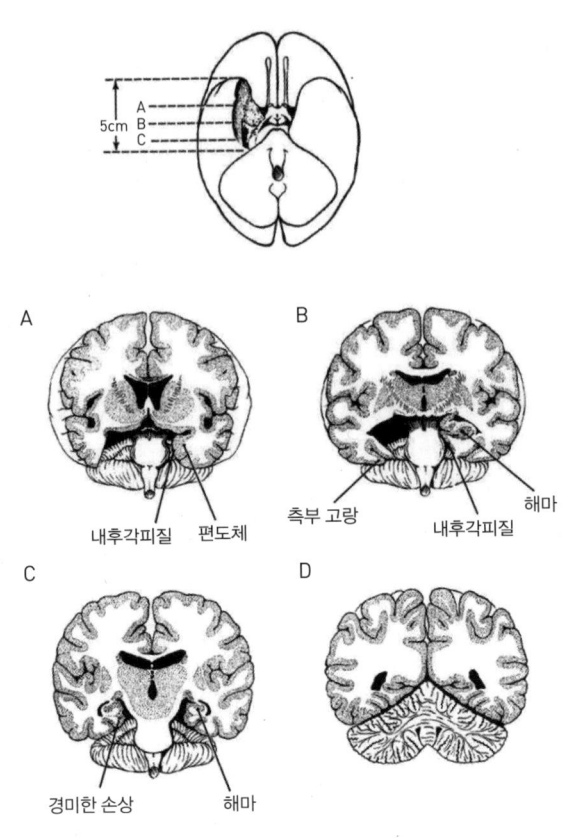

그림 2   내측 측두엽이 절제된 헨리 몰레이슨의 뇌. 내측 측두엽 양쪽이 모두 절제됐지만, 제거된 부분을 보여주기 위해 오른쪽 반구는 정상적인 뇌 구조로 그려졌다.

했다.[3]

  하지만 헨리 몰레이슨의 사례는 기억과 기타 뇌 기능이 분리될 수 있음을 보여주며, 특정 뇌 부위가 기억 형성에 필수적이라는 증거를 제공했다. 특히 주목할 점은 헨리 몰레이슨이 어린 시절의 기억처럼 뇌 수술 이전의 기억은 비교적 정상적으로 유지했다는 사실이다. 이는 새로운 기억 형성에 관여하는 뇌 부위와 오래된 기억을 최종적으로 저장하는 뇌 부위가 서로 다를 가능성을 시사한다. 헨리 몰레이슨은 해마를 포함한 내측 측두엽(**그림 2**)을 절제했기 때문에, 과학자들은 이 부위가 새로운 기억을 형성하는 데 필수적이라는 결론을 도출할 수 있었다. 이를 통해 해마가 새로운 정보를 장기 기억으로 전환하는 과정에 있어 중요한 역할을 한다는 것이 밝혀졌다.

기억 임시 저장소

또 한 가지 흥미로운 발견은 헨리 몰레이슨이 단계별 역행성 기억상실graded retrograde amnesia 증상을 보였다는 점이다. 역행성 기억상실이란 부상이나 질병 이전의 경험에 대한 기억을 잃는 것을 의미하며, 순행성 기억상실anterograde amnesia은 그 이후의 경험을 기억하지 못하는 것을 뜻한다. 헨리 몰레이슨은 뇌 수술 이전의 경험이 수술 시점에 가까울수록, 즉 더 최근일수록 회상에 어려움을 겪었다. 그는 수술 시점부터 대략 3년 전까지의 기억을 잃었으나, 어린 시절이나 학창 시절과 같은 먼 과거의 일은 정상적인 수준으로 기억했다. 현재 가장 영향력 있는 이론에 따르면 기억은 초기에 해마에

저장됐다가 시간이 흐르며 점차 재구성돼 신피질에 장기 기억으로 자리 잡는다.[4]

단계별 역행성 기억상실과 기억의 응고화 현상은 인간의 기억이 컴퓨터 메모리와는 다른 방식으로 저장됨을 시사한다. 왜 인간의 기억은 이러한 방식으로 저장될까? 왜 컴퓨터처럼 모든 기억을 최종 저장소에 저장하지 않을까? 과학자들은 이에 대해 여러 가능성을 제시하는데, 그중 하나가 '임시 저장소' 이론이다. 이 이론에 따르면 해마는 '언제, 어디서, 무엇을 겪었는지'와 같은 구체적인 일화 기억 episodic memory을 일시적으로 저장하는 역할을 맡고, 대뇌 신피질 neocortex은 여러 경험에서 공통된 정보를 추출해 영구적인 의미 기억 semantic memory 으로 저장하는 역할을 한다.[5]

모든 경험을 장기 기억으로 저장한다면 뇌는 불필요한 정보도 평생 저장하게 돼 용량 문제에 봉착할 것이다. 그러나 어떤 경험이 나중에 유용할지 판단해 바로 장기 기억으로 저장하기란 쉽지 않다. 장기적으로 기억할 것과 버릴 것을 순간에 구분해내는 일은 어렵기 때문이다. 이때 임시 저장소가 있다면 이러한 문제를 어느 정도 해소할 수 있다. 임시 저장소에 경험한 사실들을 보관하면 자주 사용되거나 특히 중요한 정보만 선별해 장기 기억으로 전송하는 일이 가능하다. 일상적인 상황에 대입해보면 이해가 편하다. 매일 아침 차를 몰고 출근한다고 가정할 때, 그날 주차한 위치를 퇴근할 때까지 기억해야 한다. 그러나 매일 어디에 주차했는지를 평생 기억할 필요는 없다. 장기 기억에 저장되는 정보는 '어떤 회사를 다녔고, 자가용으로 출퇴근했다'는 일반적인 사실 정도면 충분하다.

기억의 응고화 과정에 대한 다른 설명도 존재하지만, 모든 과학자가 동의하는 하나의 정설은 아직 없다. 다중 흔적 이론multiple trace theory에 따르면, 과거의 구체적인 사건에 관한 기억은 오랜 시간이 지나도 해마에 남아 있으며, 응고화가 완료된 이후에도 구체적인 기억을 회상하려면 해마가 필요하다.[6] 이러한 다양한 이론은 기억의 응고화 과정이 아직 완전히 규명되지 않았음을 보여준다. 나는 기억의 응고화 과정이 상상과 직접적으로 관련 있다고 생각하는데, 이에 관해서는 7장에서 자세히 다룰 것이다.

헨리 몰레이슨의 사례가 알려준 다른 중요한 사실은 기억에는 여러 가지 형태가 있다는 점이다. 몰레이슨은 새로운 경험과 지식을 기억할 수 없었지만, 반복 연습을 통해 새로운 행동 과제 수행법을 배울 수 있었다. 이는 새로운 경험과 지식을 기억하는 것(서술 기억 또는 명시적 기억)은 해마를 비롯한 내측 측두엽이 담당하는 반면, 자전거 타기와 같이 새로운 기술을 배우는 것(절차 기억 또는 암묵적 기억)은 다른 뇌 구조가 담당함을 의미한다. 기억의 다양한 형태와 관련된 연구는 매우 흥미롭지만 이 책의 주요 논점과는 거리가 있기 때문에 더 깊은 논의는 생략하겠다.

해마의 새로운 역할

헨리 몰레이슨의 기억 능력 소실에 대한 연구 결과는 1957년 첫 학술 논문이 나온 이후 후속 연구를 통해 수많은 논문으로 발표됐다.[7] 기억의 뇌 신경 메커니즘 연구 역사에서 가장 중요한 논문을 하나 꼽으라면, 나는 주저 없이 1957년에 발표된 이 논문을 선택할 것이다. 헨리 몰레이슨의 기억 능력 소실을 연구한 논문이 새로운 전환점이 되어 기억의 뇌 신경 메커니즘에 대한 연구의 판도를 완전히 바꿨기 때문이다. 논문 발표 이후 해마에 대한 연구는 그야말로 봇물 터지듯 이뤄졌다. 공공 논문 검색 사이트인 퍼브메드PubMed에 'hippocampus'를 입력하면 2021년 7월 30일 기준으로 약 17만 개의 논문이 나온다. 그런데 이 논문이 발표된 지 정확히 50년 후인 2007년, 해마 연구의 흐름을 바꾸는 논문들이 나왔다. 해마가 기억을 회상할 때뿐만 아니라 미래를 상상하는 과정에도 관여한다는 사실이 밝혀진 것이다.

첫 번째 논문은 드미스 하사비스Demis Hassabis가 미국학술협회 연보에 발표한 것으로, 해마가 손상된 환자를 대상으로 한 연구다.[8] 하사비스는 2016년 알파고AlphaGo와 이세돌의 바둑 대국으로 한국에도 잘 알려진 인물이다. 알파고를 개발한 구글 딥마인드의 대표이자 현재 인공지능계의 대표 주자 중 한 명으로, 2024년에는 단백질 구조를 예측하는 인공지능 프로그램인 알파폴드AlphaFold를 개발한 공로로 노벨 화학상을 수상했다. 그가 박사 과정 중 수행한 연구가 바로 해마 손상 환자를 대상으로 한 기억과 상상의 관계에 대한 연구다.

이 연구에서 하사비스와 그의 지도교수인 엘레노르 매과이어 Eleanor Maguire는 해마가 손상된 환자와 그렇지 않은 사람에게 가상의 상황을 제시하고 각 상황을 구체적으로 상상해보라고 했다. 예를 들자면 이런 장면이다.

"아름다운 열대 바다의 백사장에 누워 있다고 상상해보세요."
"다양한 전시품이 있는 박물관 전시실에 서 있다고 상상해보세요."

결과는 놀라웠다. 해마가 손상된 환자들은 이러한 가상 상황을 구체적으로 상상하는 능력이 현저히 저하됐다. 대조군인 해마 손상이 없는 사람들은 별다른 문제없이 다양한 장면과 사건을 떠올리며 상상의 나래를 펼쳤다. 여러분도 한번 제시된 상황을 상상해보라. 머릿속에 다양한 심상과 일어날 법한 사건이 떠오를 것이다. 이 연구는 기억을 담당하는 해마가 손상됐을 때 놀랍게도 상상력이 저하된다는 사실을 알려준다. 이는 기억과 상상이 동일한 신경 메커니즘을 일부 공유함을 의미한다.

2007년에 발표된 또 다른 논문은 정상인을 대상으로 기능성 자기공명영상fMRI을 사용해 상상 시 활성화되는 뇌 부위를 분석한 연구였다. 연구 결과에 따르면 피험자가 과거 경험을 회상할 때 해마의 혈류량이 증가하는 현상이 관찰됐다. 이는 해마가 기억 형성에 중요한 역할을 한다는 기존 연구 결과를 재확인해준다. 그런데 피험자들이 미래를 상상할 때도 해마의 혈류량이 증가했다. 다시 말해 해마는 기억을 회상할 때와 미래를 상상할 때 모두 활성화된다.[9]

2007년의 연구들은 해마가 단순한 '기억 저장소'를 넘어, 과거 경험을 바탕으로 새로운 시나리오를 구체적으로 상상하는 데 필수적임을 보여준다. 이는 기억과 상상, 그리고 인간의 사고와 예측 능력이 해마에 기반해 있음을 시사함과 동시에 뇌 과학 연구의 새로운 장을 열어줬다.

우리가 쉴 때 뇌는 미래를 상상한다

이제 '디폴트 네트워크 default network'에 대해 살펴보자. 전통적으로 뇌 과학자들은 외부 자극이 주어졌을 때 뇌가 그 정보를 어떻게 처리하는지를 집중적으로 연구해왔다. 그럼 외부 자극이 없다면 뇌는 비활성화 상태일까? 놀랍게도 우리가 외부 자극에 반응하지 않고 쉬고 있을 때 더욱 활성화되는 특정 뇌 영역들이 있다는 사실이 밝혀졌는데, 그 영역을 '디폴트 네트워크'라고 부른다.

1980년대에 기능성 자기공명영상의 보급으로 사람을 대상으로 한 뇌 영상 연구가 활발해졌다. 피험자들이 자기공명장치 안에서 외부 자극에 따라 과제를 수행할 때 뇌의 혈류량 변화를 측정해 특정 뇌 부위가 어떻게 활성화되는지를 분석하는 연구였다. 그런데 과제 도중 피험자가 휴식을 취할 때 특정 뇌 영역의 혈류량이 오히려 증가하는 현상이 관찰됐다.[10] 이를 발견한 마커스 레이클$^{Markus\ Raichle}$ 박사는 해당 뇌 영역이 과제를 수행하지 않을 때 자동으로 활성화되는 네트워크라는 의미에서 '디폴트 네트워크'라고 명명했다.[11]

디폴트 네트워크 발견 전까지 뇌 과학자들은 외부 자극이 없는 상태에서 뇌가 어떤 일을 수행하는지에는 큰 관심을 두지 않았다. 그러나 디폴트 네트워크의 발견 이후, 과학자들은 한가하게 넋을 놓고 있을 때 뇌가 활발히 활동하는 이유를 탐구하기 시작했다. 뇌 영상 연구에 참여한 피험자들은 휴식 시간 동안 과연 무엇을 하고 있었을까? 그들은 이때 주로 과거를 회상하거나 미래를 상상하는, 이른바 백일몽을 즐겼다고 말했다. 즉, 디폴트 네트워크는 정신이 한가한 틈을 타 이런저런 생각이 떠오를 때 전형적으로 활성화된다. 추후 연구를 통해 다음과 같은 상황에서도 디폴트 네트워크가 활성화된다는 사실이 밝혀졌다.

1. **도덕적 의사결정 상황.** 전차 문제(그림 3)와 같은 도덕적 딜레마 상황에서 판단을 내릴 때.

2. **마음 이론**Theory of Mind **과제.** 다른 사람이 어떤 생각을 하고 있는지 생각할 때.

3. **창의적 사고 과제.** '이 벽돌을 어떤 방식으로 사용할 수 있을까요?'와 같은 개방형 질문에 여러 대안을 제시하는 확산적 사고 과제를 수행할 때.

이러한 연구 결과는 디폴트 네트워크가 외부 자극과 분리된 내적 사고를 담당한다는 이론을 뒷받침한다. 디폴트 네트워크의 발견은 뇌가 단순히 외부 정보를 처리하는 기관이 아니라 내적 경험을 통해 정보를 통합하고 시뮬레이션하는 능동적인 시스템이라는 것을 시사한다. 이로 인해 뇌 과학 연구 패러다임은 큰 변화를 맞이했으며, 인간의 창의성, 자아 성찰, 계획 능력과 같은 내적 사고의 기제를 이해하는 데 중요한 전환점이 됐다.

우리 뇌는 외부 자극에 반응해 특정 과제를 수행할 때 활성화되는 '과제 네트워크task associated network'와 백일몽을 즐기거나 도덕적 딜레마에 빠진 상황처럼 내적 사고를 할 때 활성화되는 디폴트 네트워크를 따로 가지고 있다. 앞으로 살펴보겠지만, 혁신적인 아이디어는 종종 디폴트 네트워크 상태에서 떠오른다. 우리가 멍하니 있을 때 단순히 쉬는 것 같아도 뇌의 디폴트 네트워크는 활발히 활동하며 이런저런 상상을 한다. 그리고 그 과정에서 예상치 못한 창의적이고 혁신적인 아이디어가 떠오르기도 한다. 이 주제는 12장

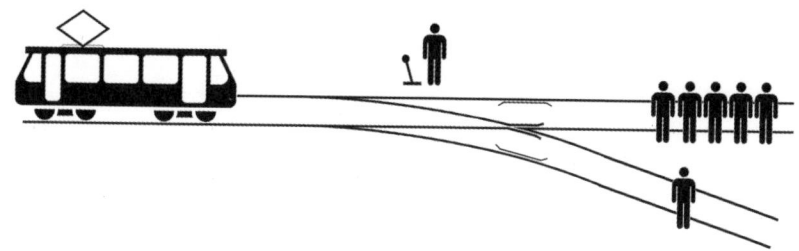

그림 3   전차 문제의 도덕적 딜레마. 통제 불능의 전차가 레일을 따라 빠르게 달려오고 있고 그 앞에는 다섯 명이 묶여 있다. 레버를 당겨 전차의 경로를 바꾸면 다섯 명의 목숨을 구할 수 있다. 그러나 다른 경로에는 한 명이 묶여 있다. 레버를 당기면 다섯 명은 살릴 수 있지만, 원래는 무사할 한 명이 당신의 선택으로 인해 목숨을 잃게 된다. 당신은 레버를 당겨 경로를 바꿀 것인가, 아니면 그대로 두겠는가?

에서 더욱 자세히 다룰 예정이다. 여기에서 주목할 점은 해마가 디폴트 네트워크의 주요 구성 요소라는 사실이다.

  이제 정리해보자. 해마가 손상된 환자는 구체적인 상상 능력이 저하되며, 해마는 디폴트 네트워크의 주요 뇌 부위로서 미래를 상상할 때 활성화된다. 이러한 연구 결과는 해마가 단순히 기억에만 관여하는 것이 아니라 상상을 할 때도 중요한 역할을 한다는 의미다. 물론 해마 손상 환자의 경우 해마 외에도 다른 뇌 부위가 손상됐을 가능성이 있으며, 뇌 영상 연구는 해마의 신경 신호를 직접적으로 측정하지 않고 혈류량 변화를 통해 신경 활동을 간접적으로 추정한다는 한계가 있다. 그러나 이러한 한계에도 불구하고 여러 연구 결과가 전하는 메시지는 명확하다. 헨리 몰레이슨의 사례가 논문으로 발표된 지 정확히 50년 후, 우리는 기억 연구에서 새로운 전환점을 맞이했다. 이러한 이유로 2007년 저명 학술지인《사이언스》는 해마의 상상 기능을 그해 10대 발견 중 하나로 선정했다.[12]

2장
그 기억은 가짜일 수 있다

해마가 실제로 경험한 기억뿐만 아니라 상상에도 관여한다면 기억을 온전히 유지하기 어렵지 않을까? 혹시 우리가 상상한 내용을 실제 경험으로 착각할 위험도 있을까? 답은 '그렇다'이다. 기억은 충분히 변할 수 있다. 심지어 실제로 경험하지 않은 가짜 기억이 형성되기도 한다. 이러한 기억의 유동성은 잘 알려져 있었지만, 그 기저에 있는 뇌 신경 메커니즘은 오랫동안 베일에 싸여 있었다. 그런데 가짜 기억이 형성될 수 있다는 사실은 기억을 담당하는 뇌 부위와 상상을 담당하는 뇌 부위가 밀접하게 상호작용할 가능성을 보여준다. 여기서 동일한 뇌 부위(해마)가 기억과 상상을 모두 담당한다는 발견은 우리가 가짜 기억을 만들어낼 수 있는 이유를 단순하고 명쾌하게 설명해준다.

기억의 오류

우리는 과거의 사건을 경험한 그대로 정확하게 기억하지 않는다. 실제로 경험한 사건과 기억하는 사건이 다른 경우는 매우 흔하다. 예를 들어, 분명히 가스레인지를 껐다고 확신했지만 끄지 않았던 경우, 중요한 이메일을 보냈다고 믿었지만 보내지 않았던 경우, 그리고 사과를 장바구니에 담았다고 생각했지만 실제로는 담지 않았던 경우처럼 우리 기억에는 종종 오류가 발생한다. 또 다른 예로 친구와 여행 후 "네가 이런 말을 했잖아!", "내가 언제 그랬어?" 하며 언쟁을 벌이는 경우도 종종 있다. 이는 뇌가 정보를 처리하고 저장하는 방식이 컴퓨터와 다르기 때문이다. 컴퓨터는 정보를 그대로 저장하고 불러오지만, 인간은 기억을 떠올릴 때 감정이나 관점을 반영해 기억을 '재구성'하는 경향이 있다. 이 때문에 동일한 대화를 나눴더라도 기억하는 내용이 다를 수 있다. 기억의 구성적 특성은 이 장의 말미에서 다시 살펴보도록 하자.

사람의 기억은 서로 간섭을 일으키기도 한다.[1] 예를 들어, 어떤 사건을 겪은 뒤 유사한 사건을 여러 번 겪게 되면 처음 사건에 대한 기억과 이후의 기억이 뒤섞일 가능성이 크다. 따라서 비슷한 상황을 반복해서 경험할수록 원래 사건을 정확히 떠올리기가 점점 더 어려워진다. 시간이 지나면서 기억이 왜곡되는 대표적인 예가 바로 기억의 틈새 채우기다. 기억의 틈새 채우기란 우리 뇌가 어떤 사건을 회상할 때 소실된 정보를 채워 넣으려는 경향이다. 운전 중 다른 자동차와 접촉 사고가 났다고 가정해보자. 자동차 사고는 특별한 사건이기 때문에 우리는 이 사건을 빈번히 회상하게 되며, 이 과정에서 기억의 틈새 채우기가 발생한다.

사건이 발생했을 때 모든 정보가 장기 기억으로 저장되지는 않는다. 우리는 시시각각 쏟아져 들어오는 감각 정보 중 일부에만 주의를 기울이고, 주의를 끈 정보만 단기 기억으로 유지되며, 그중 극히 일부만이 장기 기억으로 저장된다. 따라서 자동차 사고 같은 사건에서 우리가 크게 주의를 기울이지 않았던 세부 사항은 정확히 기억하기 어렵다. 가령, 얼핏 보았던 상대방 차량의 동승자 옷 색깔이 무엇이었는지 기억하지 못할 수 있다.

그런데 우리 뇌는 사건을 회상할 때 소실된 정보를 채우려는 경향 때문에 실제로 기억하지 못한 요소를 떠올렸다고 착각할 수 있다. 특히 두드러지는 사건은 반복적으로 회상되면서 기억의 틈새 채우기가 일어나고, 이로 인해 왜곡된 기억이 강화되기도 한다. 예를 들어, 주황색 옷을 입은 사람을 빨간색 옷을 입었다고 생생하게 '기억'하는 일이 생기기도 한다. 이때 빨간색은 개인이 선호하는 색깔이거나 최근 자신의 차에 동승했던 사람의 옷 색깔일 수도 있다. 이처럼 우리는 과거 경험과 기대를 바탕으로 가장 그럴듯한 추측을 통해 기억을 보완하려고 한다.

이러한 기억의 유동성 때문에 법정에서 증인의 진술이 엇갈리는 경우가 흔하게 발생한다. 2008년, 영국의 일간지《데일리 텔레그래프》에 게재된 기사를 살펴보자.[2] 2005년, 런던의 한 지하철역에서 경찰이 브라질 출신 장 샤를 데 메네제스Jean Charles de Menezes를 테러리스트로 오인해 사살하는 일이 벌어졌다. 재판이 이뤄진 2008년에 경찰은 메네제스를 향해 '무장 경찰이다!'라고 외쳤지만, 그럼에도 불구하고 그가 위협적으로 다가왔다고 진술했다.

그러나 현장에 있었던 17인의 증인 중 아무도 '무장 경찰이다!'라는 외침을 기억하지 못했다. 오히려 일부 증인은 메네제스가 앉은 자리에서 일어선 적조차 없다고 진술했다. 경찰과 증인들의 진술은 사건의 전개 양상뿐만 아니라 '몇 발의 총알이 발사됐는가?' 또는 '희생자의 옷 색깔은 무엇이었는가?' 등 기본적인 사실관계에 대한 내용까지 엇갈렸다. 이와 관련해 영국 리드대학의 심리학자 마틴 콘웨이Martin Conway 교수는 "법정 증언의 내용을 신뢰할 수 없는 경우가 흔함에도 불구하고, 사람들은 대부분 기억의 오류 가능성을 인지하지 못한다"고 지적했다.

아버지를 살인자로 만든 기억

기억은 유동적이며 시간이 지남에 따라 변할 수 있다. 흔치는 않지만 일어나지 않은 사건을 실제로 일어났다고 기억하는 '가짜 기억'

이 생기는 경우도 있다. 매스컴에 크게 보도돼 대중에게 널리 알려진 두 가지 '가짜 기억' 사건을 살펴보자. 첫 번째는 1989년 미국 캘리포니아주에서 일어난 조지 프랭클린George Franklin과 그의 딸 아일린 프랭클린Eileen Franklin이 연루된 사건이다.[3] 이 비극적인 살인 사건은 1969년 미국 캘리포니아주 포스터 시티에서 발생했다. 당시 8세 소녀 수잔 네이슨Susan Nason이 강간 후 참혹하게 살해당했는데, 범인이 밝혀지지 않아 미제 사건으로 남아 있었다.

그런데 사건 발생 후 무려 20년이 흐른 뒤에 누군가가 진범을 특정해 고발했다. 고발자는 수잔 네이슨의 친구였던 아일린 프랭클린이었고, 피고발인은 놀랍게도 그의 아버지인 조지 프랭클린이었다. 아일린 프랭클린은 재판에서 어린 시절 아버지가 수잔 네이슨을 살해하는 장면을 목격했다고 증언하며, 범행 과정에 대한 세부 사항까지 구체적으로 진술했다. 그는 오랜 기간 이 사건을 잊고 있었는데, 어느 날 친구들과 놀고 있던 어린 딸의 눈을 보고 갑자기 수잔 네이슨이 살해당하는 장면이 생생하게 떠올랐다고 말했다.

여기서 '억압된 기억'과 '가짜 기억'에 대한 논쟁이 시작된다. 억압된 기억은 프로이트가 제안한 개념으로, 우리 뇌는 참혹한 기억을 억누르는 보호 기제를 작동시켜 특정 기억을 억압하는 일이 가능하며, 시간이 지나 어떤 계기로 그 기억을 다시 떠올릴 수 있다는 주장이다. 프로이트의 영향이 워낙 컸기 때문에 억압된 기억이라는 개념은 오랫동안 학계에 큰 영향을 미쳤다. 이러한 시대적 상황을 반영하듯, 아일린 프랭클린의 증언 외에는 물적 증거가 전혀 없었음에도 배심원들은 조지 프랭클린에게 유죄를 선고했고 그는 종신형을 선고받아 감옥에 갇혔다.

하지만 아일린 프랭클린의 증언이 가짜 기억일 가능성도 제기됐다. 첫째, 프로이트가 제안한 억압된 기억이 실제로 존재한다는 객관적이고 명확한 증거는 아직까지 제시된 바가 없다. 둘째, 기억의 틈새 채우기에서 살펴본 것처럼 기억은 시간이 지나면서 변할 수 있다. 이 둘을 종합하면 오랜 기간 억압된 기억이 시간이 지난 후에도 처음처럼 왜곡 없이 재생될 수 있는지 의문이 든다. 셋째, 아일린 프랭클린이 목격했다고 진술한 내용은 모두 사건 당시 매스컴에 보도된 내용이었으며, 그중 일부는 사실과 달랐다. 어느 신문에서는 수잔 네이슨이 반지 한 개를 끼고 있었다고 보도했고 아일린 프랭클린도 그렇게 진술했으나, 실제로 수잔 네이슨은 반지 두 개를 끼고 있었다. 이는 매스컴에 보도된 내용에 근거해 가짜 기억이 형성됐을 가능성을 뒷받침한다.

조지 프랭클린 재판 당시, 기억의 유동성을 연구하던 심리학자 엘리자베스 로프터스Elizabeth Loftus 교수는 변호인 측 증인으로 출석해 기억이 얼마나 쉽게 왜곡될 수 있는지 설명했으나, 배심원들은 검사 측의 손을 들어줬다. 그러나 이후 아일린 프랭클린이 억압된 기억을 떠올리는 과정에서 최면 요법을 사용한 사실이 밝혀졌다.

최면에 의한 기억은 최면사의 암시로 회상 내용이 달라질 수 있어 법정에서 증거로 인정되지 않는다. 이 사실이 밝혀진 후, 조지 프랭클린은 복역 6년 만에 출소해 자유의 몸이 됐다.

이후 아일린 프랭클린이 아버지를 또 다른 살인 사건의 용의자로 지목했으나 DNA 감식 결과 조지 프랭클린이 범인이 아니라는 사실이 명확히 밝혀졌으며, 2018년 로드니 린 핼보워^{Rodney Lynn Halbower}란 남성이 그 두 건의 살인 혐의로 종신형을 선고받았다.[4] 이러한 사실들은 아일린 프랭클린의 기억이 억압된 기억이 아니라 가짜 기억일 가능성을 더욱 뒷받침한다.

가짜 기억 심기

이제 두 번째 사건을 살펴보자. 이 사건은 1988년 미국 워싱턴주 서스턴 카운티에서 일어났다. 당시 경찰 간부였던 폴 잉그램^{Paul Ingram}이 그의 두 딸 에리카 잉그램^{Ericka Imgram}(당시 22세)과 줄리 잉그램^{July Ingram}(당시 18세)에게 고소당한 사건이다. 고소 내용은 폴 잉그램이 그의 집 지하에서 비밀 종교 의식을 행하며 어린 딸들을 성폭행했다는 것이다. 이 사건이 조지 프랭클린 사건과 다른 점은 초반에는 폴 잉그램이 혐의를 부인했으나, 결국 자신이 저지른 일을 기억해내고 죄를 인정했다는 점이다. 여기까지 보면 사실관계에 특별히 문제가 없으며, 오랫동안 숨겨졌던 진실이 밝혀진 사건처럼 보였다.

그러나 이후 전개된 상황은 가짜 기억의 가능성을 시사했다. 첫째, 사실관계가 의심되는 고소인들의 진술 내용이다. 이들은 최소 25명의 영아가 비밀 종교 의식 중 희생돼 땅에 묻혔다고 진술했다. 지목된 장소에서 대대적인 수색이 이뤄졌으나 사람의 유해는 전혀 나오지 않았고, 사슴 뼛조각 하나만 발견됐다. 이 수사는 서스턴 카운티 역사상 최대 규모였지만, 비밀 종교 의식이나 살인에 대한 물리적 증거는 전혀 발견되지 않았다. 또한, 두 딸은 자신들이 강간당해 임신했으며 강제로 임신중절 수술을 했다고 진술했다. 하지만 이들의 몸에서 성폭행이나 임신중절의 흔적은 전혀 확인되지 않았다.[5]

둘째는 폴 잉그램을 대상으로 한 모의 기소 실험이다.[6] 당시 캘리포니아 주립대학교 버클리 캠퍼스의 리차드 오프쉬Richard Ofshe 교수는 강압된 자백의 법정 증거 능력을 연구하던 중, 폴 잉그램 사건에 의문을 품고 가짜 기억의 가능성을 조사했다. 오프쉬는 이를 입증하기 위해 폴 잉그램을 대상으로 모의 기소를 기획했다. 먼저, 폴 잉그램의 자녀를 포함한 주변인들의 증언을 통해 그가 절대 저지르지 않았음이 확인된 죄목을 한 가지 만들어냈다. 바로 폴 잉그램이 비밀 종교 의식을 치르면서 자녀들끼리 성관계를 맺도록 강요했다는 것이다. 이 허위 혐의를 바탕으로 기존과 동일하게 심문이 진행됐다. 결과는 어땠을까?

심문 초기, 폴 잉그램은 혐의를 강력하게 부인했다. 그러나 심문이 반복되자 폴 잉그램은 자신이 자녀들에게 서로 성관계를 맺도록 강요한 사건을 '기억'해내기 시작했고, 결국 죄를 인정했다. 더 놀라운 사실은 그 혐의가 거짓으로 꾸며낸 것이라고 밝혔을 때 폴 잉그램이 이를 믿지 않았다는 점이다.[7] 본인이 그 사건을 생생히 '기억'하고 있는데, 그게 어떻게 거짓일 수 있겠는가? 이 사건은 당시 언론을 통해 상세히 보도됐으며, 1996년에는 〈잊혀진 죄Forgotten Sins〉라는 드라마로 제작됐다.

폴 잉그램의 자백이 실제로 일어난 일에 대한 것인지, 가짜 기억인지, 아니면 둘의 혼합인지에 대한 논쟁은 여전히 분분하다.[8] 그러나 이 모의 기소 실험이 시사하는 바는 명확하다. 권위 있는 인물이나 조직에 의해 반복적으로 주입된 정보는 가짜 기억을 만들어낼 수 있다. 이러한 일은 소규모 종교 단체에서 종종 일어난다. 종교 지도자의 반복되는 암시로 인해 신도들이 하느님과 직접 대화한 기억을 갖게 되는 일은 드물지 않다. 이렇게 가짜 기억이 형성되면 사람들은 세계 종말이 임박했다고 믿으며 전 재산을 종교 단체에 기부하거나 기존의 사회생활을 모두 포기하는 등 상식적으로 이해하기 어려운 행동을 하기도 한다. 우리나라의 경우, 1987년에 발생한 오대양 집단 자살 사건과 1992년에 발생한 휴거 사건 등을 대표적인 사례로 들 수 있다.

기억은 조작할 수 있다

조지 프랭클린 사건과 폴 잉그램 사건은 가짜 기억의 가능성을 강력히 시사한다. 그러나 새로운 현상이 학계에서 인정받으려면 과학적으로 엄밀하게 통제된 조건에서도 같은 현상이 관찰돼야 한다. 이를 처음으로 입증한 사례가 1995년에 발표된 '쇼핑몰에서 길을 잃다'라는 실험 연구다.[9] 앞서 언급한 바와 같이, 로프터스가 조지 프랭클린 재판 당시 기억의 유동성에 대해 증언했으나 배심원들은 이를 받아들이지 않고 유죄를 선고했다. 당시 로프터스의 연구는 '오류 정보 효과misinformation effect', 즉 사건 후의 정보로 기억이 변할 수 있음을 입증했지만, 완전히 조작된 사건 기억이 만들어질 수 있는지는 증명하지 못했다.[10] 로프터스는 결국 '쇼핑몰에서 길을 잃다' 실험 연구를 통해 가짜 기억이 형성될 수 있음을 보여줬다.

실험은 이렇게 진행됐다. 먼저 실험 대상을 물색한다. 예를 들어, 실험을 수행하는 대학원생의 동생을 비밀리에 실험 대상으로 정한다. 그런 다음 다른 가족들을 통해 대상자가 어렸을 때 쇼핑몰에서 길을 잃은 적이 없음을 확인한다. 실제로 그런 경험이 있다면 실험 대상에서 제외된다. 피험자에게는 '어린 시절 기억 회상'에 대한 연구라고 설명하며 4~6세 시절에 겪었던 네 가지 사건을 회상해 기술하도록 요청한다. 이 중 세 가지는 피험자가 실제로 겪은 사건이고 한 가지는 연구자가 조작한 '쇼핑몰에서 길을 잃은' 사건이다.

자, 어떤 일이 일어났을까? 놀랍게도 25퍼센트의 피험자들이 쇼핑몰에서 길을 잃었던 '기억'을 떠올렸다. 여기서 중요한 점은 단순히 길을 잃었다는 사실뿐만 아니라 당시의 구체적인 상황까지 기억해냈다는 점이다. 한 피험자는 다음과 같이 인터뷰했다.

저는 어렴풋이, 정말 어렴풋이, 그 여자분이 저와 팀^{Tim}을 도와주셨던 것과 엄마가 다른 일을 하고 계셨던 것을 기억하는데, 울었던 기억은 나지 않아요. 울었던 일이라면 백 번도 기억할 수 있지만… 그냥 부분부분 기억나요. 그 여자분과 함께 있었던 게 기억나요. 쇼핑하러 갔던 것도 기억나요. 그런데 선글라스 부분은 기억이 안 나요.

이 실험은 누구나 얼마든지 가짜 기억을 만들어낼 수 있다는 것을 보여준다.

그림 하나로 천 가지 가짜 기억을 만들 수 있다

가짜 기억 실험의 결과는 추후 독립적으로 수행된 여러 연구에서도 재현됐다. 2002년에 발표된 연구는 시각적 단서가 가짜 기억의 형성을 촉진할 수 있음을 보여준다.[11] 이 실험은 어렸을 때 가족과 함께 열기구를 타고 하늘을 날았던 사건을 주제로 진행됐다. 물론 참가자들은 주위 탐문을 통해 실제로 열기구를 타본 적이 없는 사람들로 선정됐다. 이 실험은 '쇼핑몰에서 길을 잃다' 실험과 달리 포토샵으로 조작된 사진을 사용했다. 피험자들은 어린 시절 열기구를 타고 있는 조작된 사진을 보고 기억을 떠올리도록 요청받았다(**그림 4**). 그 결과, 약 절반의 피험자가 가짜 기억을 형성했다.

다음은 가짜 기억이 부분적으로 형성됐다고 판정된 피험자와의 인터뷰 내용이다.

실험자 사건 3에 대해 기억하는 모든 것을 빠짐없이 말해주세요.
피험자 음, 여동생이 몇 살이었는지 기억하려고 노력 중이에요. 정확히 언제 일어난 일인지… 하지만 제가 그 지역 학교에서 6학년일 때 일어난 일이라는 건 여전히 확신해요. 음, 기본적으로 10달러 정도를 내면 열기구를 타고 약 20미터 정도 올라갈 수 있었어요. 그날은 토요일이었을 거고, 부모님과 함께 갔던 것 같아요. 아니, 할머니는 아니었어요. 다른 사람들이 누군지는 확실하지 않아요. 음, 그리고 엄마가 땅에서 사진을 찍고 계셨던 건 꽤 확실해요.

이 연구는 누구나 가짜 기억을 형성할 수 있다는 결론을 더욱 뒷받침해준다. '쇼핑몰에서 길을 잃다' 실험에 비해 '열기구 타기' 실험에서는 약 두 배의 피험자가 가짜 기억을 형성했는데, 이는 조작된 사진이라는 강력한 시각적 단서 때문일 가능성이 크다. 연구팀은 이러한 결과를 강조하며 논문 제목을 '백문이 불여일견'에 해당하는 영어 속담인 '그림 하나에 천 단어의 가치가 있다A picture is worth a thousand words'를 패러디해 〈그림 하나에 천 개의 거짓말의 가치가 있다A picture is worth a thousand lies〉로 명명했다.

그림 4 열기구 타기 기억 실험. 포토샵을 이용해 피험자가 어렸을 때 가족과 함께 열기구를 탄 사진을 만들어 이를 피험자에게 보여줬다.

저장된 조각으로 구성되는 기억

우리는 기억과 상상의 상호작용 가능성에 대한 질문으로 이 장을 시작했다. 해마가 기억과 상상 모두에 관여한다는 점을 고려할 때, 우리가 상상한 것과 실제로 경험한 것을 혼동할 가능성은 없을까? 답은 명확하다. 상상은 기억에 영향을 미치며, 특정 상황에서는 조작된 기억을 심는 것도 가능하다. 자신이 가짜 기억 연구의 피험자라고 가정해보자. 내 기억에는 없지만, 부모님과 형제자매의 말을 들으면 내가 정말 어린 시절 쇼핑몰에서 길을 잃었던 것 같다. 그런데 이 사건에 대해 상세히 적어야 한다. 자, 기억을 되살려보자. 이런 과정에서 해마의 상상 능력이 발휘돼 가짜 기억이 만들어질 가능성은 충분하다.

상식과 다르게 기억과 상상은 서로 독립된 과정이 아닐 수도 있다. 우리의 기억은 구성적 과정constructive process에 의존하는데, 이 과정은 오류와 왜곡에 취약하다. 하버드대학의 심리학자 대니얼 샥터Daniel Schacter는 이러한 기억의 특징을 '구성적 기억constructive memory'이라 부르며, 다음과 같이 설명한다. "우리는 무언가를 기억할 때 현재의 지식, 태도, 신념의 영향을 받아 저장된 정보 조각을 모아 기억을 구성한다."[12]

상상 역시 저장된 정보의 조각들을 결합해 구성된다. 그렇다면 뇌의 입장에서는 기억과 상상을 위해 별도의 기관을 운영하기보다는 하나의 기관이 두 기능을 함께 수행하는 것이 더 효율적이다. 연구에 따르면 해마가 바로 그 역할을 맡고 있다. 해마는 경험한 사건을 정확하게 회상하는 데는 다소 불리하지만 "과거의 정보를 유연하게 활용해 실제 행동 없이 다양한 미래 시나리오를 시뮬레이션할 수 있게 한다"[13]는 면에서는 중요한 이점이 있다.

    우리는 기억의 구성적 측면과 관련된 뇌 작동 과정을 아직 완벽히 이해하지 못한다. 그러나 해마의 관점에서 보면 기억과 상상은 저장된 정보 조각을 결합해 구성된다는 점에서 동일한 작동 원리를 공유할 수 있다. 기억과 상상에 관여하는 해마의 메커니즘은 다음 장에서 본격적으로 탐구해보자.

3장

기억과 상상의 핵심, 경로 재생

우리는 해마가 단순히 과거 경험을 저장하는 기능을 넘어 미래를 상상하고 계획하는 데도 관여한다는 사실을 알게 됐다. 그렇다면 해마는 어떻게 이러한 복잡한 기능을 수행할 수 있을까? 이번 장에서는 그 핵심 메커니즘인 '경로 재생replay' 현상과 이를 뒷받침하는 장소세포place cell의 역할에 대해 탐구해보자.

쥐가 특정 경로를 이동할 때 나타나는 신경 활동이 잠을 자거나 쉬는 동안에도 동일하게 반복된다는 발견은 해마 연구에 있어서 중요한 진전이었다. 이를 통해 우리는 해마가 어떤 작동 과정으로 과거의 기억을 회상하고 미래를 상상하는지 구체적으로 이해하기 시작했다. 경로 재생은 쥐의 해마 연구에서 처음 발견됐지만 인간의 뇌 기능에 대한 중요한 통찰로 이어졌으며, 인간의 해마에서도 이와 유사한 현상이 확인됐다.

이번 장에서는 뇌에서 경로 재생이 어떻게 이뤄지고, 이 현상이 해마의 기억과 상상 기능에 어떻게 연결되는지 살펴볼 것이다.

동물 연구로 밝힌 해마의 기능

전통적으로 해마에 대한 연구는 사람을 대상으로 한 연구와 동물, 특히 쥐와 같은 설치류를 대상으로 한 연구로 발전해왔다. 사람을 대상으로 한 연구는 우리의 궁극적인 관심사인 인간 해마의 기능과 작동 방식에 대해 소중한 정보를 제공한다. 그러나 미세전극으로 신경 신호를 직접 측정하는 침습적 연구는 사람에게 수행하기가 어렵다. 이러한 연구는 뇌 절제 수술을 앞둔 뇌 질환 환자에게 탐침을 삽입하는 등 매우 제한적인 상황에서만 가능하다. 이런 이유로 사람을 대상으로 해마 신경망이 어떻게 정보를 처리하고 저장하는지를 상세하게 연구하는 데는 분명한 한계가 있다. 반면 동물 연구는 미세전극 삽입이나 신경활성억제제 투여 등 다양한 침습적 실험이 가능하므로, 뇌 신경망의 작동 메커니즘을 직접 탐구할 수 있다.

해마는 여러 생물종에서 유사한 구조를 보이는 원시적인 뇌 부위이기 때문에, 사람과 쥐의 해마 구조도 크게 다르지 않다. 이로 인해 동물 연구는 인간의 해마 기능을 이해하는 데 중요한 단서를 제공한다. 그래도 사람과 동물 해마에는 차이점이 존재한다. 따라서 사람과 동물을 대상으로 한 해마 연구는 상호보완적인 관계이며, 이 둘을 결합해서 연구할 때 해마의 복잡한 기능과 작동 원리를 더욱 깊이 이해할 수 있다.

이제 시선을 동물 연구로 돌려보자. 동물 실험 덕분에 우리는 해마가 기억을 저장하는 방식에 있어 많은 비밀을 밝혀낼 수 있었다. 특히 1973년 신경세포 간 연결 부위인 시냅스의 효율성이 장기적으로 증가하는 시냅스 장기증강long-term potentiation 현상이[1] 발견된 이후, 해마 신경망이 기억을 저장하는 메커니즘에 대한 연구는 눈부신 진전을 이뤘다. 이제는 이 과정을 분자 수준에서 이해하게 됐으며, '어떤 사건을 경험하면 해마 시냅스에서 특정한 분자적 변화가 일어나고, 이로 인해 해마 신경망의 동역학이 변화하면서 경험한 사건에 대한 정보가 저장된다'는 식으로 기억의 저장 과정을 기계적으로 설명할 수 있게 됐다. 더 나아가 이러한 메커니즘을 활용해 인공적으로 설계된 유전자를 쥐의 해마에 발현시키고 자극함으로써 쥐가 경험하지 않은 가짜 기억을 인위적으로 만들어내는 것도 가능해졌다.[2] 기억은 뇌의 여러 고위 기능들 중에서도 상대적으로 가장 잘 이해된 영역이며, 이는 전적으로 동물 연구의 기여 덕분이다.

해마의 상상 기능에 대해서도 동물 연구가 이뤄지고 있을까? 물론이다. 쥐를 대상으로 한 연구에서도 해마가 단순히 기억을 저장하는 것뿐만 아니라 상상 기능을 수행한다는 결론에 이르렀다.

쥐의 해마가 상상에 관여한다는 사실을 어떻게 발견했을까? 이 발견은 신경생리학 연구를 통해 이뤄졌는데, 신경생리학은 뇌에 미세전극을 삽입해 신경 활동을 직접 측정함으로써 신경망의 작동 원리를 연구하는 학문이다. 쥐의 해마에 미세전극을 삽입해 신경 신호를 측정하고 이를 면밀히 분석한 결과 '경로 재생' 현상이 발견됐고, 이 연구를 통해 쥐의 해마 신경망이 과거 경험의 회상과 더불어 미래 사건을 상상하는 기능을 수행한다는 결론에 도달했다. 이렇게 상이한 분야에서 독립적으로 동일한 결론이 도출되는 현상을 통섭 consilience이라고 한다.

그렇다면 경로 재생이란 무엇일까? 쥐가 어떤 공간을 특정 경로를 통해 이동할 때 관찰되는 신경 신호가 쥐가 잠을 자거나 휴식을 취할 때처럼 가만히 있을 때에도 관찰됐는데, 이 현상을 경로 재생이라고 한다. 이제 경로 재생에 대해 더 자세히 알아보자.

뇌 속 내비게이션, 장소세포

해마의 경로 재생 현상을 이해하기 위해서는 2014년 노벨상 수상 연구로 잘 알려진 '장소세포'에 대한 설명이 필요하다. 해마 신경세포의 가장 주목할 만한 특성 중 하나는 특정 장소에서만 활성화되는 장소 특이적 활동이다. 쥐의 해마 신경세포 활동을 측정해보면 쥐가 특정 위치에 있을 때만 활동성이 높아지는 것을 볼 수 있는데, 이러한 특성을 보이는 해마 신경세포를 '장소세포'라 부른다. 존 오키프John O'Keefe는 1971년 해마 장소세포를 처음 보고했고,[3] 1978년 린 내델Lynn Nadel과 함께 저술한《인지 지도로서의 해마The Hippocampus as a Cognitive Map》에서 해마가 외부 공간 정보를 표상하는 뇌 부위라는 영향력 있는 이론을 발표했다.[4]

후속 연구를 통해 인간 해마에도 장소세포가 존재한다는 사실이 밝혀졌다.[5] 장소세포는 인지 지도cognitive map, 즉 외부 공간을 마음속에 표상하는 과정의 발현이다. 예를 들어, 우리가 거실 소파에 앉아 있을 때 해마 내 특정 뉴런들이 발화한다. 일어나서 부엌으로 걸어가면 부엌으로 향하는 경로를 따라 또 다른 그룹의 장소세포들이 순차적으로 활성화된다. 이러한 장소세포들은 우리가 현재 어떤 공간의 어느 위치에 있는지를 끊임없이 알려주는 역할을 한다. 존 오키프는 장소세포가 공간 지각을 가능하게 하는 '뇌 속 GPS'를 구성한다는 발견으로 2014년에 노벨 생리학·의학상을 수상했다.[6] 그의 연구는 공간 정보의 표상과 기억의 관계를 이해하는 데 중요한 기초를 마련했으며, 해마 연구의 획기적인 전환점을 제공했다.

기억의 시간적 요소를 증명하다

장소세포는 해마가 외부 공간 정보를 표상하는 방식을 이해하는 데 중요한 단서를 제공한다. 초기 연구는 특정 장소에 대한 공간 정보가 해마에 어떻게 표상되는지, 즉 정적 패턴의 저장에 주로 집중했다. 한편, 일화 기억에는 시간적 요소가 포함되어 있음에도 불구하고 순차적으로 경험한 일련의 사건들이 어떻게 해마에 저장되는지를 탐구한 연구는 드물었다.[7]

이러한 연구 동향을 획기적으로 바꾼 결과가 2000년대 초반 MIT의 매튜 윌슨Matthew Wilson 교수팀에 의해 발표됐다. 바로 해마 장소세포의 경로 재생 현상이다. 매튜 윌슨은 1990년부터 1994년까지 나와 함께 애리조나대학의 브루스 맥노튼Bruce McNaughton 교수 연구실에서 박사 후 연구원으로 함께 활동했다. 이때 윌슨은 추후 경로 재생 연구의 바탕이 되는 병렬 신경 신호 측정 기술을 개발했는데, 나는 그 과정을 가까이에서 지켜보는 행운을 누릴 수 있었다.

그 당시만 해도 신경생리학 연구는 대개 미세전극을 사용해 한 번에 한 개 또는 소수의 뉴런 신호를 측정하는 방식으로 진행됐고, 주된 관심사는 동물이 특정 행동을 수행할 때 개별 뉴런의 활동 변화를 관찰하는 것이었다. 물론 동시에 두 개 이상의 뉴런 신호가 측정되면 이들 사이의 상관성을 측정해 뉴런 사이의 상호작용을 추론하는 것이 가능하다. 하지만 다수의 뉴런이 시간에 따라 순차적으로 발화하는 현상에 대한 연구는 거의 이뤄지지 않았다.

    이 문제를 해결하기 위해 윌슨은 미세전극다발을 뇌에 삽입해 다수의 뉴런 신호를 동시에 측정하는 기술을 개발했다. 이를 통해 쥐의 해마에서 최대 백 개에 달하는 장소세포의 활동을 동시다발적으로 관찰하는 데 성공했다. 최근 뇌 과학 연구 기술의 비약적인 발전으로 이제는 수천, 수만 개의 뉴런 활동을 동시에 측정하는 것이 가능해졌지만, 1990년대 초반에는 백 개에 이르는 신경 신호를 동시에 측정하는 것 자체가 획기적인 기술 진보였으며, 이를 통해 해마 연구에 중요한 돌파구가 마련됐다.

세타 수면 경로 재생

해마의 경로 재생을 이해하기 위해서는 해마의 두 가지 활동 모드를 살펴봐야 한다. 쥐의 해마에 미세전극을 삽입해 신경 활성을 측정해보면 크게 두 가지 활동 모드가 관찰된다. **그림 5**를 보면, 쥐가 활발히 움직일 때 해마 신경세포들이 1초에 6~10회 주기로 동조해 발화하는 세타파^{theta wave}가 관찰된다. 쥐가 움직임을 멈추고 휴식을 취할 때는 느린 빈도의 서파^{slow wave}가 관찰되며, 이때 가끔씩 해마 신경세포들이 동시에 활성화돼 예파^{sharp wave}를 생성한다.[8] 즉, 해마는 세타파 모드와 예파를 동반한 서파 모드라는 두 가지 활동 모드를 보인다.

흥미롭게도, 세타파와 서파는 수면 중에도 관찰된다. 사람도 렘 REM 수면 중에는 깨어 있을 때의 뇌파가 관찰되는데, 쥐의 세타 수면이 바로 인간의 렘 수면과 대응된다. 매튜 윌슨 박사 연구팀은 처음에 쥐의 세타 수면 중 장소세포 활동을 측정했다. 왜냐하면 인간의 경우 주로 렘 수면 중 꿈을 꾸는데, 꿈꾸는 과정이 기억의 응고화 과정과 관련이 있다고 생각했기 때문이다(2장 참조).

놀랍게도, 쥐가 미로에서 먹이를 얻기 위해 이동할 때 순차적으로 발화했던 해마 장소세포들이 세타 수면 중에 동일한 순서로 재활성화됐다.[9] 이때 장소세포들이 재활성화되는 속도는 실제 미로

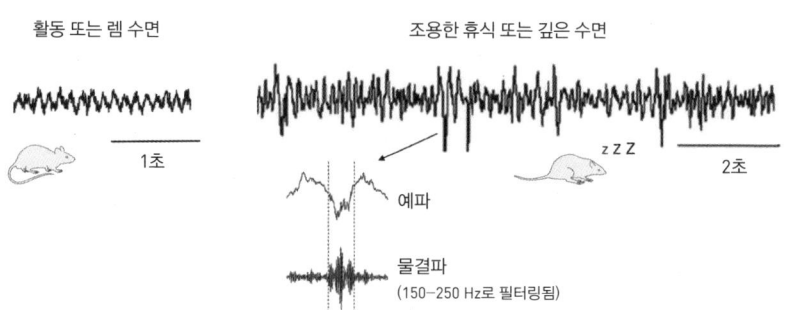

그림 5 해마의 두 가지 활동 모드. 세타파(왼쪽)는 활발한 움직임과 렘 수면 중에 관찰되며, 불규칙적인 활동을 포함하는 서파(오른쪽)는 조용한 휴식과 서파 수면(깊은 수면) 중에 관찰된다. 예파는 일반적으로 서파 기간 동안 관찰되며, 백 헤르츠 이상의 빠른 리듬인 물결파 ripple를 동반한다. 이때 많은 수의 해마 뉴런이 동시에 발화한다.

에서 쥐가 이동할 때보다 다소 느리지만, 대체로 비슷한 시간에 걸쳐 재생됐다. 이는 우리가 렘 수면 상태일 때 실제 경험했던 사건이 비슷한 시간 흐름으로 재현될 가능성을 시사한다.

서파 수면 경로 재생

쥐의 경우 인간과 달리 세타 수면 비율이 매우 낮다. 쥐의 전체 수면 중 세타 수면은 10퍼센트 미만이며, 나머지는 대부분 서파 수면이다. 그렇다면 세타 수면을 제외한 나머지 수면 시간 동안 기억 응고화가 전혀 일어나지 않는 것일까? 뇌는 대부분의 수면 시간에 중요한 정보를 처리하지 않고 단순히 휴식 상태에 머무는 것일까? 서파 수면 중 예파가 발생할 때, 즉 해마 뉴런들이 동시다발적으로 활성화될 때는 과연 무슨 일이 일어나는 것일까?

윌슨 박사팀은 2002년 후속 연구를 통해 명확한 답을 제시했다.[10] 예파가 발생할 때 해마 뉴런의 활동을 정밀 분석한 결과, 뉴런들은 동시에 발화하지 않고 수천 분의 1초 단위(밀리초 단위)로 시간차를 두고 발화했다. 주목할 점은 이 발화 순서가 쥐가 미로를 달릴 때 관찰된 장소세포 발화 순서와 유의미한 상관성을 보였다는 것이다. 서파 수면 중 예파가 발생할 때, 해마 뉴런들은 깨어 있을 때의 장소세포 발화 순서를 재현하는 양상을 보였다(**그림 6**).[11]

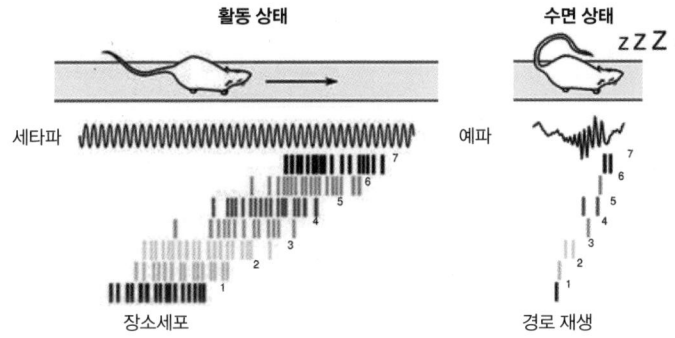

그림 6   해마의 경로 재생. 공간 탐색 중 해마 장소세포의 순차적 발화(왼쪽)가 서파 수면 중 예파 발생 시 짧은 시간 내에 재현된다(오른쪽). 각각의 세로선은 하나의 뉴런이 발화하는 순간인 뉴런 스파이크를 나타낸다.

이 현상이 바로 예파 동안 나타나는 '경로 재생'이며, 그 발견은 이후 해마 연구에 지대한 영향을 미쳤다. 서파 수면 중 발생하는 경로 재생은 깨어 있을 때의 장소세포 발화와 비교해 약 50배 정도 빠르게 진행되는데, 이는 해마가 과거 경험을 짧은 시간으로 압축해 재생할 수 있음을 암시한다.

과거를 회상하고 미래를 계획하는 기능

쥐가 잠을 잘 때뿐만 아니라 활발하게 활동하다가 잠시 멈춰 있을 때도 해마에서 불규칙한 서파가 관찰되며, 간헐적으로 예파가 발생한다(**그림 5**). 이때도 서파 수면 시와 마찬가지로 해마 장소세포가 순차적으로 발화하는 경로 재생 현상이 일어나는 것으로 밝혀졌다.[12] 이는 깨어 있지만 멍하니 있는 디폴트 네트워크 활성화 상태와 유사할 가능성이 높다. 실제로 최근에 진행된 인간 대상 연구들은 디폴트 네트워크 활성과 해마의 예파 현상이 동일한 뇌의 작동 과정에서 비롯됨을 보여준다.[13]

해마의 예파는 매우 흔한 현상이다. 사람의 경우 예파는 1분에 수차례 발생하며, 쥐에게서는 더 자주 관찰된다.[14] 이를 고려하면 우리가 휴식을 취하거나 잠을 자는 동안 해마에서 과거 경험이 일상적으로 재생될 가능성이 높다. 동기화된 신경활동은 시냅스에 장기적인 변화를 일으켜 신경 네트워크에 기능적 변화를 초래하는 경향이 있다. 따라서 예파 중에 발생하는 해마의 경로 재생은 기억 응고화 과정과 밀접한 관련이 있을 가능성이 크다.

예파가 깨어 있는 동안에도 발생한다는 사실은 기억 응고화가 수면 중일 때뿐만 아니라 깨어 있는 상태에서도 지속적으로 진행될 수 있음을 시사한다. 더 나아가 깨어 있는 동안 해마에서 발생하는 경로 재생은 단순한 기억 응고화를 넘어 과거의 탐색 경로를 회상하거나 미래의 경로를 계획하는 기능을 수행할 가능성도 제시한다.

가지 않은 길을 상상하는 쥐

경로 재생과 관련된 또 하나의 중요한 발견은 쥐가 경험하지 않은 경로까지도 재생할 수 있다는 사실이다.[15] 미네소타대학의 데이비드 레디쉬David Redish 교수 연구팀은 쥐를 8자형 미로에서 특정 경로를 따라 이동하며 먹이를 찾도록 훈련시켰다. 이후 쥐가 예파가 발생하는 비활동적인 상태일 때 해마 장소세포들의 순차적 발화를 분석해 쥐의 궤적을 재구성했다. 예상대로 쥐가 실제로 이동했던 경로와 일치하는 경로 재생 현상이 관찰됐다. 그러나 자세히 분석해보니 쥐가 실제로 이동한 적 없는, 경험하지 않은 경로를 따라 경로 재생이 일어나는 경우도 확인됐다(**그림 7**). 다시 말해, 해마의 경로 재생은 실제로 경험한 경로뿐만 아니라 경험하지 않은 경로까지도 포함한다.

이 연구는 해마의 경로 재생이 단순히 과거 경험을 재활성화하는 것을 넘어 그 이상의 기능을 수행한다는 것을 알려준다. 2장에서 살펴본 바와 같이 우리가 미래를 상상할 때 해마가 활성화되며, 해마가 손상된 사람은 구체적인 사건을 상상하는 능력이 저하된다. 인간 대상 연구 결과와 쥐를 대상으로 한 경로 재생 연구 결과를 비교해보자. 쥐에서 발견된 경험하지 않은 경로에 대한 경로 재생 현상은 해마가 단순한 기억 저장소가 아니라 미래를 상상하고 시뮬레이션하는 데에도 핵심적인 역할을 한다는 인간 연구 결과

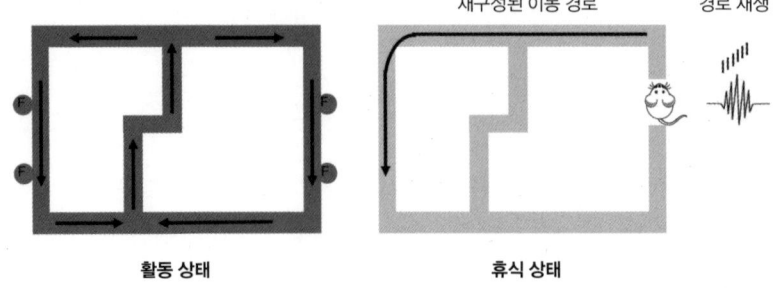

그림 7 미경험 경로의 재생. (왼쪽) 화살표는 쥐의 이동 방향을 나타내며, 네 개의 원(F)은 먹이가 제공되는 장소를 나타낸다. (오른쪽) 쥐가 먹이 위치에서 머물며 예파가 발생하는 동안 장소세포 발화 순서에 따라 쥐의 이동 경로가 가상으로 재구성된 것을 보여준다. 화살표로 표시된 가상의 이동 경로는 쥐가 실제로 이동한 적이 없는 경로다.

와 맞아 떨어진다. 이처럼 사람과 동물을 대상으로 한 연구에서 해마는 기억을 저장할 뿐만 아니라 미래를 상상하는 데에도 중요한 역할을 하는 뇌 영역이라는 일치된 결론이 도출됐다.

경로 재생과 상상을 직접적으로 연결 짓는 것을 쉽게 납득하지 못할 수도 있다. 쥐의 해마가 특정 경로를 재생한다고 해서 쥐가 그 경로를 달리는 장면을 머릿속으로 상상한다고 단정하기는 어렵기 때문이다. 사실, 동물이 인간처럼 상상할 수 있는지에 대한 명확한 과학적 근거는 최근까지도 부족했다.

이 의문을 규명하기 위해 미국 자넬리아 연구소의 앨버트 리Albert Lee 박사와 티모시 해리스Timothy Harris 박사 연구팀은 대규모 신경 신호를 실시간으로 처리할 수 있는 프로세서와 몰입형 가상 현실 시스템을 결합한 뇌-기계 인터페이스를 개발했다.[16] 연구팀은 먼저 쥐가 가상 현실 공간을 탐색할 때 해마 장소세포의 발화 패턴을 기록했다. 다음 단계로 두 가지 주요 실험을 수행했는데, 첫 번째 실험에서는 쥐가 목표 장소와 관련된 해마 활동 패턴을 스스로 재현하도록 훈련했다. 연구팀은 이 실험을 2008년에 개봉한 영화 제목을 따 '점퍼Jumper' 과제라 명명했다. 뇌-기계 인터페이스는 쥐의 해마 신호를 가상 현실 화면 속 움직임으로 변환해 쥐가 생각만으로 목표 장소로 이동할 수 있도록 설계됐다.

두 번째 실험인 '제다이Jedi' 과제는 쥐가 가상 공간에서 생각만으로 목표 지점에 물체를 이동시키는 방식이었다. 쥐는 물리적으로 고정된 위치에 있었지만, 해마 활동을 통해 가상 물체를 목표 지점으로 '이동'시켰다. 이는 영화 〈스타워즈〉에서 제다이가 생각만으로 멀리 떨어진 광선검을 자신이 있는 곳으로 끌어당기는 장면과 유사하다.

연구팀은 실험을 통해 쥐가 해마 활동을 정밀하고 유연하게 조절할 수 있다는 사실을 발견했다. 쥐는 해마 활동 패턴을 능동적으로 제어해 가상 공간 내 목표 지점으로 효율적으로 이동하거나 물체를 이동시킬 수 있었다. 또한 특정 장소에 대한 생각을 몇 초간 유지했으며, 이는 인간이 과거 사건을 떠올리거나 새로운 시나리오를 상상할 때 걸리는 시간과 비슷했다. 연구 결과는 쥐 역시 인간처럼 상상할 수 있으며, 해마의 신경 활동이 상상과 직접적으로 연결되어 있다는 점을 강력하게 뒷받침했다.

공간이 아닌 경험 순서도 떠올리는 인간

여기까지 쥐의 해마에서 발견된 경로 재생 현상을 살펴봤다. 쥐를 대상으로 한 연구 결과는 인간 해마의 상상 기능과 잘 부합하며, 기억 회상과 상상이 신경망 수준에서 구체적으로 어떻게 구현되는지 연구할 실마리를 제공한다. 그렇다면 인간 해마도 동일한 방식으로 작동할까? 그리고 비공간적인 경험 영역에서도 경로 재생과 유사한 현상이 나타날 수 있을까?

이러한 의문과 관련해, 최근 사람을 대상으로 진행된 여러 연구는 비공간적 영역에서 경로 재생과 유사한 현상이 발생하는지 관찰했다. 한 연구에서는 피험자들에게 컴퓨터 화면에 시각 자극을 제시하고 그 순서를 회상하는 과제를 부여했다. 피험자의 뇌 활동에 따른 미세한 자기장 변화를 분석한 결과, 해마에서 예파가 발생할 때 대뇌피질에서 해당 시각 자극들이 순차적으로 재생된다는 증거가 발견됐다.[17]

피험자들에게 집과 얼굴 이미지를 일정한 순서로 제시하고, 이를 기반으로 의사결정 과제를 수행하게 한 연구도 있다. 이후 휴식 기간에 측정된 해마의 활성 패턴을 분석한 결과, 과제 수행 중에 제시된 순서대로 정확히 재구성됐다.[18] 이러한 연구들은 쥐에서 관찰된 경로 재생 현상이 인간의 뇌에서도 발생하며, 비침습적 방법으로도 측정이 가능함을 보여준다. 특히 이 결과는 인간 해마가 공간 경로뿐만 아니라 비공간적 경험의 순서도 재생할 수 있음을 보여준다.

또 다른 인간 연구에서는 디폴트 네트워크의 활성화가 예파 및 경로 재생의 발생 시점과 일치한다는 사실이 밝혀졌다.[19] 이는 지금까지 동물과 인간 연구에서 별개로 관찰됐던 두 현상(해마의 경로 재생과 디폴트 네트워크의 활성화)이 사실상 동일한 뇌 작동 과정의 서로 다른 표현일 가능성을 암시한다.

이처럼 현재까지의 동물 및 인간 연구 결과는 서로 잘 부합하며, 해마의 경로 재생은 디폴트 네트워크의 활성화와 함께 작동하면서 과거를 회상하거나 미래를 상상하는 내적 사고 과정과 밀접하게 연결되어 있음을 보여준다. 앞으로 동물과 인간 연구가 긴밀하게 연계되어 발전한다면 우리가 어떻게 과거를 회상하고 미래를 상상하는지, 그리고 이 과정 속에서 기억이 어떻게 변화하고 응고화되는지를 더욱 깊이 이해할 수 있을 것이다.

쉴 때도 정보를 정리하는 뇌

해마에서 예파가 발생할 때 다른 뇌 영역에서는 어떤 일이 일어날까? 막스플랑크 연구소의 조지 로고세티스$^{George\ Logothetis}$는 이를 알아보기 위해 원숭이의 해마에 미세전극을 삽입해 예파를 측정하는 동시에 자기공명장치를 이용해 뇌 전체의 활동 양상(정확히는 혈류량 변화)을 관찰했다.

측정 결과, 놀랍게도 뇌의 거의 모든 부위가 예파에 동조된 활동 양상을 보였다. 예파 발생 시 어떤 영역은 혈류량이 증가했고 어떤 영역은 감소했다. 대뇌피질 대부분은 혈류량이 증가했지만, 피질하 영역에서는 오히려 혈류량이 감소하는 경향이 나타났다. 피질하 영역에 속하는 시상^{thalamus}은 외부 감각 정보를 대뇌피질로 전달하는 기능을 수행하는데, 예파 발생 시 이 부위의 혈류량이 뚜렷하게 감소했다. 흥미롭게도 대뇌피질 중 일차시각피질에서도 혈류량이 감소했는데, 이는 예파 발생 시 외부 감각 정보 처리 기능이 억제되는 대신 내부 정보 처리가 활성화됨을 시사한다.[20]

디폴트 네트워크와 예파 연구 결과를 종합해보자. 마음이 이완된 상태일 때, 즉 디폴트 네트워크가 활성화되면 해마에서는 예파가 발생한다. 이때 외부 감각 처리 기능은 억제되는 반면, 해마와 신피질 전반에 걸쳐 광범위한 정보 교환이 일어난다. 우리의 뇌는 이런 방식으로 작동한다. 사냥감을 쫓거나, 누군가와 물건 가격을 흥정하는 등 외부 자극에 적극적으로 대응할 때는 각 뇌 영역이 각자의 역할을 열심히 수행한다. 하지만 정신이 잠시 놓이는 순간이 오면 외부 감각 정보는 차단되고 해마와 대뇌피질이 축적된 정보를 주고받으며 조율하는 과정에 들어간다.

전통적으로 뇌 과학은 뇌가 외부 자극에 반응할 때의 정보 처리 방식에 초점을 맞춰 발전해왔다. 그러나 디폴트 네트워크와 경로 재생에 대한 최근 연구에 따르면 이 같은 접근이 어쩌면 뇌 기능의 절반만을 조명하는 '반쪽짜리 이해'에 불과할지도 모른다. 뇌 신경망의 작동 원리를 온전히 이해하려면 디폴트 네트워크 상태에서 뇌 영역들이 어떻게 상호작용하며 어떤 정보를 주고받는지, 이러한 과정이 이후의 외부 정보 처리 방식에 어떻게 영향을 미치는지를 함께 살펴봐야 한다. 현재 많은 뇌 과학자가 이 문제에 깊은 관심을 가지고 활발히 연구 중이다. 어쩌면 이러한 연구들은 우리가 일반적으로 뇌를 바라보던 관점에 근본적인 변화를 가져올지도 모른다.

2

기억과 상상은
어떻게 이뤄지는가

4장
상상하는 해마

지금까지는 주로 해마의 기능에 대해 살펴봤다. 이제는 해마가 '어떻게' 그 기능을 수행하는지 알아보자. 나를 포함한 많은 뇌 과학자의 주요 관심사는 고위 뇌 기능이 어떤 방식으로 뇌 신경망의 작동 원리와 기계적 메커니즘을 통해 실현되는지를 이해하는 데 있다. 다시 말해, 기억, 상상, 의사결정 같은 고차원적 정신 기능이 신경망 수준에서 어떤 방식으로 구현되는지를 밝혀내는 것이 뇌 과학의 중요한 목표 중 하나다. 이러한 접근은 뇌가 무슨 기능을 수행하는지를 넘어 그 기능이 어떤 구조와 작동 원리로부터 비롯되는지를 구체적으로 밝혀내려 한다.

스마트폰으로 문자를 보내는 과정을 떠올려보자. '손가락으로 내용을 입력하고 전송 버튼을 누르면 상대방에게 문자가 도착한다'라는 설명을 들었다고 치자. 이 설명에 만족하는가? 아마 부족할 것이다. 실제로 문자가 어떤 과정을 거쳐 상대방에게 도착하는지 궁금할 수 있다. 스마트폰이 입력된 문자를 전기적 신호로 변환해 통신망으로 송출하고, 수신자의 기기로 데이터를 전달해 화면에 문자가 뜨는 과정을 이해해야 비로소 납득할 것이다.

마찬가지로 뇌 과학자들은 해마가 기억과 상상을 담당한다는 사실을 알아낸 것만으로는 만족하지 않는다. 그들은 해마가 기억과 상상의 기능을 '어떻게' 수행하는지를 신경망의 기계적 작동 과정을 통해 이해하고 싶어 한다. 물론 이러한 작동 방식은 스마트폰이 문자를 전송하는 원리보다 훨씬 복잡하다. 과거에는 이를 이해하려는 시도조차 어려웠지만, 오늘날 연구 기법의 비약적인 발전으로 인지 기능을 구성하는 신경 회로의 구조와 작동 원리를 밝혀낼 수 있는 가능성이 열리고 있다.

《사이언스》는 2005년 창간 125주년을 맞아 '우리가 모르는 것'이라는 제목으로 과학계의 난제 125개를 선정했다.[1] 이 주제들은 수학부터 뇌 과학까지 다양한 분야에 걸쳐 있으며, 상위 25개의 주제는 상세한 설명이 함께 제공됐다. 여기에는 '물리학의 법칙은 통일될 수 있는가?', '생명은 어디서 어떻게 출현했는가?', '지구의 내부는 어떻게 작동하는가?' 등 과학 전반의 핵심 연구 주제들이 포함됐다. 그중 이 책의 주제와 직접적으로 관련된 질문은 '기억은 어떻게 저장되고 인출되는가?'였다.[2]

그런데 2007년 이후 해마가 기억뿐만 아니라 상상과도 관련 있다는 사실이 밝혀지면서 이 질문은 '기억과 상상은 어떻게 이뤄지는가?'로 바뀌게 됐다. 어떻게 보면 문제가 더 복잡해졌다고 할 수 있다. 이제 과학자들은 상상의 뇌 신경 작동 원리까지 밝혀내야 한다. 예상했듯이 수많은 뇌 과학자가 이 문제를 해결하기 위해 오랫동안 노력해왔으며, 지금도 불철주야 연구를 이어가고 있다. 이 문제와 관련해 다양한 세부 질문이 제기될 수 있지만 일부 핵심적인 부분에 대해서는 비교적 폭넓은 합의가 이뤄져 있다. 대표적으로 헨리 몰레이슨의 사례처럼 해마를 포함한 내측 측두엽 부위가 서술(명시적) 기억 저장에 중요한 역할을 한다는 점에는 많은 연구자가 동의한다. 세포 수준에서는 뉴런들 사이의 연결 부위인 시냅스의 가소성이 기억 저장의 주요 메커니즘이라는 견해 역시 널리 받아들여지고 있다. 이에 대한 자세한 내용은 부록 1에 정리되어 있으므로 관심 있는 독자는 참고하기 바란다.

그러나 해마 뇌 신경망이 어떤 방식으로 기억을 저장하고 인출하며 응고화하는지에 대해서는 다양한 이론이 존재하며, 아직 모두가 동의하는 정설은 확립되지 않았다. 이는 기억뿐만 아니라 모든 고위 뇌 기능에 해당되는 문제다. 뇌 신경 회로의 복잡성으로 인해 특정 뇌 기능을 신경 회로 수준에서 이해하는 것은 여전히 어려운 과제다. 하지만 과학자들의 지속적인 노력과 다양한 측정 및 분석 기술의 진보 덕분에 기억과 상상에 관여하는 해마 신경망의 작동 원리가 서서히 밝혀지고 있다.

여기서는 상상의 신경망 작동 원리와 관련된 핵심적인 요소만을 추출해 매우 간략하고 단순하게 논의를 전개할 것이다. 이 과정에서 내가 속한 연구팀의 이론에 좀 더 비중을 둘 예정임을 미리 밝힌다. 기억에 관한 뇌 과학 연구가 워낙 방대해 모든 내용을 균형 있게 다루기 어렵다는 점을 양해해주기 바란다.

신경망에 자율성을 주는 회귀 투사

해마는 어떻게 기억과 상상이라는 서로 다른 일을 동시에 해낼 수 있을까? 이 궁금증을 풀려면 먼저 회귀 투사$^{recurrent\ projection}$라는 개념을 이해할 필요가 있다. 다소 낯설 수 있지만, 이 개념은 뇌에서 상상이 어떻게 이뤄지는지를 설명하는 데 아주 중요한 단서다.

뇌 신경계의 핵심 기능은 정보 전달이다. 뉴런들은 서로 정보 교환을 위해 물리적으로 연결되어 있는데, 이는 배선 방식과 비슷하다. 뉴런들은 축삭^{axon}이라는 길게 뻗은 구조를 통해 다른 뉴런에 신호를 전달하고 이 과정은 전기적인 현상에 의해 이뤄진다. 하나의 축삭은 가지를 치는 방식으로 여러 개의 뉴런에 정보를 전달할 수 있는데, 인간의 경우 하나의 뉴런이 평균적으로 수천 개의 다른 뉴런에 정보를 전달한다고 알려져 있다.

흥미롭게도 일부 축삭 가지는 원래의 뉴런들과 다시 연결된다. 즉 자신의 신호를 자신이 다시 받는 방식으로 회로가 구성되는데, 이를 회귀 투사라고 한다(**그림 8**). 대뇌피질에서 흔히 발견되는 이러한 구조는 신경세포 집단이 외부로 신호를 보내는 동시에 그 신호를 자기 내부로 다시 전달할 수 있음을 의미한다.

회귀 투사의 기능은 무엇일까? 왜 대뇌피질의 뉴런들은 자신의 신호를 자신이 다시 받는 구조를 가질까? **그림 8**에서 보듯이 회귀 투사는 여러 신경세포들을 하나의 기능적 집단으로 연결해주는 역할을 한다. 즉, 신경세포들이 독립적으로 기능하는 것이 아니라 서로 영향을 주고받으며 협력하도록 돕는 구조다. 회귀 연결이 충분히 많고 강해 회귀 투사가 양적으로 충분하면 연결된 신경세포들이 외부 자극 없이도 서로를 자극하는 방식으로 정보를 주고

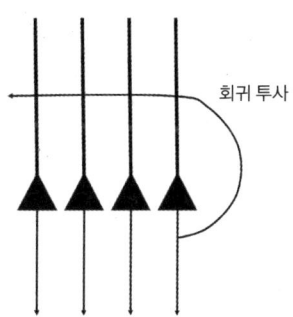

그림 8 회귀 투사. 대뇌피질의 경우 많은 뉴런이 회귀 투사를 보내지만 여기서는 이해를 돕기 위해 맨 오른쪽 뉴런의 회귀 투사만을 표시했다.

4장 상상하는 해마

받으며 이를 처리하고 유지할 수 있다. 이러한 내부 상호작용을 통해 신경망은 외부 자극이 사라진 후에도 일정 시간 동안 활동을 지속하며 정보를 유지하는, 이른바 자기 유지적 정보 처리$^{\text{self-sustained processing}}$를 수행한다.

자기 유지적 정보 처리 기능은 대뇌피질 신경망이 고차원적 인지 기능을 수행하는 데 필수적인 요소다. 내부 상호작용이 없다면 신경망은 외부 자극이 있을 때만 반응하고 외부 자극이 사라지면 반응을 멈추는 단순한 반응 기계에 지나지 않을 것이다. 달리 말하면, 회귀 투사는 신경망에 자율성을 부여한다. 이 자율성을 통해 신경망은 외부 자극이 없는 상황에서도 스스로 활성 패턴을 만들고 다양한 기능을 수행할 수 있다.

회귀 투사를 통해 신경망이 스스로 정보를 유지하고 처리하는 자율성을 갖게 되면 어떤 점이 유리할까? 여러 가지 기능적 이점이 있지만 여기서는 특히 단기 기억, 연합 기억$^{\text{associative memory}}$, 그리고 이 장의 주제인 상상에 초점을 맞춰 살펴보자.

단기 기억은 주어진 정보를 수초 동안 유지하는 기능이다. 누군가 전화번호를 불러줬을 때 메모하지 않고 머릿속에 잠시 동안 그 번호를 기억해두는 것이 단기 기억의 대표적인 사례다. 덕분에 메모 없이도 친구가 불러준 번호로 전화를 걸 수 있다. 부엌에 가서 물 한 잔과 수저를 가져와달라는 부탁을 받았을 때 부엌으로 가는 동안 지시 내용을 잊지 않고 물건을 챙겨오는 과정도 단기 기억에 해당한다. 이처럼 우리는 일상생활에서 단기 기억을 빈번하게 활용한다. 단기 기억 기능이 없다면 우리의 일상은 상당히 불편해질 것이다.

뇌 과학자들은 단기 기억의 메커니즘으로 회귀 투사에 의한 신경망의 내부 상호작용에 주목한다. 즉, '물 한 잔과 수저'라는 자극에 대한 신경 반응이 즉시 사라지지 않고 잠시 동안 신경망 안에서 유지되는 것은 회귀 투사에 의한 신경세포들의 상호작용, 특히 흥분 신호의 순환과 유지에 의해 가능하다는 게 현재 유력한 이론이다. 이러한 자율적 정보 유지 기능 덕분에 우리는 주어진 정보를 짧은 시간 안에 처리하고 활용할 수 있으며, 이는 복잡한 인지 활동의 기초가 된다.

다음으로, 연합 기억에 대해 살펴보자. 연합 기억이란 우리가 경험한 내용의 다양한 요소가 서로 연결돼 하나의 기억으로 저장되는 것을 말한다. 과거에 경험했던 특정 사건에 대한 기억을 사건 기억event memory 또는 일화 기억이라고 하는데, 이 경우 해당 사건과 관련된 모든 요소가 서로 연합돼 하나의 기억으로 저장된다. 따라서 하나의 요소를 떠올리면 다른 요소들도 자연스럽게 떠오를 가능성이 높아진다.

일주일 전 저녁 시간에 나눈 대화 주제가 가물가물하다고 가정해보자. 이때 대화 상대, 식사 장소, 먹었던 음식, 배경음악 같은 사건의 다른 요소를 떠올리면 대화 주제도 떠오를 가능성이 크다. 반대로, 당시 대화 상대가 누구였는지 잘 기억나지 않는다면 다른 요소들을 떠올려 대화 상대에 대한 기억을 되살릴 수 있다. 이는 경험의 여러 요소가 서로 연합돼 사건 기억으로 저장되기 때문이다.

그렇다면 경험 요소들은 어떻게 장기 기억으로 저장될까? 뇌 과학자들은 이를 뉴런 간 연결성 변화인 시냅스의 변화를 통해 설명한다. 어떤 경험을 할 때 그 경험에 관여한 뉴런들 사이의 시냅스가 강화되면 해당 경험을 표상하는 뉴런들 사이의 연결성 또한 강해진다. 다시 말해, 경험 중 활성화된 뉴런들을 이어주는 회귀 투사 시냅스가 강화되면 이 뉴런들은 강한 연결성을 가진 '기능 집단functional assembly'[3]으로 변한다. 기능 집단을 이루는 뉴런들은 서로를 활성화하는 구조를 형성하며, 일부 신경세포가 활성화되면 집단 전체가 활성화돼 경험했던 사건을 회상하도록 돕는다. 이를 통해 연합 기억은 특정 경험의 다양한 요소를 하나의 사건 기억으로 통합해 저장하고 회상할 수 있다. 이 과정에 대한 좀 더 상세한 설명을 원하는 독자는 부록 1, 특히 **그림 36**을 참고하기 바란다.

마지막으로 이 장의 주제인 상상이 뇌에서 어떻게 이뤄지는지 살펴보자. 우리가 상상할 때 뇌에서는 어떤 일이 일어날까? 상상은 개인이 느끼고 경험하는 심리적인 현상이지만, 뇌 신경망 관점에서 보면 새로운 활성 패턴을 스스로 만들어내는 과정이다. 즉, 상상에 관여하는 뇌 신경망은 외부 입력 없이도 새로운 활성 패턴을 자유롭게 생성할 수 있어야 한다.

앞서 살펴봤듯이 외부 자극에만 반응하고 자극이 사라지면 활성이 소멸되는 뇌 신경망에서는 이러한 현상이 나타나지 않는다. 회귀 투사가 없거나 미약한 신경망은 스스로 활성 패턴을 생성하지 못하기 때문에 상상을 위한 신경 기제로 기능하기 어렵다. 반면, 강력한 회귀 투사를 통해 내부 상호작용이 가능한 신경망은 외부 자극 없이도 새로운 활성 패턴을 자발적으로 생성할 수 있다. 특히 어떤 뉴런 조합이 먼저 활성화되느냐에 따라 다양한 순차적 활성 패턴이 이어지며, 이는 상상의 기반이 된다. 이러한 점을 바탕으로 해마가 상상에 중요한 역할을 한다는 사실을 고려하면, 해마 신경망에는 강력한 회귀 투사가 존재할 가능성이 높다.

12장에서 다시 논의하겠지만, 자연지능과 인공지능의 큰 차이점 중 하나가 바로 회귀 투사의 역할이다. 뇌 과학자들은 대뇌피질에서 회귀 투사가 고위 뇌 기능 수행에 핵심적인 역할을 한다고 본다. 그러나 현재의 인공지능, 특히 딥러닝deep learning에서는 회귀 투사의 중요성이 그리 강조되지 않는다. 대신 주로 순방향 투사feedforward projection 신경망이 사용된다.

순방향 투사 신경망은 정보가 입력층에서 출력층 한 방향으로만 흐르는 구조다. 입력이 주어지면 신호는 각 층을 거쳐 전달되며, 각 층의 뉴런은 이전 층의 출력을 받아 가중치를 적용해 새로운 출력을 생성한다. 이 구조는 단순하고 계산 효율이 높아 학습이 빠르고 안정적이라는 장점이 있지만 과거의 상태나 맥락 정보를 지속적으로 반영하는 기능은 부족하다. 그럼에도 불구하고 음성 비서나 이미지 분류 같은 일상적인 애플리케이션에서는 순방향 투사 신경망이 널리 사용된다.

물론, 인공 신경망 연구에서도 회귀 투사에 대한 연구가 활발히 진행 중이다. 다만 현재까지의 주요 성과는 대부분 순방향 신경망 기반 모델에서 나왔으며, 회귀 투사는 주로 시계열 데이터나 순차적 정보 처리에 제한적으로 사용될 뿐, 그 가능성이 충분히 발휘되지는 못하고 있다. 이러한 차이는 상상과 같은 고차원적 인지 기능을 구현하는 데 있어 자연지능과 인공지능의 성능 차이를 설명하는 중요한 단서다. 이에 대해서는 12장에서 좀 더 자세히 다룰 예정이다.

해마 신경망

이제 해마 신경망에 대해 살펴보자. 해마는 측두엽 깊숙이 위치해 있으며, 단면이 일정하게 유지되는 길쭉한 형태로 말려 있어 마치 김밥을 연상케 한다. **그림 9**를 보면 해마의 단면과 신경망 구조를 확인할 수 있다. 이 그림은 1906년 노벨 생리학·의학상 수상자인 스페인의 신경해부학자 산티아고 카할Santiago Cajal이 손으로 직접 그린 해마 단면 신경 회로다. 해마는 단일 신경망이 아니라 구조와

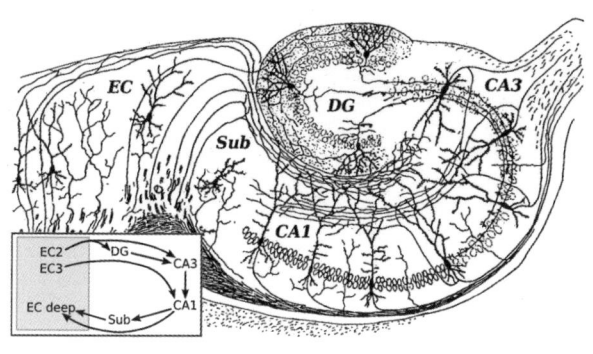

그림 9　카할의 해마 단면 손그림. DG는 치상회, Sub는 기저subiculum, EC는 해마의 주요 관문인 내후각피질entorhinal cortex을 나타낸다. 좌측 하단에 삽입된 그림은 신경망 연결의 도식을 보여준다. EC2, EC3, EC deep은 각각 내후각피질의 2층, 3층 및 심층을 의미한다.

기능면에서 서로 다른 몇 개의 하위 신경망으로 구성되어 있다.

　전통적으로 치상회dentate gyrus, CA3, 그리고 CA1이 해마의 핵심 영역으로 간주되며 이 세 부위를 연결하는 회로를 해마의 삼중 시냅스 회로trisynaptic circuit라고 부른다. 여기서 CA는 'Cornus Ammons'의 약자로, '아몬의 뿔'이라는 뜻이다. 아몬Ammon은 고대 이집트 신화에서 바람과 공기의 신으로 이집트 신왕조 시대에 숫양 머리를 한 모습으로 묘사됐다. 해마 단면의 CA1이 숫양의 뿔과 유사한 모양을 띠고 있어 붙여진 이름이다.

　여기서는 논의를 단순화하기 위해 이 책의 주제와 직접적으로 관련된 CA3와 CA1에 집중하겠다.[4] 치상회에 대해서도 오랜 기간

4장 상상하는 해마

연구가 진행됐지만 치상회는 기억 및 상상의 핵심 기능보다는 이를 위한 전처리 기능을 한다는 이론이 우세하다. 따라서 여기서는 치상회에 대한 논의를 생략하고자 한다. 치상회 기능에 대한 더 자세한 설명은 부록 4에 수록되어 있으니 관심 있는 독자는 해당 부록을 참고하기 바란다.

해마의 창의적인 CA3 신경망

해마의 어떤 신경망이 상상에 핵심적인 역할을 할까? 이와 관련해 무엇보다 먼저 해마에 충분히 강력한 회귀 투사 기능을 가진 신경망이 있는지를 살펴봐야 한다. 과연 그런 신경망이 있을까? 물론 있다. 그것도 일반적인 뇌 신경망과 비교할 수 없을 정도로 강력하다. 해마에는 다른 뇌 부위에서는 찾아보기 어려울 정도로 회귀 투사가 풍부한 신경망이 존재하는데, 바로 CA3 신경망이다.

CA3 신경망의 회귀 투사 축삭 수는 대뇌피질에서 일반적으로 발견되는 수준을 훨씬 능가한다. 쥐의 CA3 뉴런은[5] 평균 약 1만 6천 개의 시냅스를 가지고 있는데,[6] 이 중 약 4분의 3인 약 1만 2천 개의 시냅스가 회귀 투사 축삭과 연결되어 있다(**그림 10**).[7] 이렇게 엄청난 양의 회귀 투사로 서로 연결된 신경망은 CA3를 제외하고는 찾아보기 어렵다. 반면 삼중 시냅스 회로의 다음 단계인 CA1

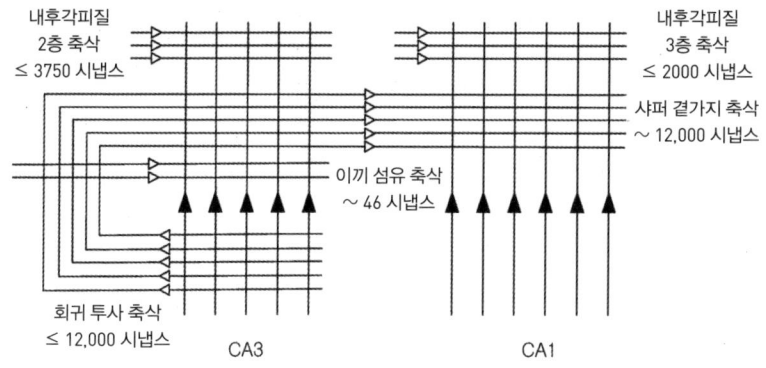

그림 10   해마 CA3-CA1 회로 모식도. 검은 세모는 피라미드 뉴런을 나타내며, 흰 세모는 축삭의 투사 방향을 나타낸다. 그림의 수치는 쥐 해마에서 측정된 시냅스 수를 기반으로 한다.

신경망에서는 회귀 투사 축삭이 거의 발견되지 않는다.[8]

2007년 이전까지만 해도 해마의 주요 기능은 학습과 기억이라고 여겨졌고, 이에 따라 CA3 신경망에 대한 이론적 논의 역시 기억의 저장과 인출에 초점을 맞춰 전개됐다. 해마 신경망의 구체적인 기억 저장 메커니즘을 이론으로 처음 제안한 과학자는 영국의 데이비드 마르$^{\text{David Marr}}$ 박사로, 그가 주목한 뇌 부위가 바로 CA3 영역이다. 앞서 살펴본 회귀 투사의 기능적 역할 중 하나가 연합 기억의 저장이라는 사실을 떠올려보자. 1971년, 마르 박사는 CA3 신경망이 회귀 투사 시냅스를 강화해 경험한 사건을 빠르게 연합 기억으로 저장하는 역할을 한다고 제안했고,[9] 이 이론은 오랫동안

CA3의 핵심 기능을 설명하는 주요 이론이었다(부록 1 참조).

그러나 해마의 기능은 단순히 어떤 사건 경험의 스냅숏^{snapshot}, 즉 정적 패턴만을 저장하는 데 그치지 않는다. 해마는 시간의 흐름에 따라 전개되는 일련의 경험을 순차적으로 저장하고 회상하는 기능도 담당한다. 마르 박사의 연합 기억 이론은 이 사실을 설명하는 데 한계가 있다. 특히 경로 재생 현상이 발견된 이후 뇌 과학자들은 해마 신경망이 사건의 시간적 전개를 어떻게 기억하고 회상하는지, 그리고 경험하지 않은 사건의 궤적을 어떻게 상상하는지에 더욱 관심을 가지게 됐다. 이로 인해 해마 신경망의 동적 정보 처리 기능과 회귀 투사 메커니즘이 중요한 연구 주제로 떠올랐다.

해마의 경로 재생 및 상상 기능과 관련된 가장 유력한 후보는 CA3 신경망이다. CA3는 뉴런들이 서로 긴밀하게 연결된 신경망이라서 일부 뉴런이 활성화되면 다른 뉴런들도 순차적으로 활성화되기 때문이다. 이러한 특성은 장소세포의 경로 재생 현상을 효과적으로 설명해준다. CA3 신경망이 경로 재생 및 상상 기능에 핵심적인 역할을 한다는 실험적 증거도 존재한다. 해마 장소세포의 경로 재생은 대부분 예파 발생 시 일어나는데, 신경생리학적 연구에 따르면 예파가 CA3에서 발생해 CA1으로 전파된다는 사실이 확인된 바 있다.[10] 이 사실들을 종합하면 CA3 신경망은 경험한 사건의 궤적을 저장하고 회상하며, 실제로 일어나지 않은 사건을 상상하는 과정에도 핵심적인 역할을 할 가능성이 매우 높다.

해마가 상상에 핵심적인 역할을 한다는 사실을 알고 나서 CA3 신경망을 다시 살펴보면, 그 구조와 생리적 특성이 새롭게 이해된다. 구조적으로 CA3는 소수의 강한 시냅스로 연결된 신경망이 아니라 다수의 약한 시냅스로 연결된 회로다. 소수의 강한 시냅스 연결은 특정 궤적의 활성 패턴을 정확하게 반복하는 데 유리한 반면, 다수의 약한 시냅스 연결은 특정 궤적을 정확하게 재생하는 일에는 불리하지만 다양한 궤적의 활성 패턴을 만들어내는 데 유리하다. 여기에 시냅스 전달이 확률적이라는 점을 고려하면, 이 구조는 신경망의 활성 패턴에 무작위성randomness을 부여한다. 강한 시냅스는 신호가 항상 거의 일정하게 전달돼 동일한 활성 패턴이 반복적으로 생성되는 경향이 있다. 그러나 약한 시냅스는 신호가 전달될 수도 있고 아닐 수도 있어 매번 활성화되는 뉴런 조합이 미세하게 달라질 가능성이 높다. 이렇게 확률적으로 전달되는 약한 시냅스 연결은 신경망이 스스로 무작위성을 내포하게 하고, 새로운 활성 패턴을 생성하는 데 중요한 역할을 한다.

비활동적인 상태, 즉 디폴트 네트워크가 활성화된 상태에서는 해마의 억제성 신경세포 활동이 급격히 감소한다.[11] 다시 말해, 휴식기에는 해마의 억제가 느슨해진다. 이 같은 생리적 특성은 특정 활성 패턴을 정확하게 반복하는 데는 불리하지만 새롭고 다양한 활성 패턴을 생성하는 데는 유리하다.

경로 재생 연구에서 봤듯이, 휴식기에 CA3 장소세포는 과거에 경험했던 순서뿐만 아니라 경험하지 않았던 순서로도 발화해 새로운 경로를 재생한다. 3장의 내용처럼 우리는 과거 사건을 경험한 그대로 회상하지 않으며, 회상 과정에서 현재의 감정이나 관점을 반영해 기억을 재구성하는 경향이 있다. 또한 종종 과거의 경험을 떠올리며 실제와는 다른 사건의 전개를 상상하곤 한다. CA3 신경망의 구조적·생리적 특성은 이 현상을 잘 설명해준다.

이런 점에서 보면 마치 조물주가 CA3 신경망이 무작위성을 내포하도록 설계한 것처럼 보인다. 과거의 사건을 정확히 재생하기에는 무작위성이 높은 CA3 신경망이 불리할 수 있지만, 새로운 사건을 상상하거나 창출하는 데는 오히려 무작위성이 유리하게 작용한다. 우리 연구팀은 이러한 특성을 강조하기 위해 CA3 신경망을 다양한 사건의 신경 활동 패턴을 생성해내는 일종의 시뮬레이터로 간주하자고 제안했다.[12] CA3는 단순한 기억 저장 장치가 아니라 과거 경험을 기반으로 새로운 가능성을 탐색하고 미래를 상상하는 창의적인 신경망이다.

강력한 회귀 투사가 꼭 좋은 것만은 아니다. CA3 신경망의 한 가지 단점은 신경 활동의 폭주 가능성이다. CA3 뉴런들은 서로 강력하게 연결되어 있기 때문에 한 뉴런이 흥분(활성화)하면 그 신호가 주변 뉴런으로 빠르게 확산되며, 다른 뉴런도 연쇄적으로 흥분할 수 있다. 따라서 자칫하면 과흥분 상태, 즉 발작이 발생할 위험이 있다. 발작이 반복되는 것을 간질 또는 뇌전증이라 하는데, 실제로 해마 CA3의 구조 때문에 측두엽 간질 환자가 많다. 앞서 언급한 헨리 몰레이슨의 경우도 자전거 사고 이후 측두엽 간질로 인해 해마를 절제하는 수술을 받았다.

그러나 뒤집어 생각해보면 CA3 신경망은 이러한 위험성에도 불구하고 강력한 회귀 투사를 갖도록 진화해왔으며, 이는 회귀 투사로 인한 이득이 상대적으로 더 크기 때문일 가능성이 높다. 안정적인 신경계를 가지고 있지만 상상력이 제한적인 동물과 신경계가 다소 불안정하지만 상상력이 풍부한 동물을 비교해보자. 후자의 경우 미래에 닥쳐올 여러 상황을 미리 상상해 대비할 수 있고 이는 종 간 경쟁에서 매우 유리한 요소로 작용한다. 아마도 이러한 이유로 과활성화의 위험을 감수하면서도 상상력을 획득하는 방식으로 포유류의 해마가 진화해왔을 것이다. CA3 신경망은 안정성을 대가로 풍부한 상상과 창의적 시뮬레이션 능력을 제공하며, 이는 불확실한 환경에 적응하고 대비하는 데 중요한 역할을 한다.

5장

상상을 평가하는 해마

'상상은 자유다'라는 말이 있다. 누구나 아무런 제한 없이 미래를 상상할 수 있다. 그러나 상상이 유익하려면 그 결과를 평가하는 과정이 필요하다.

내일 회사 대표로 투자 설명회에서 발표를 해야 한다고 가정해 보자. 자료를 준비하는 과정에서 발표자가 떠올릴 수 있는 시나리오는 다양하다. 최신 수치와 도표를 활용해 투자 성과와 성장 가능성을 강조하며 전문성을 부각하는 방식이 있다. 혹은 회사의 창업 스토리와 도전 및 성공 사례를 통해 청중의 공감을 이끌어내는 스토리텔링 방식도 있다. 미래 전략과 혁신적인 목표를 제시해 회사의 비전과 잠재력을 부각시키는 방식이나, 발표 시간을 줄이고 질의응답 시간을 충분히 확보해 청중의 궁금증을 해소하는 방식 또한 가능하다.

다양한 전략을 상상하는 과정에서 발표자는 투자 설명회에 참석할 투자자가 대부분 고령이라는 점을 떠올렸고, 가장 효과적일 것으로 생각되는 스토리텔링 방식을 선택했다. 그리고 발표 내용을 더욱 감동적으로 다듬기 위해 시나리오를 반복적으로 상상하고 평가한 끝에 최종 자료가 완성된다.

이 과정에서 알 수 있듯이, 상상이 상상에서만 끝나면 큰 효용성을 갖기 어렵다. 상상이 유익해지려면 반드시 그 결과를 평가하고 미래의 행동 방향을 설정해야 한다. 앞서 해마가 기억뿐만 아니라 상상에도 중요한 역할을 한다는 점을 살펴봤다. 이번 장에서는 한 걸음 더 나아가 상상의 내용을 평가하는 해마의 역할을 살펴볼 것이다. 특히 해마의 삼중 회로 중 마지막 단계인 CA1 영역이 평가 과정에서 핵심적인 역할을 한다는 연구 결과를 다룰 예정이다.

사실 해마 입장에서는 상상만 수행하고 평가는 다른 뇌 부위에 맡겨도 충분히 자신의 역할을 다했다고 할 수 있다. 하지만 해마는 단순히 기억과 상상을 떠올리는 데서 끝나는 기관이 아니다. 해마는 평가 과정까지 아우르는 종합적인 역할을 수행하며, 이를 통해 상황에 맞는 의사결정과 행동 계획 수립에 기여한다.

여전히 베일에 싸인 CA1 신경망

CA1 신경망의 평가 기능을 살펴보기에 앞서 CA1 신경망의 구조와 생리적 특성에 대해 살펴보자. 5장에서 살펴봤듯이 CA3 신경망의 특징은 강력한 회귀 투사다. 이 때문에 CA3 신경망이 기억의 저장과 상상에 핵심적인 역할을 한다고 여겨진다. 그러면 CA3의 다음 단계 신경망인 CA1은 어떤 역할을 할까? 마르 박사는 1971년 논문에서 CA1이 해마의 출력 기능을 담당할 것이라고 언급하며, 추후 CA1에 대한 논문을 발표하겠다고 약속했지만 안타깝게도 35세라는 젊은 나이에 백혈병으로 요절하고 만다. 이후 CA1에 대해 여러 이론이 제안됐지만 CA3에 비해 압도적으로 영향력 있는 이론은 나오지 않았고, 각 이론을 뒷받침하는 경험적 증거도 매우 빈약했다. 이 문제는 여전히 많은 뇌 과학자의 고민거리이며, 나 역시 여러 연구자로부터 'CA1이 무슨 역할을 하는지 도저히 모르겠다'는 푸념을 들은 적이 있다.

아이러니하게도 해마의 CA1은 뇌 부위 중 가장 많이 연구된 부위다. 예를 들어, 뇌 과학자들이 새로운 유전자를 발견하면 그 기능을 처음으로 시험해보는 곳이 바로 CA1이다. 왜일까? 해마는 해부학적 구조가 명확하고 신피질에 비해 회로가 상대적으로 단순하며, 설치류에서 상대적으로 큰 기관이라 연구가 용이하기 때문이다. 특히 CA1은 CA3보다 상부에 위치해 있어서 전극 삽입이 수

월하며, 시냅스 가소성 연구의 모델 시스템으로 집중적으로 연구됐기 때문에 생리적 특성이 매우 잘 알려져 있다. 그럼에도 불구하고 CA1 신경망의 정확한 기능은 오랫동안 베일에 싸여 있었다. 나 역시 CA1 신경망에 대해 오랜 시간 고민해왔다. 1980년대 중반에 뇌 과학 박사 과정을 시작한 이후, 거의 30년간 이 문제에 천착한 끝에 마침내 새로운 이론을 정립할 수 있었고, 2018년에야 비로소 정식 논문으로 발표하게 됐다.[1] 흔히 '인생은 짧고 예술은 길다'고 말하지만, 나는 가끔 후학들에게 '인생은 짧고 과학은 길다'고 말하곤 한다.

CA1 신경망이 어떤 역할을 하는지 이해하기 위해, 먼저 CA3 신경망과 CA1 신경망을 비교해보자. 해부학적 구조를 살펴보면 두 신경망의 회로가 매우 다르다는 것을 알 수 있다. CA3 신경망의 가장 큰 특징은 엄청난 양의 회귀 투사를 통해 뉴런들이 서로 강력하게 연결되어 있다는 점이다. 반면 CA1 신경망에는 CA3 신경망에서 발견되는 회귀 투사 축삭이 없다(**그림 10**). 따라서 CA3와 CA1 신경망은 매우 다른 방식으로 작동할 가능성이 높다. 생리학적 연구 결과에 따르면 CA1 신경망은 CA3 신경망과 달리 예파를 만들어내지 못한다.[2] 이는 CA1 신경망이 새로운 활성 패턴을 독립적으로 생성하지 못함을 의미한다. 다시 말해 CA1 신경망은 '상상', 즉 새로운 신경 활성 패턴을 생성하는 데 큰 기여를 하지 않을 가능성이 높다. 그렇다면 CA1 신경망은 과연 어떤 역할을 하는 것일까?

맥락을 표현하는 신경망

신경생리학적 연구는 뇌 신경망의 기능을 밝히는 데 중요한 돌파구를 마련해줄 수 있다. 신경생리학은 뉴런의 활동 특성을 측정함으로써 특정 뇌 영역의 기능과 작동 원리에 대한 단서를 얻는다. 예를 들어, 어떤 뇌 부위의 뉴런이 색깔과 같은 시각적 자극에 반응한다면 그 부위는 시각 정보 중 색깔 정보를 처리할 가능성이 높다고 추정할 수 있다. 해마의 경우는 CA3 뉴런과 CA1 뉴런의 활동 특성을 비교함으로써 각 신경망의 기능에 대한 실마리를 얻을 수 있을 것이다. 예컨대 CA3 장소세포가 넓은 범위의 공간에 반응하는데 CA1 장소세포는 특정 위치에서만 강하게 반응한다면, CA1 신경망은 불필요한 정보를 걸러내고 정밀하게 특정 위치를 구분하는 역할을 할 가능성이 있다. 쉽게 말하자면 CA1은 마치 저해상도 이미지를 선명한 고해상도 이미지로 변환하듯 공간 정보를 더 세밀하게 처리한다고 볼 수 있다. 이는 실제로 과학자들이 오랫동안 검토해온 중요한 가설 중 하나다.

또 다른 가능성으로 CA3 장소세포가 공간 정보만을 표상하는 반면, CA1 장소세포가 공간 정보뿐만 아니라 그 공간에서 마주친 물체(예: 장난감)나 경험한 사건(예: 전화벨 소리)에도 반응한다고 가정해보자. 이 경우 CA1 신경망은 '어디서 무엇이 일어났는가'를 표상하는 기능을 담당한다고 추정할 수 있다. 즉, CA3 신경망이 제공하는 공간 정보에 사건 정보를 결합해 좀 더 풍부한 맥락적 표상을 생성한다는 것이다.

그러나 지금까지의 연구를 보면 예상과 달리 CA3와 CA1 뉴런들의 생리학적 특성은 크게 다르지 않다. 두 영역에서 장소세포가 모두 발견되며 그 특성도 큰 차이는 없다. 이는 두 영역의 신경세포들이 처리하는 정보가 비슷하다는 뜻이다. 물론 자세히 들여다보면 CA3와 CA1 뉴런들의 활동 특성에는 미세한 차이가 존재한다. 하지만 이러한 차이는 매우 미묘해서 두 신경망의 기능 차이를 명확하게 설명하기에는 충분하지 않다. CA3와 CA1의 구조는 확연히 다른데, 왜 처리하는 정보는 비슷할까? 그렇다면 CA1은 도대체 왜 존재하는 것일까?

효용가치를 표상하는 신경망

CA1에 대한 만족할 만한 이론이 없었기에 나 역시 다른 해마 연구자들처럼 CA1의 기능에 대해 오랫동안 고민해왔다. 여기에 돌파구를 마련해준 것은 의사결정 연구였다. 나는 해마 연구와 더불어 뇌의 앞부분, 구체적으로 전두피질-기저핵 회로의 의사결정 메커니즘 연구를 오랫동안 수행해왔다. 의사결정 연구는 뇌가 어떤 행동의 결과로 얻게 되는 주관적 만족도, 즉 효용가치를 어떻게 계산하고, 이를 바탕으로 어떤 행동을 선택하는지를 탐구한다. 이 연구는 2000년대 중반부터 본격적으로 활발해졌으며, 오늘날에는 '의사결정 신경과학decision neuroscience' 또는 '신경경제학neuroeconomics'이라는 독립된 분야로 자리 잡았다. 이에 대해 좀 더 알고 싶은 독자는 부록 2를 참고하기 바란다.

전통적으로 해마는 인지적 정보, 특히 공간 정보를 처리하고 효용가치와 관련된 정보는 다른 뇌 부위, 특히 전두피질-기저핵 회로에서 처리된다고 여겨졌다. 우리 연구진도 전두피질frontal cortex [3]과 기저핵이 효용가치와 행동 선택 정보를 어떻게 처리하는지를 오랫동안 연구해왔다. 이 과정에서 발견한 중요한 사실 하나는 효용가치에 대한 정보가 뇌의 여러 부위에 광범위하게 분포되어 있다는 점이다. 이는 가치 표상과 가치 학습 과정이 진화적으로 오랫동안 보존된 기능일 가능성을 보여준다.

비슷한 예로 생체시계가 있다. 우리 몸의 모든 세포는 생체시계 기능을 가지고 있고, 이들의 일주기는 모두 24시간 주기에 맞춰 정확히 작동한다. 이렇게 수많은 생체시계가 오류 없이 동기화돼 움직이는 이유는 이들을 총괄하는 중심 기관이 있기 때문이다. 뇌의 시상교차핵이 그 역할을 하는데, 이 때문에 시상교차핵은 중앙 생체시계master clock라고 불린다. 그런데 생각해보면 모든 세포가 생체시계 기능을 가질 필요는 없다. 중앙 생체시계 역할을 하는 시상교차핵만 생체시계 기능을 수행하고 나머지 세포들은 시상교차핵이 보내는 호르몬 신호에 단순히 반응하기만 해도 생체리듬은 유지된다. 그럼에도 불구하고 우리 몸의 모든 세포가 생체시계 기능을 보유하고 있는데, 생물학에서 이와 같은 발견은 매우 흔하다. 진화는 특정한 방향성 없이 마치 '눈먼 시계공'처럼 시행착오를 반복하는 과정이다. 이 과정에서 동일한 기능이 나타나는 경우가 종종 있으며, 중복된 기능들은 대개 생명체의 생존과 번식에 결정적인 역할을 하는 경우가 많다.

효용가치를 정확히 표상하고 이에 따라 행동을 선택하는 것은 동물의 생존과 번식에 근본적으로 중요한 기능이다. 따라서 뇌의 여러 부위에서 가치 정보가 발견되는 현상은 어찌 보면 그리 놀랍지 않다. 전두피질과 기저핵을 포함한 다양한 영역에서 이러한 가치 정보가 발견되면서 '해마 신경계 역시 가치 정보를 표상하지 않을까?'라는 의문이 점점 크게 들기 시작했다. 이 질문을 탐구하기 위해 연구를 시작했고, 일련의 실험을 통해 놀랍게도 해마가 강력한 가치 정보를 표상한다는 사실을 발견했다.[4] 전두피질이나 기저핵과 같은 행동 제어 중심의 뇌 영역뿐만 아니라 기억과 상상을 담당하는 뇌 영역에서도 효용가치 정보가 표상된다는 점이 드러난 것이다. 이는 해마가 단순히 시나리오를 상상하는 데 그치지 않고 상상 속 상황에 대한 가치 평가까지 수행할 수 있음을 시사한다. 해당 연구와 관련된 좀 더 자세한 내용은 부록 2와 부록 3을 참조하기 바란다.

이 연구에서 발견된 주목할 만한 사실은 CA1 신경망과 달리 CA3 신경망은 가치 정보 표상에 별로 관여하지 않는다는 사실이다.[5] 앞서 CA3와 CA1 뉴런들의 생리학적 특성은 크게 다르지 않다고 했지만, 효용가치 처리에서는 두 신경망 사이에 뚜렷한 기능적 차이가 존재한다. 정리하자면, CA3 신경망의 핵심 특징은 강력한 회귀 투사이고 CA1 신경망의 핵심 특징은 효용가치 정보를 강하게 표상한다는 점이다.

최적의 선택을 이끄는 모사-선택

2018년, 우리 연구팀은 연구 결과를 종합해 '모사-선택simulation-selection' 이론을 제시했다.[6] 핵심은 간단하다. CA3 신경망은 경험한 사건들의 재생과 더불어 경험하지 않은 사건들을 모사(시뮬레이션)하고, CA1 신경망은 CA3 신경망에서 재생·모사된 사건들 중 효용가치가 높은 사건을 선택적으로 강화하는 역할을 한다. 이런 과정을 거쳐 주어진 환경에서 효용가치가 높은 사건이나 행동들이 선택적으로 강화되며, 이를 기반으로 우리는 미래에 최적의 선택을 할 수 있게 된다. 즉, CA1은 단순한 정보 전달자가 아니라 모사된 다양한 가능성 중 가장 유익한 행동 시나리오를 선별하고 학습을 돕는 평가자 역할을 한다. 이 이론은 마르 박사의 이론과는 뚜렷하게 다르다. 해마의 기능을 과거 기억 저장에 국한하지 않고 오히려 미래를 대비하는 시스템으로 해석하기 때문이다.

　우리 연구팀이 2018년에 발표한 논문 〈보상받는 미래를 기억하기: 해마의 모사-선택 모델〉의[7] 제목이 시사하는 바처럼 해마의 기능은 단순히 과거의 사건을 기억하는 것에 그치지 않고 미래의 최적의 행동 계획을 선제적으로 학습하는 데 있다. 그리고 이러한 기능을 수행하는 핵심 요소가 바로 CA3-CA1 신경망이라는 것이 우리 연구진의 주장이다.

　겉보기에는 이 구조가 비효율적일 수 있다. 최적의 행동 시나리오를 탐색하는 데 두 개의 신경망이 필요하기 때문이다. 그러나 '모사-선택'으로 분리된 이중 신경망 구조는 무한한 수의 가상 행동 시나리오를 모사하고 평가할 수 있게 함으로써 미래에 닥칠 다양한 상황에 효과적으로 대비하게 해준다. 단일 신경망인 CA3에서 모사와 가치 표상이 동시에 이뤄진다면, 주로 가치가 높은 시나리오에 모사가 집중되기 때문에 행동 시나리오의 다양성이 현저히 제한될 것이다.

　내비게이션 시스템을 예로 들어보자. 내비게이션이 단순하게 평균적으로 최단 시간이 소요되는 한두 개의 경로만 계산한다고 가정해보자. 이 경우 교통 체증이나 도로 공사 등 예상치 못한 변수에 효과적으로 대응하기 어렵다. 그러나 실제 내비게이션 시스템은 다양한 경로를 모사하고 예상 시간, 교통량, 사고 위험 등을 종합적으로 평가해 최적의 경로를 제안한다. 이 과정은 해마의 CA3-CA1 신경망이 다양한 가상 경로를 모사하고 각 경로를 평가해 최적의 선택을 학습하는 방식과 유사하다. 따라서 두 신경망으로 나누어진 구조는 행동 계획을 더욱 유연하고 상황에 강하게 대처하도록 만든다는 점에서 매우 효율적인 진화 결과라고 할 수 있다.

이제까지 모사-선택 이론의 핵심을 살펴봤다. 모사-선택 이론을 더 자세히 알고 싶거나 기계적 작동 메커니즘이 궁금하다면 우리 연구팀의 2018년 논문을 참고하기 바란다.[8] 해마 삼중 시냅스 회로와 관련해 모사-선택 이론은 CA3-CA1 신경망에 초점을 맞추고 있다. 그렇다면 회로의 다른 주요 부위인 치상회는 어떤 기능을 수행할까? 우리 연구팀은 치상회가 여러 외부 자극 정보를 결합해 특정 공간을 인식하게 하는 '공간 맥락 spatial context' 형성에 중요한 역할을 한다고 본다.[9] 종합하자면, 우리 연구팀의 이론은 '결합-모사-선택'으로 요약이 가능하다. 치상회는 다양한 입력 정보를 결합해 현재 위치한 공간을 인식하게 하고, CA3와 CA1은 해당 공간 내에서 모사-선택을 통해 최적의 행동 시나리오를 학습하는 역할을 한다. 치상회의 기능은 매우 흥미롭지만 이 책의 주제에서 다소 벗어나기 때문에 여기서는 더 이상 다루지 않겠다. 추가 정보는 부록 4를 참고하기 바란다.

더 나은 선택을 하는 뇌의 학습

모사-선택 이론은 기존의 연합 기억 이론만으로는 설명되지 않는 여러 연구 결과에 대해 일관된 설명을 제시한다. 해마가 왜 상상에도 관여하는지, 기억이 왜 유동적인지, 해마가 왜 가치 정보를 표상하는지, 해마에 CA3가 있는데 왜 CA1도 있어야 하는지, 그리고 두 부위의 장소세포 특성이 왜 비슷한지 등을 모사와 선택이라는 단순한 기능으로 잘 설명해준다.

또한 모사-선택 이론은 기존 이론과 전혀 다른 관점으로 기억의 응고화를 바라본다. 기존 이론에서는 기억의 응고화를 단순히 초기 경험을 수동적으로 강화하는 과정으로 간주했다. 그러나 모사-선택 이론에 따르면 기억의 응고화는 단순한 강화가 아니라 제한된 경험을 바탕으로 모사와 선택을 거쳐 최적의 전략을 도출하는 과정이다.[10] 다시 말해, 기억의 응고화는 과거 경험을 재구성해 더 나은 행동 지침을 마련하는 능동적인 과정이다. 흥미롭게도 모사-선택 이론이 설명하는 기억의 응고화 방식은 이미 알려진 인공지능 알고리즘과 놀랍도록 유사하다. 이 문제를 좀 더 자세히 들여다보자.

먼저 주요 인공지능 알고리즘 중 하나인 강화 학습 reinforcement learning에 대해 살펴보자. 강화 학습은 시행착오를 통해 선택 가능한 행동에 대한 효용가치를 파악하고 이를 기반으로 최적의 행동 전략을 수립한다. 특히 불확실성과 변화가 내재된 역동적인 환경에서 효율적인 행동 전략을 찾아내는 데 강점을 보인다. 하지만 강화 학습에는 근본적인 약점이 있다. 효용가치를 정확히 파악하려면 막대한 시행착오가 필요하다는 점이다.

특히 최종 목표 달성을 위해 여러 단계의 행동을 거쳐야 하는 경우, 초기 선택이 최종 목표 달성에 어떤 영향을 미치는지 파악하려면 수많은 시행착오를 거쳐야 한다. 실제로 강화 학습 알고리즘을 게임에 적용했을 때 '몬테주마의 복수Montezuma's Revenge'와 같은 게임은 특히 큰 도전 과제로 꼽힌다.[11] 이 게임은 목표에 도달하기까지 수많은 행동 단계를 요구하기 때문에 단순한 시행착오 방식으로는 학습에 매우 오랜 시간이 걸린다.

강화 학습을 실생활에 적용할 때도 학습 속도의 문제가 대두된다. 청소 로봇을 훈련시켜 방을 효율적으로 청소하고 싶다고 가정해보자. 가장 간단한 방법은 수많은 시행착오를 통해 최적의 청소 전략을 학습시키는 것이다. 하지만 이 방법은 방의 구조, 쓰레기의 종류, 피해야 할 상황(예: 화장실 바닥으로 떨어지는 위험) 등에 따라 학습 시간이 크게 달라진다. 상황이 복잡할수록 경우의 수가 폭발적으로 증가하므로 모든 경우의 수를 학습하려면 엄청난 시행착오가 필요하다. 따라서 몇 달 동안 매일 청소를 반복해도 최적의 방법을 찾지 못할 수도 있다.

이 문제를 해결하기 위해 제안된 방법 중 하나가 모사, 즉 시뮬레이션을 통해 학습하는 방법이다. 데이비드 서튼[David Sutton]은 1991년 다이나[Dyna] 알고리즘을 제안했는데,[12] 이 알고리즘은 두 단계로 학습이 이뤄진다. 첫 번째 단계는 실제 환경과 상호작용하면서 경험을 습득하고 정보를 학습하는 과정이다. 청소 로봇의 경우 실제로 방 청소를 하면서 데이터를 수집하고 학습하는 상황에 해당한다. 두 번째 단계는 실제 환경과의 상호작용 없이 학습된 자료를 바탕으로 다양한 행동 전략을 모사하고 그 결과를 평가해 학습을 진행하는 과정이다. 청소 로봇은 실제 움직임 없이 '머릿속'에서 다양한 이동 경로를 모사하고 그 결과를 평가해 최적의 이동 경로를 찾는다. 이러한 방법을 사용하면 실제 시행착오를 거치지 않고도 학습이 가능해서 학습 속도를 비약적으로 향상시킬 수 있다.

모사-선택 이론과 다이나 알고리즘의 유사성은 명확하다. 두 가지 모두 제한된 경험을 바탕으로 모사를 통해 학습 효과를 극대화하는 과정을 거친다. 앞서 청소 로봇의 예를 들었는데, 자연환경에서 모사 과정 없이 실제 시행착오를 통해 학습한다면 최적의 행동 전략을 수립하기까지 과도한 시간과 에너지가 소모될 것이다. 물론 안정적인 환경이라면 학습 속도가 느려도 궁극적으로 적절한 행동 전략을 학습하는 게 가능하다.

그러나 포식자와 같은 경쟁자들은 사냥감이 환경에 적응할 때까지 기다려주는 '페어플레이'를 하지 않는다. 더욱이 대부분의 환경은 역동적으로 변한다. 이럴 경우, 느린 학습 속도는 치명적이다.

충분히 학습하기도 전에 상황이 변화하면 최적의 행동 전략에 도달하기 어려워지고, 결국 최적화되지 못한 행동 전략에 의존할 수밖에 없다. 청소 로봇이 특정 방 구조에 숙달되는 데 세 달이 걸린다고 치자. 그런데 입주자가 매달 바뀌고 그때마다 가구의 배치도 바뀐다면, 로봇은 결코 최적의 행동 전략에 도달하지 못할 것이다.

2장에서 기억의 응고화를 논의하며 왜 기억이 이와 같은 방식으로 저장되는지 명확하지 않다고 언급한 바 있다. 모사-선택 이론에 따르면 기억의 응고화는 단순히 해마에 임시 저장된 경험을 장기 기억으로 전환하는 과정이 아니다. 한정된 경험을 기반으로 모사(시뮬레이션)를 통해 주어진 환경에서 최적의 전략을 찾는 능동적인 과정이다. 이 과정을 통해 다양한 상황에서 효용가치가 높은 행동 전략들이 선택적으로 강화되는데, 우리는 이를 선행 학습의 기반으로 삼아 미래에 더 나은 선택을 할 수 있게 된다. 나는 해마의 모사-선택 과정이 강화 학습의 다이나 알고리즘과 본질적으로 동일하다고 생각하며, 이는 2장에서 언급했던 '구성적 기억' 이론과도[13] 잘 부합한다.

나는 우리의 뇌 신경계가 이렇게 작동한다고 믿고, 그 점에 대해 늘 감사하게 생각한다. 이 이론이 맞는다면 우리가 잠을 자거나 멍하니 쉬고 있는 동안에도 뇌는 알아서 열심히 '강화 학습'을 함으로써 불확실한 미래에 대비하고 있는 것이다. 의식적인 노력을 기울이지 않아도 뇌는 끊임없이 학습과 최적화를 진행하고 있는 셈이다. 어쩌면 우리 모두 무의식적으로 '학이시습지 불역열호^{學而時習}^{之不亦說乎}', 즉 배우고 그것을 때때로 익히는 기쁨을 실천하고 있는지도 모른다.

물론 이러한 학습 과정은 공짜가 아니다. 뇌의 무게는 우리 몸의 2퍼센트에 불과하지만 전체 에너지의 20퍼센트를 소비한다. 그럼에도 불구하고 의식적 노력 없이도 뇌가 스스로 학습하고 최적의 행동을 준비한다는 것은 매우 감사한 일이다. 깨어 있을 때 열심히 학습한 뒤, 잘 먹고 잘 쉬면 되니까 말이다.

6장

해마 기능의 진화적 기원

 일반적으로 생명 현상에 대해서는 근인적 설명과 궁극적 설명이 있다. 특정 생명 현상의 생리적·형태적 원인을 설명한다면 이는 근인적 설명에 해당한다. 반면 특정 생명 현상의 생리적·형태적 원인이 현재 상태로 존재하게 된 역사적·진화적 이유를 설명한다면 이는 궁극적 설명에 해당한다.

 예를 들어, 짠 음식을 섭취한 후 목마름을 느끼는 이유를 설명할 때 '소금 과다섭취로 혈액 삼투압이 높아진 상태를 수용기가 감지해 물 섭취에 대한 동기를 높인다'고 설명하는 것은 근인적 설명이다. 반면 '삼투압의 과도한 증가를 감지하고 이를 낮추는 것이 생존과 번식에 유리해 이러한 생리적 메커니즘이 진화했다'고 설명하는 것은 궁극적 설명에 해당한다.

지금까지는 모사-선택 이론을 주로 근인적으로 설명하는 데 초점을 맞췄다. 그렇다면 모사-선택 이론에 대한 궁극적 설명은 무엇일까? 왜 해마는 '모사-선택' 기능을 가지도록 진화했을까? 이 장에서는 이 문제에 대해 논의해보자.

포유류와 조류의 해마

앞에서 살펴본 바와 같이 쥐의 해마에서 발견되는 경로 재생 현상은 쥐의 해마가 다양한 공간 경로를 모사한다는 사실을 시사한다. 또한 CA1이 가치 정보를 표상한다는 발견은 모사된 공간 경로가 가치에 따라 평가된다는 것을 의미한다. 즉, 쥐는 비활동적일 때 다양한 공간 경로를 모사하고 선택함으로써 실제 공간에서의 출발점이 어디든 상관없이 최적의 이동 경로를 선택할 수 있게 된다는 것이 모사-선택 이론의 핵심이다.

그렇다면 해마의 모사-선택 기능은 어떤 이유로 진화했을까? 모사-선택 이론을 정립하며 고민할 때 가장 먼저 떠오른 의문은 '새의 해마는 어떨까?'였다. 새는 날 수 있어 굳이 다양한 공간 경로를 기억할 필요가 없을 것 같았기 때문이다. 이 의문을 계기로 새의 해마에 대한 본격적인 문헌 조사를 시작했다. 그러나 새를 대상으로 한 해마 연구는 매우 드물었다. 해마 연구에 있어서 가장 인기 있는 모델 동물은 쥐와 생쥐다. 물론 원숭이를 대상으로 한 연구도 꽤 진행되고 있으나, 쥐와 생쥐를 대상으로 한 연구가 압도적으로 많다.

특정 모델 동물을 집중적으로 연구하는 접근법의 이점은 명확하다. 다양한 연구 결과를 직접 비교할 수 있어 연구의 진보가 빠르고 결과가 축적되면 모델 동물의 생명 현상에 대한 심층적인 이해가 가능해진다. 더욱이 생물들은 오랜 진화의 산물이라 한 종에서 발견된 원리가 다른 종에서도 동일하게 작동하는 경우가 흔하다. 실제로 초파리에서 찾아낸 유전자가 사람의 유전 질병과 직접적으로 관련되는 사례도 종종 보고된다. 하지만 특정 종에 국한된 연구만으로는 발견된 생물학적 원리가 얼마나 일반적인지, 그리고 그 원리가 종의 생태 환경에 따라 어떻게 달라지는지 이해하기 어렵다. 이를 이해하려면 다른 종을 대상으로 한 비교 연구가 반드시 필요하다.

새의 해마와 쥐의 해마를 비교해보자. 해부학적 구조를 살펴보면 두 동물의 해마는 상당히 다르다. 포유류의 경우 사람과 쥐를 포함한 다양한 종의 해마 구조가 놀랍도록 유사하다. **그림 11**은 여러 포유류의 해마 단면인데, 모두 치상회, CA3, CA1 부위가 명확하게 구분되고 전반적인 형태 또한 매우 비슷하다. 반면 비포유류 척추동물의 해마는 해부학적으로 포유류와 큰 차이가 있다. **그림 12**를 보면 어류, 양서류, 파충류, 조류의 해마에는 포유류의 해

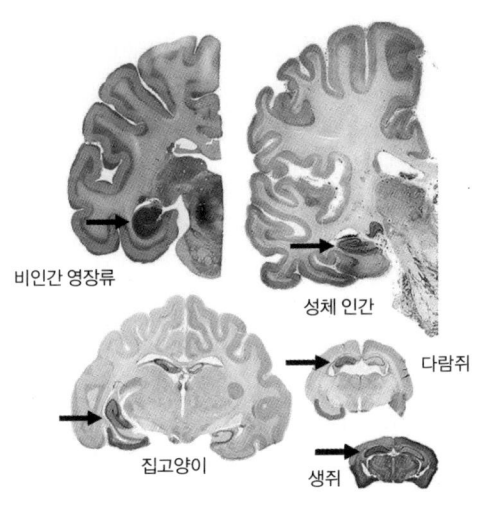

그림 11 여러 포유류 종의 뇌 단면. 화살표로 표시된 해마 단면은 모든 종에서 치상회, CA3, CA1이 명확히 구분되는 것을 보여준다.

마처럼 명확하게 구분되는 치상회, CA3, CA1 부위가 없다.

포유류와 조류 같은 정온동물은 어류와 파충류 같은 변온동물에 비해 뛰어난 공간 기억 능력을 지니고 있다. 특히 조류 중 일부는 공간 기억 능력이 매우 발달했다. 약 170과의 새들 중 12과는 먹이를 저장하는 행동을 보이며, 공간 기억 능력이 매우 탁월하다. 예를 들어, 클라크잣까마귀Clark's nutcracker는 겨울이 오기 전에 잣과 같은 먹이를 산비탈 수천 곳에 묻어둔다. 겨울철에 먹이가 부족해지면 이 새는 뛰어난 공간 기억 능력을 바탕으로 숨겨둔 먹이를 찾아 먹으며 생존한다.[1] 흥미로운 점은 눈이 쌓인 겨울에는 각 저장

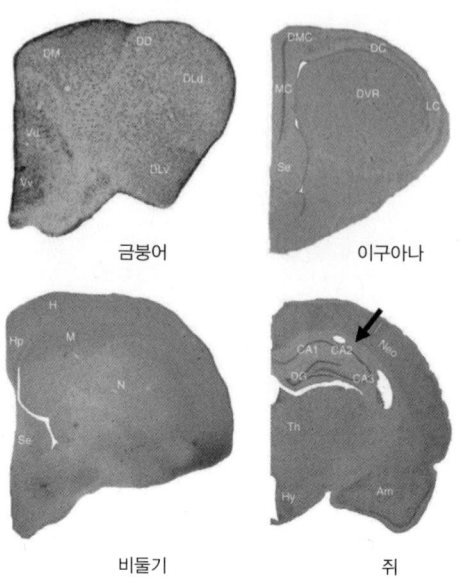

그림 12   금붕어, 이구아나, 비둘기, 쥐의 뇌 단면. 포유류의 해마에서 볼 수 있는 특징적인 구조(화살표)는 비포유류 종에서는 발견되지 않는다.

장소의 국소적 표식을 식별하기가 어렵다는 것이다. 따라서 클라크잣까마귀는 환경 전체의 공간 지도를 뇌에 표상하고 그 지도의 특정 지점을 기억함으로써 정확히 먹이를 찾아낸다.

이처럼 정온동물인 포유류와 조류는 모두 뛰어난 공간 기억 능력을 지니고 있으며 두 동물군 모두 공간 기억은 해마가 담당한다. 하지만 포유류와 조류의 해마는 구조적으로 큰 차이가 있다. 이 차이는 무엇을 가리킬까? 바로 육상 이동을 하는 포유류의 해마에서만 모사-선택 기능이 진화했을 가능성을 뒷받침한다.

조류에게는 없는 모사-선택 기능

다음으로 조류 해마에 대한 생리학적 연구를 살펴보자. 해당 분야의 연구는 매우 부족한 편이다. 그러나 미국 오하이오주 보울링그린Bowling Green대학의 버너 빙맨Verner Bingman 교수 연구팀은 새의 해마에 미세전극을 삽입해 위치에 따라 신경 활성이 어떻게 달라지는지를 분석한 중요한 논문 몇 편을 발표했다. 이 논문들은 우리 연구팀이 모사-선택 이론을 정립하는 데 중요한 통찰을 제공했다.

빙맨 교수 연구팀은 비둘기 해마에 미세전극을 삽입하고 비둘기가 먹이를 얻기 위해 자유롭게 돌아다닐 때의 신경 신호를 측정했다. 다만 기술적인 제약으로 인해 비둘기가 날아다닐 때의 신경 신호는 기록하지 못하고 걸어다닐 때의 신경 신호만 측정했다. 그럼에도 불구하고 이 연구는 조류 해마에도 장소세포가 존재하는지에 대한 귀중한 기초 자료를 제공했다. 비둘기의 해마에서도 쥐의 해마처럼 장소세포가 발견됐을까?

빙맨 교수팀의 대답은 '아니오'였다.[2] 연구진은 비둘기를 방사형 미로에서 훈련시켜 먹이를 찾게 했다. 비둘기의 신경 신호를 분석한 결과, 흥미로운 패턴을 발견했다. 우측 해마에서는 먹이 지점마다 활성을 보이는 뉴런들이, 좌측 해마에서는 두 먹이 지점을 잇는 직선 경로 상에서 활성을 보이는 뉴런들이 관찰된 것이다. 즉, 비둘기의 해마에서는 먹이가 놓인 '목표 지점'을 표상하는 뉴런과 목표 지점까지의 '직선 경로'를 표상하는 뉴런이 발견됐다. 쥐의 해마에서 모든 위치마다 장소세포가 발견되는 것과는 대조적이다. 이러한 결과는 비둘기가 비행 능력 덕분에 복잡한 경로를 표상할 필요 없이 최종 목표 지점과 그 지점까지의 단순한 직선 경로만을 표상해도 충분히 먹이를 찾아 이동할 수 있음을 시사한다.

흥미로운 사실은 먹이를 무작위로 뿌려주면 공간 특이적 신경 활성이 사라졌다는 점이다. '공간 특이적 신경 활성'이란 우측 해마는 먹이 위치에만, 좌측 해마는 특정 경로를 따라 뉴런이 선택적으로 활성화되는 현상이다. 먹이가 임의의 위치에 뿌려지자, 목표 지점이 사라졌기 때문에 장소 기반 활성 패턴도 함께 사라진 것이다. 이는 쥐 해마 연구 결과와는 확연히 다르다. 쥐의 경우 먹이 유무에 상관없이 해마 신경세포들이 특정 위치에서 꾸준히 활성을 보이는 경향이 있다. 최근 발표된 메추라기를 대상으로 한 신경생리학적 연구에서도 쥐처럼 해마에서 명확한 장소세포가 발견되지 않았다.[3] 이러한 연구 결과들은 새의 해마가 비행이라는 생태적 특성에 맞춰 진화했음을 의미하며, 장소세포를 활용한 다양한 경로 재생 기능인 모사-선택이 정온동물이자 육상동물인 포유류에서만 진화했을 가능성과 부합한다.

모사-선택의 진화

반복하자면, 모사-선택 이론의 핵심은 동물이 비활동적인 상태일 때 여러 이동 경로를 시뮬레이션하고 평가함으로써 출발 지점과 상관없이 임의의 목표 지점까지 최적의 경로를 선택할 수 있다는 것이다. 우리 연구팀은 모사-선택에 기반한 경로 설정 기능이 육상동물인 포유류의 생존에 유리했기 때문에 포유류에서 진화했으며, 조류에는 해당되지 않는다고 본다. **그림 13**은 이 차이를 상징적으로 나타낸다.

새는 날 수 있기 때문에 목표 지점이 주어지면 현재 위치에서 최

<u>그림 13</u>   조류와 포유류의 이동 방법 차이. 육상 포유류는 조류와 달리 목표 지점에 도달하기 위해 다양한 공간 경로를 기억해야 한다.

단 거리로 곧장 이동할 수 있다. 따라서 두 지점 사이의 다양한 경로를 굳이 기억할 필요가 없다. 반면 육상동물은 강, 바위, 절벽과 같은 장애물에 자주 직면하기 때문에 임의의 출발 지점에서 임의의 목표 지점(예: 식수원이나 사냥터)까지 막힘없이 이동 가능한 경로를 기억하는 것이 생존에 유리하다. 하지만 하나하나 직접 경험해서 학습하기에는 시간과 에너지가 너무 많이 든다. 그래서 장소 세포의 조합을 활용해 다양한 경로를 시뮬레이션하고, 그중 최적의 경로를 선택해 학습하도록 진화했으리라는 것이 모사-선택 과정에 대한 궁극적 설명이다.

혹자는 미래에 사용할지 말지 모를 다양한 경로를 미리 표상하는 데 에너지를 소비하기보다는 현재 당면한 상황에서 최적의 경로를 실시간으로 계산해서 이동하는 것이 훨씬 효율적이라고 반박할지도 모른다. 그러나 그 전략은 위급한 상황에서 생존에 치명적일 수 있다. 배고픈 여우에게 쫓기는 토끼의 생사는 1~2초 차이로 결정된다. 특히 장애물이 많은 상황에서는 실시간으로 경로를 계산하는 데 시간이 걸리기 때문에, 미리 학습된 경로가 생존을 좌우한다. 따라서 다소 에너지가 소모되더라도 주어진 환경에서 최적의 이동 경로(예: 임의의 위치에서 안전한 토끼굴로 돌아가는 경로)를 미리 시뮬레이션하고 학습해두는 것이 생존에 유리하다. 게다가 환경은 끊임없이 변한다. 여름에 무성하던 풀숲이 겨울에는 사라질 수도 있고 큰 비로 인해 웅덩이가 생겨 평소 다니던 길이 막힐 수도 있다. 여러 상황을 고려하면, 현재의 환경에서 항상 최적의 이동 경로를 학습해둘 필요가 있다. 철저한 준비가 없다면 치열한 생존 경쟁에서 살아남기 어렵기 때문이다.

그러면 모사-선택은 언제 이뤄져야 가장 효율적일까? 당연히 포식자에게 쫓기는 상황은 아닐 것이다. 외부 정보에 신경 쓰지 않아도 되는 수면 중 혹은 가만히 앉아서 휴식을 취할 때가 이상적이다. 이런 맥락에서 해마가 디폴트 네트워크의 주요 부위로서 주의가 외부에 집중되지 않은 상태에서 활성화되는 것은 우연이 아니다.

해마는 가장 오래된 피질 구조 중 하나로, 피질의 진화 초기부터 존재하며 오랜 시간에 걸쳐 기능이 발전해왔다. 예파 발생 시 해마가 뇌의 대부분과 동기화됨을 고려하면 모사-선택 기능이 디폴트 네트워크 진화에 중요한 요소로 작용했을 가능성이 크다. 2장에서 살펴봤듯이 디폴트 네트워크는 과거 회상, 미래 상상, 도덕적 판단, 타인의 생각 고찰 등 내적 사고가 활발할 때 활성화된다. 이는 결국 모사 과정이다.[4] 따라서 디폴트 네트워크의 핵심 기능은 바로 모사-선택일지도 모른다.

고래와 박쥐의 뒤바뀐 특성

육상 생활을 벗어난 포유류의 해마 구조와 생리적 특성을 살펴보는 것도 흥미로운 일이다. 대표적인 사례로는 육지에서 바다로 돌아간 고래류와 날개가 진화해 비행하는 박쥐다. 이들은 육상 생활을 하는 포유류에 비해 세밀한 이동 경로를 기억할 필요성이 낮을 것으로 추정된다.

먼저 고래부터 살펴보자. 고래 해마에 대한 생리학적 연구는 아직 이뤄지지 않았지만, 해부학적 연구에 따르면 고래의 해마는 다른 포유류에 비해 상대적으로 매우 작다.[5] 진화 과정에서 상당히 퇴화한 것으로 보이는데, 넓고 장애물이 적은 해양 환경에서는 복잡한 이동 경로를 기억할 필요성이 낮을 가능성과 부합한다. 이와 달리 쥐처럼 육상 생활을 하는 포유류는 복잡한 경로를 기억해야 하므로 해마가 더 발달했을 가능성이 있다.

박쥐는 어떨까? 박쥐의 해마는 고래와 달리 전혀 퇴화하지 않았다. 오히려 신경생리학적 연구에서 3차원 장소세포('공간세포'라는 명칭이 더 적절할 수도 있다)가 발견됐다.[6] 다만 박쥐가 수면을 취하거나 휴식할 때 해마에서 경로 재생이 일어나는지는 아직 밝혀지지 않았다. 고래와는 정반대로 박쥐의 해마에서 발견된 장소세포는 모사-선택 이론의 궁극적 설명에 반하는 결과로 해석될 수 있다.

박쥐는 새처럼 날아다니는데 왜 비둘기와 다르게 장소세포가 발달했을까? 이는 생태적 특성에서 기인했다고 볼 수 있다. 박쥐는 동굴처럼 밀폐된 공간에 거주하며 장애물이 많은 복잡한 환경에서 살아간다. 이런 환경에서는 생존을 위해 정교한 경로 기억이 요구된다. 또한 박쥐와 새의 비행을 비교해보면 박쥐는 '비행flying' 보다는 '기동maneuvering'에 더 특화되어 있다. 복잡한 환경에서 민첩하게 움직이며 장애물을 피해야 하므로 경로 기억 능력을 유지하는 방향으로 진화적 압력이 작용했다고 추론된다. 즉, 박쥐는 새와 다른 방식으로 공간을 활용해왔기 때문에 육상 포유류의 해마 신경 기제가 보존됐을 가능성이 있다.

다른 가능성으로, 장소세포의 신경 기제가 경로 기억 이외의 다른 목적을 위해 진화했을 수도 있다. 실제로 진화 과정에서는 특정 기능이 다른 기능으로 전환되는 사례가 매우 흔하다. 내이內耳의 귓속뼈는 원래 섭식을 담당하는 턱뼈에서 유래했지만, 이제는 소리 신호를 증폭시키는 청각 기능을 수행한다. 박쥐의 장소세포 역시 다른 기능을 수행하도록 진화했을 가능성을 배제할 수 없다. 박쥐의 해마에서 발견된 장소세포의 정확한 기능은 향후 연구를 통해 점차 밝혀질 것이다. 앞으로 장소세포의 진화적 기원과 다양한 역할을 이해하는 데 중요한 단서가 제공되리라 기대한다.

댕기박새와 얼룩말핀치새

이제 박쥐와 고래와는 반대되는 예를 살펴보자. 새들 중에서도 세밀한 공간 기억이 필요한 종들이 있다. 바로 먹이를 저장하는 새들이다. 앞에서 살펴본 클라크잣까마귀는 뛰어난 공간 기억으로 눈에 뒤덮인 수천 곳의 먹이 저장 장소를 정확히 찾아낸다. 실감이 나지 않는다면 서울 남산 자락 수천 곳에 백 원짜리 동전을 드문드문 묻어뒀다고 상상해보자. 겨울에 눈 속에서 동전을 찾으려 한다면 몇 개나 찾을 수 있을까? 아마 짜장면 한 그릇 값도 채 안 될 것이다. 사람과 비교하면 먹이를 저장하는 새들의 공간 기억이 얼마나 뛰어난지 알 수 있다.

먹이 저장 장소가 많으면 효율적인 방문 순서를 계산하는 일도 어려워진다. 방문해야 할 장소가 늘어날수록 경우의 수가 기하급수적으로 증가하기 때문이다. 이는 계산과학에서 잘 알려진 '외판원 순회 문제travelling saleman's problem'와 유사하다. 외판원 순회 문제는 여러 도시를 단 한 번씩 방문한 뒤 다시 출발지로 돌아오는 최단 경로를 찾는 문제로, 장소가 많아질수록 계산이 급격히 복잡해지는 대표적인 조합 최적화 문제다. 따라서 먹이를 저장하는 새들은 최적의 경로를 설정하는 신경 기제가 발달했을 가능성이 높다. 실제로 쇠박새Marsh Tit를 대상으로 한 연구 결과, 이 새들은 먹이를 무작위로 찾아다니지 않고 저장했던 순서대로 찾는다고 한다.[7] 이는 새들이 단순히 목표 위치만 기억하는 게 아니라 이동 경로까지 고려해 저장된 먹이를 효율적으로 회수한다는 점을 보여준다. 그렇다면 이 새들은 생태학적 문제를 어떻게 해결했을까?

이와 관련해 최근 흥미로운 논문이 발표됐다. 미국 컬럼비아대학 드미트리 아로노프Dmitriy Aronov 교수팀은 먹이를 저장하는 박새과의 댕기박새Tufted Titmouse와 먹이를 저장하지 않는 얼룩말핀치새Zebra Finch의 해마를 비교했다. 연구 결과, 댕기박새의 해마에서만 쥐의 해마에서와 유사한 장소세포가 발견됐다.[8] 이는 댕기박새의 해마가 생태학적 필요에 따라 공간 기억을 세밀하게 처리하도록 진화했으며, 그 메커니즘이 포유류의 해마 신경계와 유사함을 시사한다. 먹이를 저장하는 새에게서만 포유류와 유사한 장소세포가 발견된 점, 포유류와 조류가 약 3억 년 전에 서로 다른 계통으로 갈라졌다는 점을 고려하면, 이는 수렴 진화의 결과일 가능성이 높다.

수렴 진화란 전혀 다른 종이 비슷한 환경에 적응하는 과정에서 유사한 형질을 독립적으로 진화시키는 현상을 말한다. 잘 알려진 예로 사람과 문어의 눈이 있다. 사람은 척추동물, 문어는 연체동물로 진화적으로 매우 먼 관계지만 두 생물의 눈은 유사한 구조와 기능을 가지고 있다. 둘 모두 렌즈, 망막, 홍채 등 복잡한 시각 구조를 갖춰 빛을 감지하고 이미지를 형성하는 데 뛰어나다. 그러나 각각 다른 경로로 유사성을 획득했기에 차이점도 존재한다. 문어의 눈은 시신경이 망막 뒤에 있어 사람의 눈과 달리 맹점이 없다. 둘의 유사성은 서로 다른 생물이 독립적으로 비슷한 해결책을 찾아 진화시킬 수 있음을 잘 보여준다.

댕기박새의 해마에서 포유류의 해마처럼 경로 재생이 일어나는지는 아직 밝혀지지 않았다. 만약 댕기박새에서도 새로운 경로를 재생하는 현상이 발견된다면 모사-선택 기능이 조류와 포유류 간 수렴 진화를 통해 나타났을 가능성을 뒷받침하는 증거가 될 것이다. 조류와 포유류의 해마는 서로 다른 출발점에서 시작해 각기 다른 행동생태학적 조건에 적응하며 진화해왔다. 이 과정에서 경로 정보를 처리하는 방식이 어떻게 달라졌는지는 아직 명확하지 않다. 진화는 일방통행이 아니다. 생존과 번식에 유리하다면 어느 방향으로든 진화적 압력이 작용한다. 기존의 기능을 상실하기도 하고, 원래 없던 기능이 생기기도 한다. 그 결과가 현재의 생명 다양성이다.

동물계에는 약 35개의 문phylum이 있으며 우리는 척삭동물문Chordata에 속한다. 척삭동물문은 세 개의 아문subphylum으로 나뉘는데, 그중 하나가 척추동물Vertebrata이다. 나머지 두 아문 중에서 계통학적으로 척추동물과 가까운 아문은 해협동물Urochordata이다. 놀랍게도 해협동물은 동물임에도 불구하고 고착 생활을 하고 겉보기에는 진화적으로 척추동물보다 훨씬 하위에 위치한 동물인 말미잘과 유사해 보인다. 이들은 발달 과정에서 척삭동물의 모든 특징(척삭, 등쪽 신경삭, 아가미 틈새, 후부 꼬리)을 갖추지만, 발달이 진행되면서 이러한 특징과 운동성을 모두 잃는다. 대부분의 독자들은 해협동물을 보거나 먹은 적이 있을 것이다. 바로 멍게다. 이 사례는 진화 과정에서 생물학적 특성이 얼마나 다양하게 변할 수 있는지를 잘 보여준다.

공간 경로에 대한 모사-선택 기능도 특정 동물에 국한된 것이 아니라 동물종에 따라 진화 과정에서 획득되거나 소실됐을 가능성이 있다. 그러나 지금까지 해마의 공간 정보 표상과 경로 재생에 대한 연구는 소수 동물종에만 한정됐다. 앞으로 연구 대상이 확장되고 결과가 축적된다면 해마 기능의 진화적 기원과 변화를 더 명확히 이해할 수 있을 것이다. 진화는 단순히 앞을 향한 직선적 과정이 아니라 생존과 번식에 유리한 방향으로 다양하게 가지를 뻗어나가는 과정이라는 사실을 잊지 말자.

3

상상을 확장한
추상적 세계

7장
인간을 혁신의 주체로 만든 힘

지금까지 우리는 상상을 통해 새로운 공간 경로를 학습하는 해마 신경망의 작동 원리와 궁극적 원인을 살펴봤다. 그러나 상상력은 단순히 새로운 공간 경로 탐색에만 국한되지 않는다. 우리는 역경을 극복하고 한계에 도전하는 인물이 겪을 법한 사건을 상상해 독자의 심금을 울리는 소설을 쓸 수도 있다. 아인슈타인이 상대성 이론을 구상할 때처럼 빛의 속도로 달리는 로켓을 타고 여행할 때 시간의 흐름이 어떻게 달라질지 상상할 수도 있다. 나아가 오랫동안 풀리지 않은 수학 문제의 새로운 해법을 떠올리거나 휴머니즘을 감동적으로 전달하는 예술적 표현을 생각해볼 수도 있다.

서문에서 언급했듯이 호모 사피엔스의 핵심 능력은 바로 이러한 '상상의 확장성'에 있다. 공간적 이동 경로를 넘어 추상적 세계까지 자유롭게 상상할 수 있는 능력이야말로 호모 사피엔스를 진정한 혁신의 주체로 만든 원동력이다.

경험으로 얻는 추상적 사고

호모 사피엔스는 어떻게 이러한 능력을 획득했을까? 우리는 6장에서 육상 포유류의 해마가 주어진 환경에서 다양한 공간적 경로를 모사하도록 진화했을 가능성을 논의했다. 이 가설이 옳다면 상상력은 인간만의 전유물이 아니다. 설치류의 해마 신경계가 공간 정보뿐만 아니라 냄새, 소리, 먹이 등 다양한 감각 자극도 처리한다는 사실을 고려하면,[1] 동물들 또한 다양하고 풍부한 내용을 상상할 수 있을 것으로 추정된다. 그렇다면 미래에 발생할 수 있는 사건을 상상하는 능력은 포유류 대부분이 가지고 있는 일반적인 능력일 여지가 크다. 이러한 맥락에서 인간의 혁신 능력은 상상력만으로는 설명되지 않는다. 이보다는 고차원적이고 추상적인 사고 능력이 다른 동물들에 비해 월등히 뛰어나 특별히 혁신적일 가능성이 높다. 다시 말해, 인간의 혁신 능력은 상상력이라는 기본 능력에 더해 이를 확장하고 심화하는 추상적 사고 능력에서 비롯된다.

추상적 사고란 개별 사례에서 일반적인 개념이나 원리를 이끌어내는 인지 능력이다. 이를 통해 우리는 중력, 엔트로피, 민주주의, 자유의지처럼 물리적 대상이나 구체적 사건과 직접 연결되지 않은 개념을 형성하고 다룰 수 있다. 물론 추상적 사고는 인간만의 독점적 능력은 아니며, 동물계에서 광범위하게 관찰된다. 자연 환경은 무작위적이지 않고 다양한 규칙성을 지니고 있다. 동물들은 환경의 규칙성을 학습하는 뛰어난 능력으로 생존과 번식의 기회를 극대화한다. 어떤 동물들은 숫자와 같은 추상적 개념을 이해하며, 이행 추론을 하고,[2] 자아 인식과 마음이론 theory of mind[3]을 이해하는 듯한 행동을 보이기도 한다.[4]

   신경생리학 연구는 추상적 사고의 신경학적 기초를 점차 밝혀내고 있다. 예를 들어, 쥐와 원숭이의 뇌에서 범주, 고차관계 high-order relationship, 행동 규칙, 사회적 상호작용과 같은 추상적 개념을 처리하는 신경 활동이 확인된 바 있다.[5] 이는 인간뿐만 아니라 다른 동물들도 추상적 사고 능력을 지니고 있으며, 이를 가능하게 하는 뇌 신경 메커니즘에 대한 연구가 활발히 진행 중임을 보여준다. 수와 같은 추상적 개념의 표상과 관련된 신경 활동은 8장에서 구체적인 사례와 함께 더 자세히 살펴볼 예정이다.

   기억이 신경망에 저장되는 방식을 살펴보면 다른 동물들도 추상화 능력이 있다는 사실을 인정할 수밖에 없다. 뇌 과학자들은 여러 기억이 하나의 신경망에 중첩되어 저장된다고 생각한다. 하나의 기억이 신경망 전체에 걸친 시냅스의 변화 패턴으로 저장되고

그림 14   중첩된 분산 표상. 하나의 기억은 여러 뉴런을 활성화시키고, 하나의 뉴런은 여러 기억에 관여한다.

여러 기억이 하나의 신경망에 중첩되어 저장되는 현상을 중첩된 분산 표상overlapping and distributed representations이라 부른다. **그림 14**와 부록 1의 **그림 36**을 보면 중첩된 분산 표상이 무엇인지 쉽게 알 수 있다.

  어떤 신경망이 유사한 자극을 여러 번 경험했다고 가정해보자. 이 경우, 자극들의 공통된 특징에 관여하는 시냅스가 반복적으로 활성화되면서 다른 시냅스보다 더 강해진다. 자동차의 공통적인 특징에 활성화되는 시냅스가 있고, 여러 대의 자동차를 봤다고 해보자. 이때 해당 시냅스는 반복적인 자극으로 인해 더욱 강화된다. 이러한 시냅스를 여러 개 가진 뉴런들은 이후 새로운 자동차를 봤을 때 활성화될 가능성이 커진다. 즉, 반복된 경험을 통해 자동차의 공통된 특징에 반응하는 뉴런들이 형성되고 결과적으로 이 신경망은 우리가 전에 본 적 없는 새로운 자동차를 보더라도 이를

'자동차'로 인식할 수 있게 해준다. 이 과정에서 신경망은 '자동차'라는 범주(카테고리)를 표상하게 된다.

자동차 이야기는 '일반화'의 한 예다. 일반화는 신경망에서 자발적으로 나타나는 추상적 개념 형성의 한 형태인데, 신경망의 관점에서 본 일반화란 반복적인 경험을 통해 공통된 특징을 학습하고 새로운 자극에도 적절히 대응하게 되는 과정이다. 이는 신경망의 구조적·생리적 특성에서 비롯된 것으로, 유사한 자극이 반복 저장되고 처리되는 동안 특정 패턴들이 점차 강화되고 강화된 패턴이 새로운 자극과의 연관성을 인식하게 된다.

선천적으로 갖고 있는 추상적 사고

앞서 살펴본 '자동차'라는 개념 형성은 경험적 추상화의 사례다. 이제는 선험적 추상화와 뇌 신경 메커니즘에 대해 살펴보자. 18세기 독일 철학자 임마누엘 칸트[Immanuel Kant]는 우리가 외부 세상을 인식하는 형식을 가지고 태어난다고 주장했다. 이는 모든 지식이 감각 경험에서 비롯된다고 본 경험론과 대조된다. 칸트는 자신의 제안을 코페르니쿠스적 혁명에 비유하며 외부 세계에 대한 이해는 감각 경험뿐만 아니라 경험과 독립적인 선험적 개념에 기반한다고 설명했다.[6]

칸트는 특히 시간과 공간을 자연 자체의 객관적 속성이 아니라 우리의 인식 주관에 내재된 선천적 형식이라고 주장하며 이를 '순수 직관pure intuitions'이라고 불렀다.[7] 시간과 공간은 외부에 실재하는 물리적 속성이 아니라 우리가 세계를 이해하기 위해 본능적으로 사용하는 마음의 선천적 틀이라는 것이다. 우리는 시간과 공간이 무한히 확장된다고 생각하며 '우주에는 끝이 있을까?'와 같은 질문을 던지곤 한다. 칸트에 따르면 이 질문은 시간과 공간을 외부 세계의 본질적 속성으로 오인한 데서 비롯된 것이다. 그는 시간과 공간을 우리 인지 구조의 선험적 성질로 봤고, 우리가 이를 통해 세계를 이해한다고 설명했다. 경험적 추상화가 반복된 경험으로 일반적인 개념을 형성하는 과정이라면, 선천적 추상화는 경험과는 무관하게 마음속에 내재된 선천적 형식으로 세계를 구조화하고 이해하는 방식이다.

1781년 출간된 칸트의 철학적 통찰을 담은 저서 《순수이성비판》은 후대에 큰 영향을 미쳤다. 약 200년 후, 뇌 과학자들은 쥐의 뇌에서 칸트가 말한 '순수 직관'인 공간 지각의 선험적 성질에 대한 실험적 증거를 발견한다. 노르웨이의 뇌 과학자인 에드바르드 모저Edvard Moser와 메이브리트 모저May-Britt Moser 부부 연구팀은 해마의 주요 관문인 내후각피질에서 '격자세포grid cell'를 발견했다. 공간 지각과 인지 능력의 신경적 기초를 이해하는 데 중요한 기여를 한 이 연구로 두 사람은 2014년 존 오키프와 노벨상을 공동 수상했다. 2005년, 격자세포 발견을 다룬 모저 부부의 논문이 출간됐을 때 많은 뇌 과학자가 깜짝 놀랐는데, 격자세포의 공간적 활동 특성이 이전에 발견된 뉴런들의 활동 특성과 전혀 달랐기 때문이다.

그림 15는 격자세포 활동의 공간적 분포를 보여준다. 하나의 격자세포는 쥐가 공간을 이동할 때 특정 위치에서 주기적으로 발화하고 결과적으로 육각형 격자 패턴을 형성한다. 즉, 격자세포는 쥐가 주어진 공간에서 이동한 거리에 따라 일정한 주기로 발화한다. 따라서 여러 격자세포의 활동을 함께 분석하면 쥐가 현재 공간에서 정확히 어떤 위치에 있는지 파악할 수 있다. 이 발견은 내후각 피질이 외부 공간 정보를 계량적으로 표상함을 시사한다.

 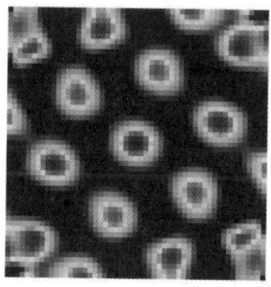

그림 15   격자세포 예시. (왼쪽) 얇은 선은 쥐의 이동 경로를, 원은 이 격자세포가 발화한 위치를 나타낸다. (오른쪽) 좌측의 격자세포 활동으로부터 주기적인 육각형 발화 패턴을 나타내는 공간 자기 상관도$^{\text{spatial autocorrelogram}}$가 구성됐다.

선험적 추상화와 관련해 중요한 점은 격자세포가 모든 공간에서 동일한 패턴의 육각형 격자 활동을 보여준다는 사실이다. 하나의 격자세포를 두 개의 서로 다른 공간에서 측정한다고 가정해보자. 이 경우 격자세포는 두 공간 모두에서 같은 크기의 육각형 격자 활동 패턴을 나타내며, 유일한 차이점은 격자 발화 패턴의 방향이다. 세포 활동 지점을 잇는 선들 중 하나가 정확히 북쪽을 가리킬 수도 있고, 약 30도 정도 서쪽으로 돌아가 있을 수도 있다. 이때 한 장소에서의 격자 활동 패턴을 살짝 돌려주면 다른 장소에서의 육각형 격자 활동 패턴과 정확히 일치한다(**그림 16**). 더욱 중요한 특징은 격자세포가 과거에 경험하지 않은 새로운 공간에서도 동일한 육각형 격자 패턴을 생성한다는 점이다. 즉, 격자세포의 활동은 특정 공간의 외부적 특징에 의존하지 않고 모든 공간을 동일한 기하학적 구조로 표상한다.

여러 격자세포의 활동을 동시에 기록하면 육각형 격자 활동 패턴의 공간적 관계도 모든 곳에서 일정하게 유지된다. 공간 B에서의 격자세포 활동이 공간 A에서의 활동과 비교해 동쪽으로 20도 회전했다고 가정해보자. 이 경우 공간 B에서 모든 격자세포가 동쪽으로 20도 회전한 활동 패턴을 보인다. 즉, 각 공간에서 다수의 격자세포 활동은 상대적 위치와 방향의 일관성을 유지한다(**그림 16**). 이러한 현상은 쥐가 경험하지 않은 새로운 공간에서도 동일하게 관찰되며, 내후각피질이 모든 외부 공간을 동일한 형식으

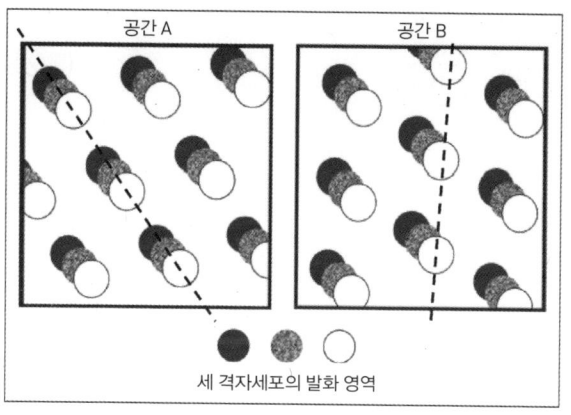

그림 16 상이한 두 장소에서 세 격자세포의 공간적 발화 패턴 예시.

로 표상한다는 결론을 강력하게 뒷받침한다. 이는 내후각피질의 공간 표상 구조가 모든 환경에서 경험 유무에 상관없이 일정하게 유지된다는 사실을 명확히 보여준다.

내후각피질은 내측과 외측 두 부위로 나뉘고 격자세포는 내측 부위에서만 발견된다. 외측 부위에서는 격자세포가 관찰되지 않는 대신 뉴런들이 실험실의 출입구나 전등과 같은 장소 고유의 물리적 특징에 반응한다. 이 결과는 외측 내후각피질이 공간 지각의 선험적 인지 구조보다는 각 장소의 고유한 요소를 인식하는 역할을 한다는 점을 나타낸다. 내측 및 외측 내후각피질로부터 전달된 정보는 해마에서 통합돼 처리되며, 이는 해마가 공간 지각에 대한 두 가지 다른 유형의 정보를 결합한다는 것을 의미한다. 하나는 내

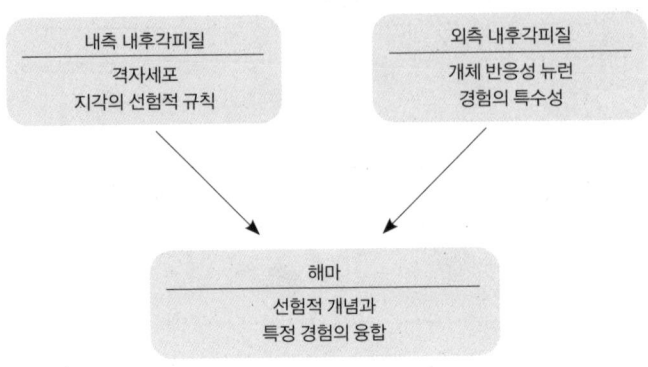

그림 17 내후각피질에서 해마로의 정보 흐름을 보여주는 도식.

측 내후각피질이 제공하는 공간 지각의 일반적인 선험적 인지 구조이고 다른 하나는 외측 내후각피질이 제공하는 특정 장소에 대한 고유한 감각 정보다. 해마는 공간에 대한 일반적인 구조적 지식과 장소의 독특한 감각 경험을 통합해 각 장소를 독립적인 공간으로 인식하는 것으로 보인다(**그림 17**).

사람의 뇌에서도 격자세포가 발견됐다. 최근 뇌 이미징 연구는 격자세포가 물리적 공간뿐만 아니라 사회적 관계와 같은 추상적 공간에서도 육각형 격자 모양의 활동 패턴을 보인다는 것을 밝혀냈다.[8] 이는 진화 과정에서 물리적 공간을 표상하는 뇌 신경 기제가 점차 추상적 영역까지 역할을 확장했을 가능성을 시사한다. 연구를 이끈 옥스포드대학의 티모시 베렌스Timothy Behrens 교수는 내후각피질의 내측과 외측 부위가 각각 추상적인 구조적 지식과 개별 감각 경험을 해마로 전달한다는 이론을 제안했다.[9] 이는 우리가 개별적 경험과 선험적 개념의 상호작용을 통해 세상을 이해한다는 칸트의 주장과 일맥상통하며, 이를 뒷받침하는 뇌 과학적 근거를 제공한다.

인간의 압도적인 추상적 사고 능력

사람뿐만 아니라 다른 동물들도 추상적 사고 능력을 지니고 있고, 이를 가능하게 하는 뇌 신경 메커니즘 연구도 활발하게 진행되고 있다. 그러나 어떤 동물도 사람만큼 고차원적인 수준의 추상적 사고를 하지는 못한다. 문제의 핵심은 동물들이 추상적 사고를 할 수 있느냐 없느냐가 아니라 그 사고의 수준에 있다. 사람과 다른 동물의 추상적 사고 능력 차이는 압도적인데, 이를 잘 보여주는 예가 언어 능력이다. 언어는 상징을 사용해 의미를 표현하고 조합하는 능력이 특징이다. 상징은 추상적인 개념을 구체화할 수 있게 해주는 수단이며, 그 자체가 추상적 사고를 전제한다. 물론 동물들도 정교한 방식으로 소통하고 사람처럼 소리를 사용하기도 한다. 하지만 사람처럼 문법 규칙에 따라 상징을 조합하고 새로운 의미를 생성하는 능력을 명확히 보여준 사례는 아직 없다. 결국 동물들 역시 일정한 수준의 추상적 사고를 하고 추상적 영역을 상상할 수는 있지만, 그 범위와 복잡성은 사람과 비교했을 때 현저히 제한적이다.

우리는 일상적으로 추상적 영역과 실재적(비추상적) 영역을 넘나들며 사고한다. 예를 들어, 친구와의 대화를 떠올릴 때 우리는 그 친구의 얼굴이나 목소리 같은 구체적인 요소를 기억하는 동시에 우정이나 신뢰 같은 추상적 개념도 함께 떠올린다. 사람의 추상적 사고 능력은 매우 자연스럽게 작동하기 때문에 특별히 노력을 기울일 필요가 없다. 따라서 추상적 영역에서의 상상 역시 구체적 대상에 대한 상상과 본질적으로 동일한 뇌 신경 기제를 통해 이뤄지는 것으로 보인다.

이와 관련해 영국의 저명한 분석철학자인 길버트 라일Gilbert Ryle의 '범주 오류category mistake'에 대해 살펴보자. 라일은 그의 명저《마음의 개념 The Concept of Mind》에서 마음과 몸이 따로 존재한다는 심신이원론을 논파하면서 범주 오류 개념을 소개했다.[10] 이 책은 데카르트의 심신 이원론에 최후의 일격을 가한 기념비적 업적으로, 라일은 '대학'의 사례를 들어 범주 오류를 설명했다.

누군가 나에게 카이스트를 보여달라는 요청을 했다고 가정해보자. 나는 그를 데리고 캠퍼스 곳곳을 다니며 "여기는 중앙도서관, 저기는 동측 식당, 여기는 오리 연못, 저쪽은 축구장입니다. 이 사람들은 생명과학과 학생들이고, 저쪽은 수학과 교수들입니다"라고 친절히 설명해준다. 그런데 캠퍼스를 다 둘러본 뒤에 그가 다시 묻는다. "카이스트는 어디에 있나요? 도서관, 식당, 학생 이런 것 말고, '카이스트' 자체를 보여달라고요." 무엇이 문제일까? '카이스트'는 도서관, 식당, 학생 등 모든 요소가 조직화된 상위 범주에 해당하는 추상적 개념이다. 도서관, 식당, 학생과 같은 개별적 요소와 동일한 범주로 놓고 찾으려 하면 범주 오류를 범하는 것이다.

또 다른 예를 살펴보자. 다음 문장에서 무엇이 잘못됐을까? '초원에 세 개의 물체가 있다. 소 두 마리와 한 쌍의 소.'[11] 이 역시 범주 오류다. 여기서 '한 쌍의 소'는 개별 소보다 상위 범주의 개념이다. 라일은 '마음'도 몸과 행동이라는 개별적 요소보다 상위 범주에 있는 추상적 개념이라고 말한다. 마치 도서관, 식당, 학생 등이 조직화되어 '카이스트'라는 상위 범주의 개념이 생겨나듯, 뇌 활동과 그에 따른 행동의 상위 범주에 '마음'이라는 개념이 존재하는 것이다.

범주 오류의 사례는 우리가 추상적인 개념을 얼마나 자연스럽게 실제 존재하는 것처럼 받아들이는지를 잘 보여준다. 해당 사례처럼 우리는 '대학'이나 '마음'과 같은 추상적 개념과 '중앙도서관'이나 '나의 몸'과 같은 구체적 대상(비추상적 개념)을 혼용해 사고하는 경향이 있다. 뇌 신경망의 관점에서 보면 구체적 객체의 표상과 추상적 개념의 표상이 본질적으로 다르지 않을 수도 있다. 두 경우 모두 신경망 내에서 시냅스의 변화로 인한 신경 활성 패턴의 변화로 나타나기 때문이다. 즉, 뇌는 추상적인 대상이든 구체적인 대상이든 동일한 신경 메커니즘을 기반으로 처리하며, 이를 통해 인간은 추상적 사고와 상상을 특별한 노력 없이 자연스럽게 수행할 수 있다.

추상적 사고 능력은 다양한 측면에서 혁신을 가능하게 해주는데, 그중 하나는 대규모 사회의 조직화다. 나는 현재 '기초과학연구원' 소속인 동시에 '카이스트'의 일원이다. 이때 '기초과학연구원'과 '카이스트'는 단순히 건물이나 사람들의 집합이 아니라 일정한 규칙과 개념 위에 성립된 제도적 실체로서의 추상적 개념이다. 이스라엘의 역사학자 유발 하라리Yuval Harari는 《사피엔스》에서 이 개념을 '푸조'라는 회사의 예로 설명한다.[12] '푸조'는 공장, 직원, 자동차 같은 물리적 실체로 구성되어 있지만, '푸조'라는 회사 자체는 법적 지위와 사회적 합의 위에 성립된 개념적 실체다. 마찬가지로 '한국인'이라는 정체성 역시 언어, 역사, 제도와 같은 상징체계를 기반으로 한 추상적 개념이다. 국가와 같은 거대 사회의 조직화와 정교한 분업 구조는 인류 문명 발전의 핵심 토대이며, 이는 결국 인간의 고도화된 추상적 사고 능력 덕분이라고 할 수 있다.

뇌의 크기와 뉴런 밀도의 중요성

인간은 어떻게 고차원적인 추상화 능력을 갖추게 됐을까? 아직까지 명확한 답은 없다. 그러나 다양한 동물의 뇌를 비교하는 연구를 통해 대략적인 추정은 가능하다. 먼저 인간과 동물의 뇌가 어떻게 다른지 살펴보자. 인간 뇌의 두드러진 특징 중 하나는 크기다. 인간의 뇌는 다른 동물들, 특히 영장류와 비교했을 때 매우 크다(인간의 뇌는 침팬지의 뇌보다 약 세 배 더 크다). 이 덕분에 더 많은 뉴런을 수용하고, 그 결과 더 우수한 정보 처리 능력을 갖춰 높은 지능과 고도의 추상적 사고가 가능해졌다고 본다.

하지만 크기가 전부는 아니다. 코끼리는 인간보다 더 큰 뇌를 가지고 있고 뉴런 수도 더 많다. 실제로 코끼리는 죽은 동료를 애도하거나 협력해서 문제를 해결하는 등 매우 지능적인 행동을 보인다. 그럼에도 불구하고 인간의 지능과 추상적 사고 능력은 코끼리를 훨씬 능가한다. 왜 그럴까? 비교신경해부학자인 수자나 허큘라노-후젤Suzana Herculano-Houzel의 연구에서 중요한 단서를 찾을 수 있다. 그는 다양한 동물종의 뇌에서 뉴런 수를 측정해 뇌의 영역별 뉴런 분포가 종마다 다르다는 사실을 밝혀냈다. 예를 들어, 코끼리의 뇌는 인간보다 약 세 배 크며, 당연히 전체 뉴런 수도 더 많다. 특히 운동 조절에 중요한 역할을 하는 소뇌cerebellum의 경우, 인간은 약 690억 개의 뉴런을 가지고 있는 반면, 코끼리는 약 3.6배인 2,510억 개의 뉴런을 가지고 있다.[13] 하지만 대뇌피질을 살펴보면 상황이 달라진다. 인간의 대뇌피질은 약 160억 개의 뉴런을 가지고 있는데, 이는 코끼리의 대뇌피질(뉴런 약 56억 개)보다 약 세 배

많다.[14]

　이제 소뇌와 대뇌피질을 비교해보자. 이미 눈치챘겠지만 뉴런의 수만 놓고 보면 소뇌가 대뇌피질을 압도한다. 인간 뇌의 전체 뉴런 중 약 80퍼센트가 소뇌에 존재한다. 그러나 소뇌는 전체 뇌 질량의 10퍼센트에 불과하다. 반면 대뇌피질은 전체 뉴런의 20퍼센트 미만을 갖고 있지만 뇌 질량의 약 80퍼센트를 차지한다. 이렇게 뉴런 수와 질량이 크게 차이가 나는 이유는 대뇌피질 뉴런이 소뇌 뉴런에 비해 더 크고 더 많은 시냅스를 가지고 있기 때문이다. 또한 대뇌피질에는 소뇌보다 더 많은 교세포(뉴런의 활동을 도와주는 비신경세포)가 있다. 한마디로 대뇌피질의 신경 회로는 소뇌보다 훨씬 더 복잡하다.[15] 비교해부학 연구에 따르면 인간의 대뇌피질은 다른 동물에 비해 특히 잘 발달했는데, 이는 인간의 뛰어난 인지 능력이 고도로 발달한 대뇌피질 덕분이라는 사실과 부합한다.

　허큘라노-후젤은 인간이 특히 많은 대뇌피질 뉴런을 가지게 된 이유로 두 가지를 제시한다.[16] 첫째, 인간은 영장류에 속하며 영장류는 다른 포유류보다 대뇌피질 뉴런 밀도가 훨씬 높다. 예를 들어, 침팬지는 코끼리보다 몸집이 훨씬 작지만 대뇌피질 뉴런 수는 거의 비슷하다(60억 개 대 56억 개). 오랑우탄과 고릴라도 약 90억 개의 대뇌피질 뉴런을 가지고 있다. 이는 영장류가 진화 과정에서 대뇌피질에 많은 뉴런을 효율적으로 집적하는 방법을 발달시켰다는 뜻이다.[17] 둘째, 인간은 모든 영장류 중에서 가장 큰 뇌를 가지고 있다. 영장류 특유의 고밀도 뉴런 집적과 인간의 큰 뇌라는 두 가지 요소가 결합해 인간은 고래를 제외하면[18] 지구상에서 대뇌피질 뉴런 수가 가장 많은 종이 됐다.

신피질의 진화에 비례하는 추상적 사고 능력

사실 '대뇌피질'이라는 용어는 맥락에 따라 다소 혼란스럽게 사용된다. 엄밀히 따지면 해마도 대뇌피질에 포함된다. 진화적으로 대뇌피질은 크게 고피질paleocortex, 원피질archicortex, 신피질로 구분되며 후각피질은 고피질에, 해마는 원피질에 해당한다. 여러 증거에 따르면 좀 더 복잡한 구조인 신피질은 후각피질과 해마에서 진화한 것으로 보인다. 인간의 경우, 신피질이 매우 발달했으며 대뇌피질의 대부분을 차지하기 때문에 '대뇌피질' 또는 '피질'이라는 표현은 보통 신피질만을 지칭한다.

대뇌피질의 어떤 부위가 고도의 추상적 사고를 가능하게 할까? 사람의 원피질이 여타 동물과 다를 가능성을 고려해볼 수 있다. 그러나 6장에서 살펴봤듯이 사람을 포함한 대부분의 포유류에서 해마의 구조는 놀라울 정도로 유사하다(**그림 11**). 또한 1장에서 언급한 바와 같이 해마 손상은 기억과 상상력을 제외한 대부분의 뇌 기능에 큰 영향을 미치지 않는다. 피험자를 종일 따라다니며 백일몽 상태에서 떠오르는 생각을 조사한 결과, 해마가 손상되지 않은 사람의 백일몽은 구체적이고 생생한 시각적 장면을 포함하는 반면에 해마 손상 환자의 백일몽은 추상적·의미 중심적·언어적으로 변했다. 정리하면, 해마 손상은 추상적 사고를 저해하지 않고 오히려 구체적인 사건에 대한 상상을 저해한다.[19] 따라서 인간이 고도의 추상적 개념을 형성하고 자유롭게 상상할 수 있는 이유를 해마가 다른 동물과 특별하게 달라서라고 보기는 어렵다. 마찬가지로 고피질도 인간에게만 특별히 발달된 부위가 아니다. 더군다나 후각피질의 주요 기능이 냄새 맡기라는 점을 고려하면 후각피질의 특성 때문에 고도의 추상적 사고가 가능해졌을 리는 없어 보인다.

인간의 뇌와 다른 동물의 뇌에서 가장 두드러진 차이는 신피질의 상대적 크기다. 쥐의 경우 해마가 전체 피질 표면적의 30~40퍼센트를 차지하지만, 인간의 경우는 단 1퍼센트에 불과하다. 인간은 신피질이 크게 확장됐기 때문이다. 영장류는 약 6천만 년 전에 출현했고 유인원은 3천만 년 전에 아프리카 원숭이에서 진화했다. 대형 유인원인 고릴라, 오랑우탄, 침팬지, 사람은 2천만 년 전에 긴팔원숭이와 갈라졌다.[20] 우리의 조상인 호미닌^{Hominin}과 침팬지는 약 600~800만 년 전에 공통 조상으로부터 갈라졌는데, 호미닌의 뇌는 그 이후 수백만 년 동안 큰 변화를 보이지 않았다. 하지만 최근 200~300만 년 사이에 급격히 팽창했다. 약 350그램이던 뇌는 1,300~1,400그램까지 커졌는데, 지질학적 시간으로 보면 엄청난 속도로 변한 것이다.

300만 년은 영장류 진화 역사(6천만 년) 중 단 5퍼센트에 불과하지만, 이 짧은 기간에 우리의 뇌는 무려 네 배나 확장됐다.[21] 뇌 크기의 변화는 대부분 신피질의 확장 때문인데, 앞서 언급한 바처럼 현재 인간의 신피질은 총 뇌 질량의 약 80퍼센트를 차지한다. 초기 포유류는 신피질의 비중이 매우 작았고 대뇌피질 영역은 약 20개에 불과했으나, 현재 인간은 신피질이 대뇌피질의 대부분을 차지하며 뚜렷하게 구분되는 약 200개의 피질 영역을 가지고 있다.

신피질의 크기는 포유류마다 다양하지만 기본 회로 구조는 모두 매우 유사하다(**그림 18**). 신피질은 공통된 회로 구조를 바탕으로 시각, 청각, 촉각, 운동 제어, 언어 이해, 추론 등 다양한 기능을 수행한다. 이러한 사실로 미루어 볼 때, 신피질은 범용적이고 효율적인 정보 처리 모듈이라고 할 수 있다. 브래들리 슐라가Bradley Schlaggar와 데니스 오리어리Dennis O'Leary는 흥미로운 실험으로 이를 뒷받침했다. 그들은 갓난 쥐의 시각피질을 촉각피질로 이식했을 때, 이식된 피질이 촉각 정보를 처리하는 촉각피질로 발달한다는 사실을 보여줬다.[22]

물론 인간의 신피질에는 다른 동물에게는 없는 특수한 뉴런이 존재하며, 이것이 고위 뇌 기능을 담당할 가능성을 완전히 배제할 수는 없다. 그러나 현재까지의 연구 결과를 종합해보면 인간 신피질의 진화는 새로운 회로를 발명하기보다는 기존 회로를 반복적으로 활용하며 확장하는 방향으로 전개됐을 가능성이 더 높다. 뇌 발달에 관여하는 유전자는 발달 과정 중 특정 시기에 다른 유전자들의 발현을 조절해 뇌가 정상적으로 발달하도록 돕는다. 하나의 수정세포로부터 그토록 복잡한 뇌가 만들어지는 과정은 경이로움 그 자체다. 하지만 발달 과정이 언제나 순조로운 것은 아니다. 예를 들어, 발달 유전자에 이상이 생기면 자폐스펙트럼장애와 같은 신경 발달상의 문제가 발생할 수 있다. 유전자에 생긴 돌연변이 하나가 뇌 전체에 광범위한 변화를 초래하는 사례도 드물지 않다. 이러한 점을 고려할 때, 지난 300만 년 동안 신피질 회로의 반복 생성과 확장을 가능하게 한 진화적 압력이 꾸준히 작용해왔을 가능

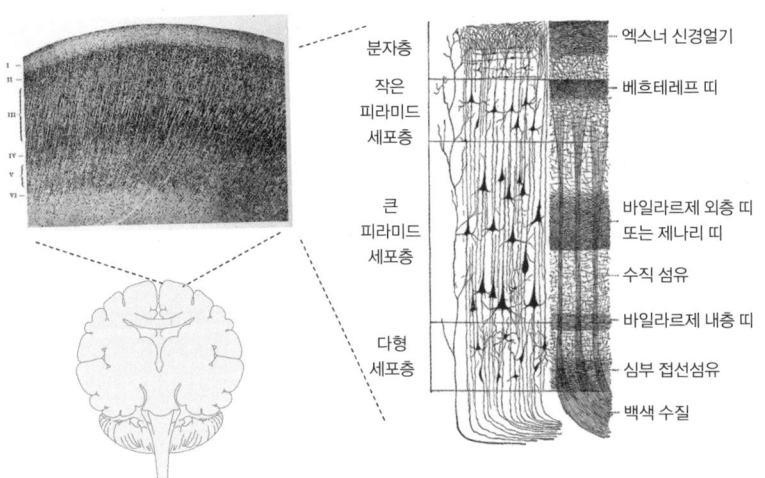

그림 18 신피질의 공통적인 6층 구조.

성이 높다.

큰 뇌를 유지하기 위해서는 그만한 대가가 따른다. 뇌가 커질수록 정보 처리 능력은 향상되지만, 그만큼 유지와 관리에 더 많은 에너지가 필요하다. 특히 뇌는 인체 기관 중에서도 에너지 소모가 매우 크다. 뇌는 불과 몸무게의 2퍼센트를 차지하지만, 전체 에너지 소비량의 약 20퍼센트를 사용한다.

'비싼 조직 가설expensive tissue hypothesis'에 따르면 인간은 또 다른 고에너지 소모 기관인 장의 크기를 줄이는 대신 양질의 음식을 섭취함으로써 큰 뇌를 유지할 수 있게 됐다.[23] 많은 과학자가 양질의 음식 섭취나 채집 효율성의 향상이 뇌의 크기 증가에 기여했을 가능성에 동의하지만, 이 과정이 정확히 어떻게 이뤄졌는지는 의견이 분분하다. 인기 있는 가설 중 하나인 '요리 가설'은 불을 사용하면서부터 음식의 소화 효율과 칼로리 섭취가 획기적으로 증가했다고 주장한다.[24] 그러나 호미닌의 뇌는 지난 300만 년 동안 꾸준히 커져온 반면 불의 사용에 대한 가장 오래된 증거는 단지 백만 년 전으로 거슬러 올라간다. 게다가 요리가 칼로리 섭취를 획기적으로 향상시켰는지도 여전히 불확실하다.[25] 따라서 호미닌의 신피질 확장을 가능하게 한 정확한 원동력은 아직 명확하지 않다.

요약하자면, 인간은 모든 포유류에게 공통적으로 존재하는 상상 능력에 더해 신피질의 확장으로 고도의 추상적 사고 능력을 획득하고 혁신하는 동물로 진화했다. 상상의 핵심 기관인 해마는 신피질과 독립적으로 작동하지 않는다. 해마는 감각 및 운동기관과 멀리 떨어진 고차원 연합피질로, 주로 신피질을 통해 외부 세계와 소통한다. 즉, 해마가 다루는 기억과 상상의 내용은 신피질이 제공하는 정보에 따라 결정될 수밖에 없다. 결과적으로 신피질의 발달과 인지 범위의 확장에 따라 해마가 상상하는 내용 역시 단순한 공간 경로를 넘어서 추상적 개념을 포함하는 좀 더 일반적인 영역으로 확장됐을 가능성이 크다. 그렇다면 신피질 확장의 어떤 측면이 고도의 추상적 사고를 가능하게 했을까? 아직 이에 대한 명확한 해답은 없지만, 몇 가지 유력한 단서들이 있다. 이어지는 8~10장에서 이 문제에 대해 탐구해보자.

8장

판단과 조절을 담당하는 전전두피질

인간의 고차원적 추상화 능력이 신피질의 발달에서 기인한다고 할 때, 신피질의 어떤 특성이 이를 가능하게 하는 것일까? 인간의 신피질에는 다른 동물에는 없는 특수한 종류의 뉴런이나 신경 회로가 존재하는 것일까? 혹은 인간의 뇌에는 특수한 신피질 영역이 따로 있는 것일까? 아니면 신피질의 구조적 특이성이 인간의 혁신 능력을 가능하게 하는 것일까? 아쉽게도 우리는 이러한 질문에 대해 아직 명확한 답을 가지고 있지 않다. 그 이유 중 하나는 동물 모델을 활용하는 연구 방식이 이 문제를 다루기에 적합하지 않기 때문이다. 쥐나 원숭이 같은 동물 연구를 통해 기억과 상상에 관한 뇌 신경 메커니즘이 상당 부분 밝혀졌듯이, 뇌 기능의 이해에 있어서 대부분의 경우 동물 연구가 핵심적인 정보를 제공한다. 그러나 추상적 사고 능력이 제한적인 동물을 대상으로 고차원적 추상 사고의 신경 메커니즘을 연구할 수는 없는 노릇이다.

한계점이 있음에도 불구하고 우리가 이 문제에 대해 전혀 무지한 것은 아니다. 인류는 오랜 시간 스스로를 탐구해왔으며, 생물학, 심리학, 인류학 등 다양한 학문 분야에서 인간 본성에 대한 깊은 통찰을 축적해왔다. 이러한 연구 성과를 면밀히 살펴보면 고차원적 추상 사고 능력의 뇌 신경 메커니즘에 대한 단서들을 발견할 수 있다. 여기서는 뇌 과학 연구(8장), 고인류학 연구(9장), 그리고 인공 신경망 연구(10장)로 얻은 통찰과 단서들을 검토할 것이다.

모든 행동을 통제하는 집행자

뇌의 어떤 부위가 고차원적 추상 사고를 가능하게 할까? 이 질문을 뇌 과학자에게 던진다면, 아마 대부분은 선뜻 답을 내놓지 않을 것이다. 과학자들은 본래 의심이 많으며 합리적 의심을 배제할 만한 충분한 증거가 쌓이기 전까지 단정적인 결론을 내리는 것을 매우 꺼리는 족속이다. 그렇다면 질문을 바꿔보자. '여러 뇌 부위 중 단 하나만 선택해야 한다면 어떤 부위를 고르겠는가?' 이렇게 선택을 강요한다면 많은 뇌 과학자는 대뇌피질의 가장 앞쪽에 위치한 전전두피질prefrontal cortex(**그림 19**)을 지목할 가능성이 높다.

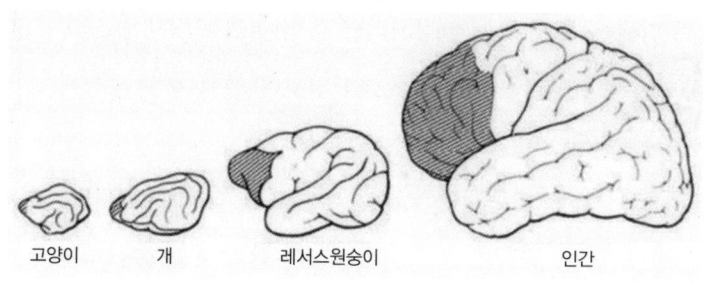

고양이　　개　　레서스원숭이　　　　인간

그림 19　몇몇 동물종의 전전두피질. 음영으로 표시된 부분이 전전두피질이다.

사람의 뇌는 중앙에 위치한 '중앙 고랑central sulcus'이라는 함몰부를 기준으로 앞뒤로 나뉘는데, 대체로 앞부분은 운동 기능, 뒷부분은 감각 기능을 담당한다. 중앙 고랑의 바로 앞에는 운동을 직접 제어하는 일차운동피질이 위치해 있으며, 바로 뒤에는 체성 감각을 담당하는 일차체감각피질이 자리 잡고 있다. 운동 제어에 관여하는 뇌 부위는 크게 전전두피질, 이차운동피질,[1] 일차운동피질로 나뉜다. 전전두피질은 뇌의 가장 앞부분에 위치하고 이차운동피질은 전전두피질과 일차운동피질 사이에 위치한다. 뇌 과학자들은 뇌의 운동제어 기능이 위계적으로 조직되어 있다고 본다. 전전두피질은 행동 전략, 이차운동피질은 행동 전술, 그리고 일차운동피질은 행동 집행(근육수축에 대한 직접적 명령)을 담당한다고 여겨진다.

이 전략-전술-집행 비유에서 알 수 있듯이, 전략을 담당하는 전전두피질은 특정 행동의 직접적인 실행에 관여하지 않는다. 그러나 전전두피질은 상황에 맞는 적절하고 유연한 행동 조절에 핵심적인 역할을 한다. 동일한 목표를 달성하기 위해 전전두피질은 상황에 따라 특정 행동을 촉진 혹은 억제한다. 예를 들어, 한국에서는 길을 건너기 전 지나가는 차량을 확인하기 위해 왼쪽을 먼저 봐야 한다. 하지만 영국에서는 오른쪽을 먼저 봐야 한다. 따라서 한국인이 런던에서 길을 건널 때는 왼쪽을 먼저 보는 습관을 억제해야 한다. 이 단순한 예는 일상생활에서도 동일한 목표(길을 안전하게 건너는 것) 달성을 위해 상황(한국인가 영국인가)에 따라 다른 방식의 행동 통제가 필요함을 보여준다.

변화무쌍한 세상에서 주어진 목표에 따라 유연하게 행동을 통제하는 것은 결코 쉬운 일이 아니다. 전전두피질은 뇌의 여러 기능을 조율하며 우리의 행동이나 행동 억제가 목표 달성에 기여하도록 돕는다. 예를 들어, 뇌 과학 박사 학위 취득이라는 장기 목표를 위해 당장의 즐거움을 유보하고 수년간 밤낮으로 연구에 매진하는 것은 전전두피질 없이는 불가능하다.

전전두피질은 영장류, 특히 사람에게서 두드러지게 발달한 영역으로,[2] 일반적으로 '집행 기능 executive function'을 담당한다고 알려져 있다. 집행 기능이란 하위 뇌 기능들을 통합·조절해 상황에 적절한 행동을 선택하고 통제하는 능력을 말한다. 전전두피질은 작업 기억, 추론, 계획, 의사결정, 감정 조절, 인지적 유연성 등 광범위한 인지 기능을 담당하며, 집행 기능은 이 모든 기능을 종합해 행동을 조절하는 인지적 통제력이라 할 수 있다. 바꿔 말하면 전전두피질은 인간의 가장 고차원적인 정신 기능의 중심으로, 사람을 사람답게 만드는 핵심적인 뇌 영역이다. 전전두피질의 역할은 이 부위가 손상된 환자들의 행동을 통해 잘 드러난다. 대표적인 사례가 피니어스 게이지Phineas Gage다. 해마 연구에 있어 가장 유명한 환자가 헨리 몰레이슨이라면, 전전두피질과 관련된 가장 유명한 환자는 피니어스 게이지이다.

성격을 좌우하는 뇌 영역

미국에 최초로 증기기관차가 등장한 것은 1830년이었다. 이후 1950년까지 미국 동부의 여러 도시를 잇는 철로가 잇따라 개설됐고, 1848년에는 미국 버몬트주에서도 철도 건설이 한창 진행 중이었다.

당시 25세이던 피니어스 게이지는 활기차고 유능한 성격으로, 철도 건설 현장 감독으로 일하고 있었다. 그 시절 철로 공사 현장에서는 바위를 제거하기 위해 먼저 바위에 구멍을 뚫고, 그 안에 화약을 넣은 뒤 모래로 덮고, 쇠막대로 다진 후 발파하는 방법이 사용됐다. 그런데 1848년 9월 13일, 비극적인 사고가 발생했다. 게

그림 20 피니어스 게이지의 뇌 손상. (왼쪽) 쇠막대에 의한 뇌 손상. (오른쪽) 게이지가 자신을 뇌를 관통한 쇠막대를 들고 있는 모습.

이지가 화약 위를 모래로 덮는 절차를 생략한 채 쇠막대로 화약을 다지는 실수를 범한 것이다. 쇠막대와 바위의 마찰로 발생한 스파크가 화약을 폭발시켰고, 그 충격으로 길이 1.1미터에 달하는 쇠막대가 그의 뺨을 통해 들어가 뇌를 뚫고 나갔다(**그림 20**). 놀랍게도 게이지는 이 끔찍한 사고에서 목숨을 잃지 않았다. 사고 직후에도 의식을 잃지 않았고, 인근 호텔로 실려갔을 때는 스스로 일어나서 걷기까지 했다.

게이지는 사고 후 어떻게 됐을까? 그는 듣고, 보고, 말하고, 움직이는 데 별다른 이상이 없었다. **그림 20**에서처럼 쇠막대는 그의 뇌 앞부분인 전전두피질을 관통했는데, 이는 전전두피질이 생명 유지, 감각, 운동, 언어 기능 등과는 직접적인 관련이 없음을 말해준다. 그러나 사고 이후 게이지의 성격은 극적으로 변했다. 게이지의 친구들에 따르면 그는 더 이상 과거의 유능하고 전도유망한 청년이 아니었다. 그는 사고 이후 상스러운 말을 마구 내뱉었고, 참을성이 없어졌으며, 동료를 존중하지 않았다. 고집스럽고 변덕스러운 행동도 자주 보였다. 사고 후 몇 달간 게이지를 치료하고 관찰했던 존 할로우John Hollow 박사는 그의 상태에 대해 다음과 같은 기록을 남겼다.

> 그의 경우 지적 능력과 동물적 성향 사이의 균형이 깨진 듯하다. 그는 변덕스럽고 무례하며 이전에는 하지 않았던 매우 저속한 욕설을 사용하고, 동료에 대한 존중을 거의 보이지 않으며 자신의 욕구와 충돌하는 제재나 조언을 참지 못한다. 때때로 고집스럽고 완고하지만 또 매우 변덕스럽고 우유부단해 수많은 계획을 세우지만 곧바로 포기하고 만다. (…) 지적 능력과 표현은 어린 아이 같지만 강한 남성의 동물적 욕구를 가지고 있다. 부상 전에는 학교 교육을 받지 않았음에도 불구하고 균형 잡힌 사고를 가지고 있었으며, 그를 아는 사람들 사이에서 영리하고 똑똑한 사업가로 여겨졌다. 그는 에너지가 넘치고 모든 계획을 끈기 있게 실행하던 사람이었는데, 그의 성격과 심리는 근본적으로 바뀌었고 이 때문에 그의 친구들과 지인들은 "이제 더 이상 게이지가 아니다"라고 했다.[3]

끈기와 융통성

할로우 박사는 게이지를 묘사할 때 '고집스러운 한편 변덕스럽다'고 했다. 고집스러움과 변덕스러움은 장기적인 목표를 달성하는 데 방해가 된다. 장기적인 목표를 이루기 위해서는 게이지와는 정반대로 '유연하지만 끈기 있는 지속성'이 필요하다.

오랜만에 친한 친구가 집으로 놀러온다고 해보자. 그 친구와 저녁을 함께하기 위해 친구가 좋아하는 삼겹살을 사러 대형 슈퍼마켓에 갔다. 정육 코너는 매장의 저 멀리 구석에 있다. 그런데 정육 코너로 가는 길에 당신의 시선을 끄는 싱싱한 횟감이 보인다. 그 옆에는 얼큰한 부대찌개거리도 있고, 그 뒤엔 만 원짜리 통닭이 있다. 이 모든 것이 당신의 식욕을 자극한다.

원래의 목표를 달성하려면 유혹을 모두 무시하고 정육 코너로 가서 친구가 좋아하는 삼겹살을 사야 한다. 정상적인 경우에는 목표를 달성하는 것이 그리 어렵지 않다. 하지만 게이지처럼 전전두피질에 손상을 입은 사람들에게는 이야기가 다르다. 이들은 외부 자극에 쉽게 주의를 빼앗겨 삼겹살 대신 회나 통닭을 살 가능성이 높다. 심지어 슈퍼마켓에 가는 것 자체가 어려울 수도 있다. 슈퍼마켓에 가기 위해 버스 정류장을 지나던 중 버스가 멈추는 것을 보면 원래 목적을 잊고 갑자기 버스를 타고 어디론가 떠날 수도 있다. 이처럼 전전두피질이 손상되면 목표를 지속적으로 추구하는 능력이 저하되고 외부 자극에 쉽게 영향을 받아 충동적이고 변덕스러운 행동이 늘어난다.

끈기 있는 지속성은 장기적인 목표를 위해 계획을 세우고, 집중력을 유지하며, 유혹을 이겨내는 능력이다. 직장에서 중요한 프로젝트를 수행할 때 예상치 못한 문제가 발생하거나 계획이 변경될 수 있다. 이때 유연하게 접근하면서도 궁극적인 목표를 잊지 않고 꾸준히 노력한다면 성공적으로 프로젝트를 완수할 가능성이 높아진다. 또한 성과를 내기까지 과정을 견디는 힘도 제공하는데, 연구를 진행하거나 새로운 기술을 배우는 과정처럼 즉각적인 보상이 없는 상황에서도 지속성을 통해 어려움을 극복하고 결과를 얻는 데 기여한다. 반면 변덕스러운 성향은 한 가지 목표에 집중하지 못하고 계속 새로운 일을 시도하거나 중도에 포기해 생산성을 떨어뜨린다.

전전두피질은 지속성뿐만 아니라 유연성에도 중요한 역할을 한다. 어떤 행동이 더 이상 목표 달성에 효과적이지 않다면, 그 행동을 기꺼이 바꿀 수 있어야 한다. 도움이 되지 않는 행동을 계속 고집하는 것은 '끈기'가 아니라 '완고함'일 뿐이다. 피니어스 게이지의 사례에서 알 수 있듯이, 전전두피질이 손상된 사람들은 변하는 상황에 맞춰 행동을 적절히 조정하는 데 어려움을 겪는다. 이러한 인지적 유연성을 평가할 때 널리 사용되는 심리학적 도구가 '위스콘신 카드 분류 검사wisconsin card sorting task'다. 이 검사는 피험자가 명

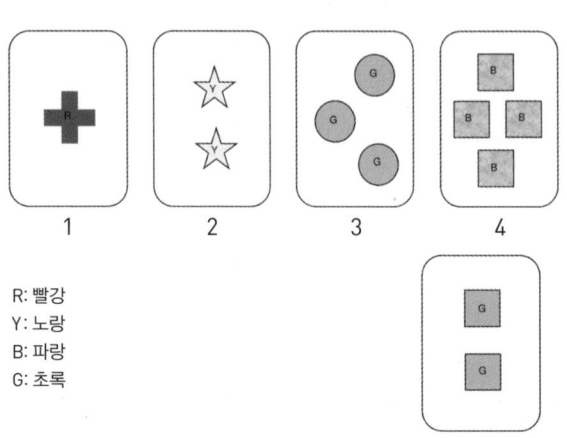

그림 21   위스콘신 카드 분류 검사.

시되지 않은 규칙을 추론해 카드를 분류하도록 설계되어 있다.

    그림 21을 보자. 피험자는 화면 오른쪽 아래에 주어진 카드(이 예에서는 두 개의 녹색 사각형이 있는 카드)를 위에 주어진 네 장의 카드 중 한 장 위로 옮겨야 한다. 가능한 분류 규칙은 카드 무늬의 색상, 수량, 모양이며 분류 규칙은 피험자에게 알려주지 않는다. 피험자는 단지 자신의 분류가 맞았는지 틀렸는지에 대한 피드백을 바탕으로 올바른 규칙을 추정해야 한다. **그림 21**의 예에서 올바른 분류는 숨겨진 규칙에 따라 두 번째 카드(수량), 세 번째 카드(색상), 또는 네 번째 카드(모양)가 될 수 있다. 중요한 점은 현재의 규칙이 시간이 지나면서 바뀔 수 있다는 것이다. 예를 들어, 처음에는 모양(스페이드, 하트, 다이아몬드, 클로버)에 따른 분류 규칙이 적용

되다가 어느 순간 색상에 따른 규칙으로 변경된다.

　이제 이전 시행에서 정답으로 작용했던 분류 규칙(예를 들어 모양에 따른 분류)이 더 이상 유효하지 않다고 가정해보자. 이전까지는 잘 작동했던 분류 전략이 틀린 답으로 간주된다는 신호를 받았다면, 정상적인 경우 피험자는 상황 변화를 인지하고 빠르게 행동 전략을 수정해 새로운 규칙(예를 들어 색상이나 수량)에 따라 답을 찾으려 할 것이다. 그러나 전전두피질에 손상이 있는 사람들은 이전에는 맞았지만 이제는 틀린 분류 규칙을 고집하는 경향을 보인다. 이 예에서 보는 바와 같이 전전두피질이 손상되면 행동의 유연성이 감소하고 고집이 증가하는 특징이 나타난다.

　위스콘신 카드 분류 검사 사례처럼 유연성은 특히 기존의 전략이 더 이상 효과적이지 않을 때 중요한 역할을 한다. 이전의 전략이 맞지 않는다는 신호를 받으면 상황을 재평가하고 새로운 방법을 모색해야 한다. 직장에서 프로젝트를 진행할 때 초기 계획이 예상치 못한 문제로 인해 효과를 발휘하지 못하게 될 수 있다. 이때 유연한 사고가 없다면 비효율적인 전략을 고집하거나 문제를 해결하지 못하고 좌절할 가능성이 높다. 반면 유연성을 갖춘 사람은 상황 변화를 빠르게 인지하고 기존의 계획을 수정하거나 새로운 접근 방식을 시도해 문제를 해결할 수 있다. 이는 위기 관리 능력과 팀워크의 효율성을 높이는 데도 기여한다. 전전두피질이 제대로 기능하는 사람은 이러한 상황에서 빠르게 적응하고 올바른 전략을 찾아낸다. 반면 전전두피질이 손상된 사람은 이미 효과를 잃은 방식을 고집하며 변화에 적응하지 못한다.

전전두피질과 추상적 사고

이제 우리의 주제인 추상적 사고에 있어서 전전두피질의 역할을 살펴보자. 전전두피질은 장기적인 목표에 따라 행동을 조절하고 숨겨진 규칙에 따라 유연하게 전략을 바꾸는 데 핵심적인 역할을 한다. 일반적으로 전전두피질은 하위 뇌 기능들을 통합·조절해 상황에 맞는 행동을 선택하게 하는 집행 기능을 담당하며, 여기에는 추론, 계획 등 다양한 인지 기능이 포함된다.

전전두피질의 집행 기능에 있어서 필수적인 요소 중 하나가 바로 추상적 사고다. 추상적 사고 없이는 논리적 추론이나 숨겨진 규칙에 따라 행동을 제어하는 것이 어렵기 때문이다. 실제로 전전두피질 손상 환자들은 다양한 심리 검사에서 추상적 사고와 관련된 문제를 보인다.[4] 전전두피질 손상 환자들은 추상적 사고를 측정하는 속담 해석 과제에서 의미를 정확히 이해하지 못하는 경우가 많다. 예컨대, 이들은 '로마는 하루아침에 이뤄진 것이 아니다Rome was not built in a day'라는 속담의 추상적인 의미(위대한 업적을 이루는 데는 시간이 걸린다)를 이해하지 못하고 구체적인 의미(로마 제국의 인프라

를 완성하는 데 걸린 시간)로 해석하려는 경향을 보인다.[5]

전전두피질이 추상적 사고에 중요한 역할을 한다면 추상적 개념과 관련된 신경 신호가 전전두피질에서 발견되어야 한다. 실제로 동물의 전전두피질 신경 신호를 측정해보면 추상적 개념과 관련된 신경 활동이 매우 흔하게 관찰된다. 나는 오랫동안 해마와 전전두피질 신경망을 연구해왔다. 연구자들 사이에는 '전전두피질은 백화점이다'라는 농담이 있다. 전전두피질에 미세전극을 삽입하면 원하는 신경 신호를 무엇이든 찾을 수 있다는 점을 빗댄 표현이다. 왜 그럴까?

피니어스 게이지의 사례처럼 전전두피질은 특정 감각 정보나 운동 정보 처리에 특화된 부위가 아니다. 대신 주어진 과제를 성공적으로 수행하기 위해 필요한 정보를 선별적으로 표상하고 처리하는 역할을 한다. 이 과정에서 전전두피질은 과제 수행에 필요한 추상적 개념인 행동 과제의 규칙과 같은 개념을 표상하며, 이를 바탕으로 행동을 제어한다. 다시 말해 전전두피질은 주어진 목표를 달성하기 위해 필요한 정보를 유연하고 선택적으로 표상하는 범용 제어기라고 할 수 있다. 따라서 동물을 특정 행동 과제로 훈련시키면 그 과제를 수행하는 데 필요한 신경 신호가 발견될 확률이 매우 높을 수밖에 없다.

신경생리학 연구들은 동물의 전전두피질에서 추상적 개념과 관련된 다양한 유형의 신경 활동이 일어남을 보여준다. 원숭이의 전전두피질에서 발견된 수와 관련된 신경 신호를 살펴보자. 수는 물리적 특성과는 구별되는 추상적 개념이다. 예를 들어, '3'이라는 수 개념은 사물, 사건, 기호 등 세 개의 요소로 구성된 어떤 집합에도 적용할 수 있다. 즉, '3'은 구체적 대상과 무관하게 반복되는 수적 패턴을 포착하는 추상적 표현이다. 뇌 과학자들은 원숭이의 전전두피질에서 특정 수의 자극에 선택적으로 반응하는 뉴런들을 발견했다. 이를 보여주는 대표적인 사례가 바로 안드레아스 니더Andrea Nieder가 2012년에 발표한 연구다.[6]

니더는 원숭이가 순차적으로 제시된 자극의 수를 세도록 원숭이를 훈련시켰는데, 이 과제에서 자극은 소리 자극과 시각 자극 두 가지 형식으로 제시됐다. 과제를 수행하는 동안 전전두피질의 신경 활동을 측정한 결과, 자극의 형식에 관계없이 자극의 수에 선택적으로 반응하는 뉴런들이 발견됐다. 어떤 뉴런은 자극이 두 개 주어졌을 때 선택적으로 반응하고 다른 뉴런은 세 개의 자극에 반응하는 식이었다. 따라서 전전두피질 뉴런 집단의 활동 패턴을 분석하면 특정 시행에서 몇 개의 자극이 제시됐는지 정확히 알 수 있었다. 이러한 연구는 원숭이의 전전두피질이 자극의 물리적 특성을 넘어 추상적 개념인 수를 표상한다는 것을 명확히 보여준다.[7]

쥐와 생쥐 같은 설치류의 전전두피질은 인간의 전전두피질과 비교할 때 절대적인 크기뿐만 아니라 뇌 전체에서 차지하는 비율도 매우 작다. 그럼에도 불구하고 설치류는 장기적 목표를 달성하기 위해 행동을 정교하게 통제하는 능력을 지니고 있으며, 이런 능력의 핵심에는 전전두피질이 있다. 설치류를 대상으로 한 위스콘신 카드 분류 검사의 변형 실험에서 전전두피질의 손상은 행동 유연성을 유의미하게 감소시켰다.[8] 또한 설치류의 전전두피질에서도 과제의 규칙, 과제의 구조, 행동의 맥락과 같은 추상적 개념을 표상하는 신경 활동이 관찰됐다.[9] 이런 연구들은 사람의 전전두피질에 비해 상대적으로 원시적인 설치류의 전전두피질조차도 추상적 개념을 표상하며 정교하고 유연한 행동 조절에 관여함을 보여준다. 이를 고려하면, 더욱 발달된 인간의 전전두피질은 다른 동물들에 비해 훨씬 높은 수준의 추상적 개념을 표상할 가능성이 크다는 합리적인 추론을 할 수 있다.

전전두피질의 행동 통제 기능과 관련해 특히 고차원적인 추상적 개념이 중요한 영역이 바로 사회생활이다. 이는 피니어스 게이지의 사례에서 잘 드러난다. 사고 이후 게이지의 행동은 정상적인 성인에게 기대되는 사회적 행동과는 거리가 멀었다. 할로우 박사가 묘사했듯이 '지적 능력이 어린이'였던 게이지가 복잡한 인간 사회에서 적절히 행동하는 것은 매우 어려운 일이다. 왜냐하면 사회적 행동은 단순한 본능이나 충동에 의한 것이 아니라 맥락에 따라 다르게 작용하는 미묘한 사회적 규범을 인식하고 조율한 결과이기 때문이다.

이러한 판단과 조절의 근간에는 추상적 사고가 필수적으로 작용한다. 우리는 일상적으로 공공 질서, 무례함, 사회적 명성 같은 고차원적인 추상적 개념을 바탕으로 행동을 조율한다. 실제로 우리가 일상에서 고민하는 문제들 대부분은 사회적 관계에서 비롯되는데, 우리는 혼자 있을 때조차도 타인과의 관계를 떠올리고 반추하며 끊임없이 추상 개념을 사용한다. 어쩌면 인간이 고도의 추상 사고 능력을 발달시킨 것은 복잡한 사회에서 적절히 행동을 통제하고 타인과 조화를 이루기 위해 고차원적 개념을 형성하고 표상할 필요가 있었기 때문일지도 모른다.

전전두피질의 어느 부분이 추상적 사고에 특히 중요한 역할을 하는지는 또 다른 중요한 연구 주제다. 인간의 전전두피질은 뇌에서 넓은 영역을 차지하며 서로 다른 기능을 담당하는 여러 개의 하위 영역으로 구성되어 있다. 하지만 하위 영역들이 추상적 사고에

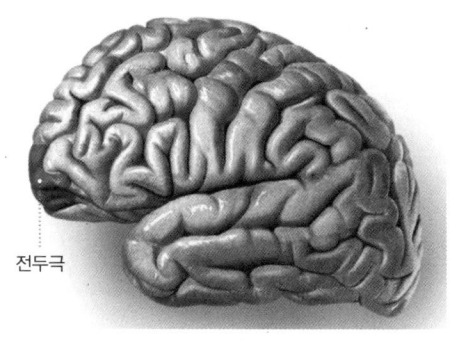

그림 22   전두극피질.

얼마나, 어떻게 기여하는지는 아직 명확히 밝혀지지 않았다. 뇌 영상 연구에 따르면 전전두피질의 앞쪽 영역일수록 추상적 사고를, 뒤쪽 영역일수록 구체적 사고를 담당하는 경향이 있다고 한다.[10] 그렇다면 전전두피질의 가장 앞쪽에 위치한 전두극피질frontopolar cortex 연구는 인간의 혁신 능력에 관련된 신경 메커니즘을 밝히는 데 중요한 단서를 제공할 수 있을 것이다.

  인간의 전전두피질이 고도의 추상적 개념을 표상하는 신경 시스템의 핵심 영역이라는 주장은 충분히 타당하다. 그러나 전전두피질의 발달만으로 인간의 뛰어난 추상적 사고 능력을 온전히 설명하기 어렵다. 이러한 능력이 형성되는 과정에서 전전두피질 외에도 다른 뇌 영역의 변화가 중요한 역할을 했을 가능성이 크다. 실제로 다양한 추상화 과제를 수행할 때의 뇌 활동을 측정해보면 전전두피질뿐만 아니라 두정피질parietal cortex도 함께 활성화된다.[11] 따라서 인간의 탁월한 추상화 능력을 온전히 이해하려면 전전두피질 자체에 대한 연구뿐만 아니라 이 영역이 다른 뇌 영역들과 어떻게 상호작용하며 복합적인 인지 네트워크를 구성하는지를 함께 밝혀내야 한다.

9장

인류 혁명과 쐐기앞소엽

인류는 언제부터 고도의 추상적 사고를 하게 됐을까? 이 질문은 단순히 호기심을 넘어 인류의 뛰어난 지적 사고 능력과 뇌 신경학적 기원을 탐구하려는 시도와 연결된다. 앞선 8장에서는 뇌 과학 연구를 바탕으로 전전두피질이 추상적 사고에 중요한 역할을 할 가능성을 살펴봤다. 이번 장에서는 고등 추상 사고의 뇌 신경학적 기초를 이해하기 위해 고인류학적 연구를 검토한다. 인류 진화의 과정을 돌아보며, 호모 사피엔스의 고등 추상 사고를 가능하게 한 뇌의 변화와 기원을 추측해보자. 이를 위해 추상적 사고의 고고학적 증거와 호모 사피엔스 두개골의 형태 변화를 분석하고 비교할 것이다.

고차원적 인지 능력의 증거

먼저 인류의 인지 능력 진화와 관련해 인류학자와 고고학자 들이 한때 '인류 혁명human revolution' 또는 '후기 구석기 혁명upper paleolithic revolution'이라고 불렀던 현상을 살펴보자.[1] 약 4~5만 년 전 후기 구석기 시대에 크로마뇽인이 유라시아 대륙에 등장한다. 이 시기에 주목할 점은 현대 인류의 특징적인 여러 행동 양식이 동시다발적으로 나타났다는 것이다. 추상적 사고, 상징적 행동, 언어와 같이 현대 인류를 다른 호미닌 및 영장류와 구별 짓는 행동과 인지적 특성을 통틀어 '행동 현대성behavioral modernity'이라 한다. 크로마뇽인의 등장은 바로 이러한 행동 현대성의 증거가 광범위하게 관찰되는 시점이다. 당시의 고고학적 증거에는 불의 사용, 정교한 의사소통과 물물 교역, 상징성을 갖춘 매장 문화, 예술적 표현, 자아 인식, 조직화된 사회 구조 등이 포함된다. 물론 이러한 특성 중 일부는 그 이전 시기에도 산발적으로 나타난 바 있다. 그러나 행동 현대성의 다양한 요소가 하나의 집합적 양상으로, 비교적 짧은 시기 내에 집중적으로 나타난 것은 후기 구석기 시대가 처음이라는 점에서 중요한 전환점이라 할 수 있다.

이러한 고고학적 발견은 후기 구석기 시대의 인류가 현대인에 필적하는 인지 능력을 갖추고 있었음을 강력히 시사한다. 대표적인 사례가 예술의 등장이다. 물론 인류는 후기 구석기 이전에도 오랜 기간 동안 도구를 사용해왔지만, 이 시기부터 도구에 예술적 요소가 본격적으로 결합되기 시작했다. 이 시기의 유물에서 단순하고 실용적인 도구를 넘어서는 장식적이고 상징적인 표현이 뚜렷이 나타난다. **그림 23**의 동굴 벽화는 유럽에서 발견된 후기 구석기 시대 유물로, 단순한 선 그리기를 뛰어넘은 정교한 예술성을 보여준다. 이 시기의 도구, 조각상, 벽화 등은 오늘날의 기준으로도 뛰어난 조형성과 상징성을 지니고 있으며, 예술적 표현이 인류 문화 속에서 뚜렷이 드러난 시기를 입증하는 주요한 고고학적 증거로 간주된다.

예술 표현은 상징적이고 추상적인 사고 능력을 기반으로 한다.

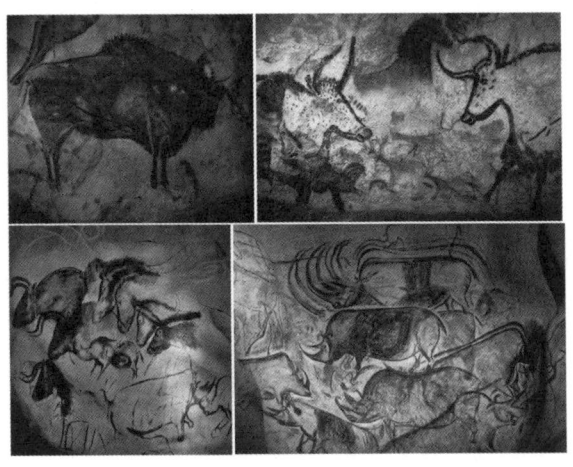

그림 23 후기 구석기 시대 동굴화(복제품).

유라시아 전역의 후기 구석기 유적지에서 발견된 비너스 조각상 (그림 24)은 다산을 상징하는 조형물로 해석된다. 인류 예술의 오랜 주제는 성性과 다산多産, 즉 종족 보존과 생명력에 관한 것이다. 그림 24의 비너스 조각상은 현대 아프리카의 '다산 인형fertility doll'과 유사하게 종족 보존과 생명력의 상징인 '다산의 여신fertility goddess' 개념의 초기 형태로 추정된다.[2]

예술가는 시각적인 작품을 통해 자신의 생각, 감정, 경험을 타인과 공유한다. 이를 위해서는 자신의 관점뿐만 아니라 관람자의 시각을 함께 고려하고, 전달하고자 하는 상징적인 내용을 마음속 이미지로 구체화하는 고차원적 인지 능력이 요구된다.[3] 이러한 과정은 고도의 추상적 개념을 활용하는 복잡하고 정교한 사고 과정을 전제로 한다. 후기 구석기 시대의 뛰어난 예술품들은 우리 조상들이 이미 이러한 고차원적 인지 기능을 갖추고 있었음을 잘 보여준다.

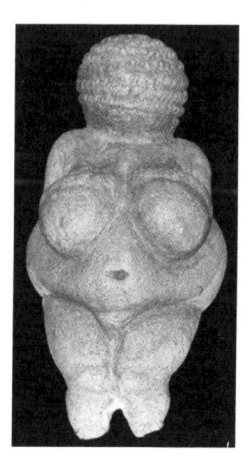

행동 현대성의 또 다른 증거는 사자死者와 장신구를 함께 매장하는 풍습이다 (그림25). 이는 오늘날의 장례 문화와 크게 다르지 않으며 당시 사람들이 영혼의

그림 24   빌렌도르프Willendorf의 비너스.

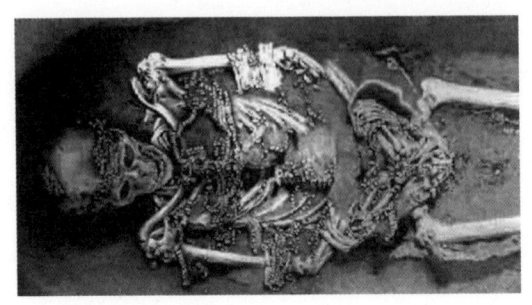

그림 25　러시아 숭기르Sungir에서 발견된 구석기 시대의 매장 유적.

존재와 불멸을 믿었을 가능성을 시사한다. 이들은 인간의 몸에 '영혼'이 깃들어 있다고 여겼으며, 죽은 후에도 그 영혼이 다른 세계에서 계속 존재한다고 믿었을 것이라고 추정된다. 이러한 매장 풍습은 종교의 기원을 보여주는 중요한 고고학적 증거로 간주된다.

실제로 많은 종교가 사후세계를 전제로 하며, 죽음 이후에도 존재가 지속된다는 믿음은 종교의 유무와 관계없이 다양한 문화권에서 공통적으로 나타난다. 물론 후기 구석기 시대에 이르러야 이러한 매장 풍습이 보편화되고 정교해졌다는 주장은 다소 과장된 측면이 있다.[4] 그러나 **그림 25**에 나타난 정교한 장신구의 매장 양식은 후기 구석기 인류가 죽음 이후의 세계에 대해 고민했으며, 현대인과 마찬가지로 영혼의 순환과 존재의 지속성에 대한 믿음을 가졌음을 보여준다. 어쩌면 인류의 영적 인식과 종교성은 본질적으로 오늘날까지 크게 달라진 바가 없을지도 모른다.

후기 구석기 시대의 고고학적 유물들은 당시 인류가 고도의 추상적 사고를 포함한 발달된 인지 능력을 갖추고 있었음을 시사한다. 가령 타임머신을 타고 그 시대로 돌아가 갓난아이를 데리고 현대로 다시 돌아온다고 가정해보자. 아마도 그 아이는 현대의 또래 아이들과 마찬가지로 정상적인 인지 발달 과정을 거쳐 과학자, 예술가, 작가, 정치가 등 사회의 당당한 구성원으로 성장할 수 있을 것이다.

그림 26의 두 그림을 비교해보자. 왼쪽은 약 3만 년 전 프랑스 쇼베Chauvet 동굴에서 발견된 목탄화로, 들소 머리의 남자가 음부가 강조된 여성의 나신을 바라보는 장면이 묘사되어 있다. 오른쪽은 피카소가 1933년에 그린 〈잠자는 여인을 애무하는 미노타우로스 Minotaur caressant une dormouse〉라는 작품이다. 두 그림 사이에는 약 3만

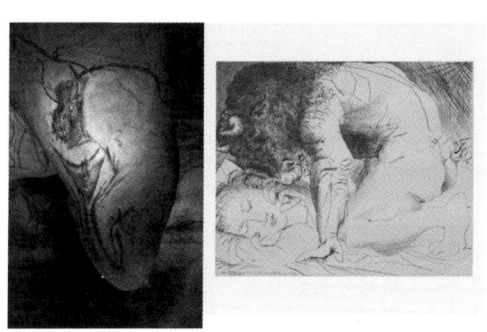

그림 26 　내면의 야수. (왼쪽) 프랑스 쇼베 동굴에서 발견된 목탄 그림. (오른쪽) 파블로 피카소의 〈잠자는 여인을 애무하는 미노타우로스〉, 드라이포인트 판화, 1933년.

년이라는 세월이 존재하지만 놀라울 만큼 유사한 인상을 준다. 두 그림 모두 남성 심리에 내재된 '내면의 야수'를 표현한 작품으로 해석된다.

흥미로운 점은 쇼베 동굴이 피카소 사망 이후에 발견됐다는 사실이다. 피카소는 이 벽화를 전혀 알지 못한 채 작품을 창작했다. 그러나 그는 생전에 프랑스 남서부의 라스코Lascaux 동굴을 방문해 **그림 23**과 같은 벽화를 감상한 적이 있다. 이때 피카소는 깊은 감명을 받았으며, 동굴 안내인에게 "그들은 이미 모든 것을 발명했다They've invented everything"라고 말했다고 전해진다.[5]

해부학적 현대인의 등장

현생 인류와 유사한 현대적 호모 사피엔스는 언제 출현했을까? 1980년대 후반까지만 해도, 약 4~5만 년 전 유라시아에서 처음 등장했다는 이른바 '유럽 이론'이 가장 유력한 가설이었다. 이 시기 유라시아에서는 크로마뇽인이 등장하고 네안데르탈인이 사라진다. 이들의 두개골을 비교해보면 크로마뇽인과 현대인의 두개골은 둥근 형태를 띠는 반면, 네안데르탈인의 두개골은 앞뒤로 길쭉한 모양이다(**그림 27**).

왜 크로마뇽인은 살아남고 네안데르탈인은 멸종했을까? 한 가

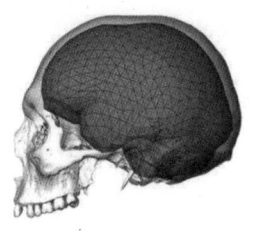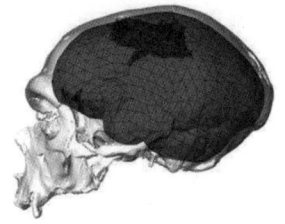

그림 27　현대 인류(왼쪽)와 네안데르탈인(오른쪽)의 두개골 모양 차이.

지 가설은 크로마뇽인이 네안데르탈인보다 우수한 인지적 능력을 지녔기 때문이라는 주장이다.[6] 네안데르탈인의 이마는 위로 갈수록 뒤로 경사진 반면 크로마뇽인의 이마는 상대적으로 평평하다. 이마 뒤쪽에는 고등 인지 기능을 담당하는 전전두피질이 있기 때문에, 크로마뇽인이 네안데르탈인보다 더 발달된 전전두피질을 가지고 있었을 가능성이 제기돼왔다. 이 가설에 따르면 인류 혁명 시기와 전전두피질의 발달 시점이 일치하며, 전전두피질의 확장이 인류 혁명의 주요 동인 중 하나였을 수 있다.[7]

그러나 이후의 고고학적 연구들은 현대 인류의 진화가 그렇게 단순하게 진행되지 않았음을 보여준다. 이스라엘의 카프제Qafzeh와 스쿨Skhul 동굴에서 해부학적으로 현대인과 유사한 호모 사피엔스의 화석이 발견됐는데, 처음에는 '유럽 이론'에 따라 약 4만 년 전의 것으로 추정됐다. 그러나 1980년대 후반 열발광 연대 측정법 thermoluminescence dating 으로[8] 재측정한 결과, 이 화석이 약 10만 년 전의 것임이 밝혀졌다.[9] 이후 추가 발견된 화석들은 해부학적 현대인의 등장이 그보다 훨씬 더 이른 시점으로 거슬러 올라감을 시사한다.

현재까지의 고고학적 증거에 따르면 해부학적 현대인은 적어도 20만 년 전에 등장했으며, 아프리카에서 발견된 더 원시적인 호모 사피엔스 화석은 무려 30만 년 전으로 연대가 올라간다.[10] 현생 인류의 DNA 변이를 비교해 인류 진화 역사를 추정한 연구들도 이러한 고고학적 발견을 뒷받침한다. 해당 연구들은 해부학적 현대인이 후기 구석기 시대보다 훨씬 이전에 아프리카에서 기원했음을 강하게 시사한다.[11] 이러한 연구 결과들을 종합하면 유럽 이론은 더 이상 설득력을 갖지 못한다. 이제는 현대적인 호모 사피엔스가 후기 구석기 시대보다 훨씬 이전에 아프리카에서 처음 출현했고, 이후 수천 년에 걸쳐 유라시아 전역으로 확산되며 네안데르탈인 등 다른 초기 인류를 대체했다는 '아프리카 기원' 이론이 널리 인정받고 있다.[12]

인류 혁명의 원인

앞에서 살펴본 바와 같이 해부학적 현대인의 등장 시기와 행동 현대성의 출현 시기 사이에는 상당한 시간차가 존재한다. 그렇다면 한때 '인류 혁명' 또는 '후기 구석기 혁명'이라 불렸던 이 변화의 주요 원인은 무엇일까? 왜 그 시기에 유라시아 지역에서 물물 교역, 예술적 표현, 정교한 매장 문화, 조직화된 사회 등 행동 현대성의 특징들이 동시다발적으로 나타났을까?

일부 학자들은 뇌의 생물학적 변화가 후기 구석기 혁명의 핵심 동인이라고 주장한다.[13] 이 주장이 맞다면 눈에 띄는 해부학적 변화 없이도 인지 능력을 향상시킬 수 있는 미묘하지만 중요한 신경학적 변화, 즉 우연한 돌연변이가 발생했을 가능성이 있다. 반면 생물학적 요인보다는 환경 변화와 인구 밀도 증가와 같은 사회적 요인이 후기 구석기 혁명의 배경일 수 있다는 견해도 존재한다.[14]

또 다른 학자들은 현대 인류의 특징적 행동 양상이 오랜 시간에 걸쳐 점진적으로 형성됐다고 보고, '인류 혁명'이라는 개념 자체를 부정한다.[15] 이들은 호모 사피엔스의 역사 속에서 기술과 문화의 혁신이 인구 손실이나 환경 불안정성과 같은 외부 요인에 따라 여러 차례 반복적으로 나타났다가 사라졌다고 본다. 이러한 관점은 후기 구석기 시대 이전 시기에서도 행동 현대성을 시사하는 증거가 산발적으로 발견되는 이유를 설명해준다.

진실은 무엇일까? 수만 년 전에 벌어진 사건의 정확한 원인을 규명하는 일은 쉽지 않다. 그러나 앞으로 인류학자와 고고학자 들의 연구가 좀 더 명확한 해답을 제시해주길 기대해본다. 이제 우리의 관심사와 직접적으로 관련된, 인류의 뇌 생물학적 변화 가능성에 대해 좀 더 깊이 살펴보도록 하자.

두개골 모양이 말해주는 뇌 신경계의 변화

고신경학古神經學, paleoneurology은 두개골 내부의 형태, 특히 뇌가 있던 자리에 광물질이 침투해 화석화된 엔도캐스트endocast(두개강, 즉 뇌를 담고 있던 공간의 모형)를 분석해 뇌의 진화 과정을 연구하는 학문이다. 물론 엔도캐스트의 형태만으로 진화 과정에서 일어난 미묘한 뇌 신경계의 변화를 알아내는 것은 매우 어렵다. 두개골은 뇌의 전체적인 외형만을 반영하기 때문이다. 그럼에도 뇌 신경계에서 중대한 변화가 있었다면 두개골 구조에도 일정한 변형이 나타났을 가능성이 있다. 만약 호모 사피엔스의 인지 능력이 현대 인간 수준으로 발전하는 과정에서 뇌 구조에 변화가 있었다면 고신경학 연구는 그 변화에 중요한 단서를 제공할 것이다.[16]

2018년에 발표된 고신경학 연구를 살펴보자. 독일 막스플랑크 진화 인류학 연구소의 과학자 사이먼 노이바우어Simon Neubauer, 장자크 후블린Jean-Jacques Hublin, 필립 군즈Philipp Gunz는 정교한 분석 방법을 활용해 20개의 호모 사피엔스 화석을 20~30만 년 전, 13~10만 년 전, 그리고 3만 5천~10만 년 전의 세 시기로 나누어 분석했다. 그 결과 3만 5천~10만 년 전 시기의 화석에서 관찰된 엔도캐스트가 현대 인간의 뇌 구조와 일치했다.[17] 이 연구는 호모 사피엔스의 뇌 형태가 약 10만 년 전 이후에 현대적인 형태로 변모했음을 보여주며, 고고학적으로 추정되는 행동 현대성의 출현 시기와도 거

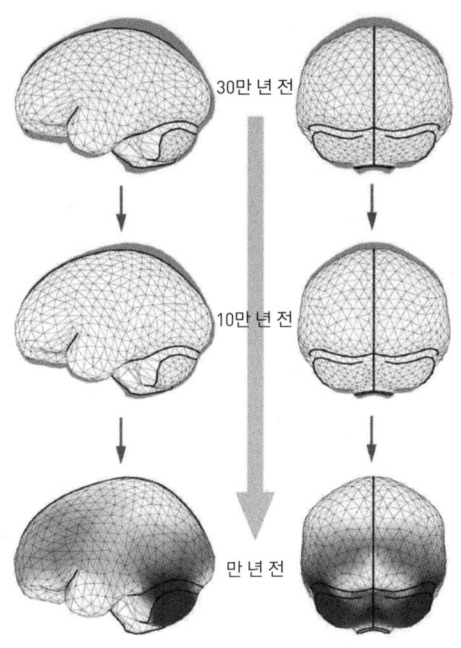

그림 28 진화 과정에서의 뇌의 구형화.

의 일치한다. 이는 이 시기의 뇌 신경계 변화가 행동 현대성의 발현에 중요한 역할을 했을 가능성을 시사한다.

그렇다면 세 번째 시기의 뇌는 이전 두 시기와 어떻게 달랐을까? 세 시기의 엔도캐스트를 비교해보면 뇌의 크기 자체는 유사하지만, 세 번째 시기에는 뇌 형태가 좀 더 둥근 모양으로 변화했다(**그림 28**). 추가 분석 결과 뇌가 구형으로 변하는 과정에서 두정피질과 소뇌가 팽창한 것으로 나타났다(**그림 29**).[18] 8장에서 살펴본 바와 같이 고차원적 추상화 능력은 신피질의 급격한 발달 때문일 가능성이 높다. 이러한 점을 고려할 때, 신피질의 일부인 두정피질의 팽창에 주목해볼 필요가 있다. 물론 소뇌의 변화가 행동 현대성의 출현에 일정한 기여를 했을 가능성도 역시 배제할 수 없다.

고등 추상 개념의 핵심, 쐐기앞소엽

다시 한번 강조하지만 두개골의 형태만으로 뇌의 정확한 구조를 추정하는 것은 매우 어려운 일이다.[19] 더욱이 두정피질은 광범위한 영역을 포함하고 있어 특정 부위의 변화나 기능을 명확히 파악하는 데 한계가 있다. 그럼에도 불구하고 일군의 과학자들은 두정피질의 하위 영역인 쐐기앞소엽precuneus(**그림 29**)의 팽창 가능성에 주목하고 있다. 실제로 인간은 침팬지에 비해 쐐기앞소엽이 현저히 크며,[20] 현대인들 사이에서도 쐐기앞소엽 크기와 두정피질 전체의 팽창 정도가 달라 두 영역의 크기 사이에 유의미한 상관관계가 보고된 바 있다.[21] 이러한 연구 결과를 바탕으로 스페인 인류진화연구소 소속 에밀리아노 브루너Emiliano Bruner는 쐐기앞소엽의 확장이 인류의 고등 인지 능력 발달에 핵심적인 역할을 했을 가능성을 제안했다.[22]

안타깝게도 쐐기앞소엽에 대한 우리의 이해는 아직 매우 제한

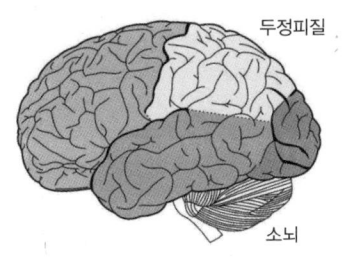
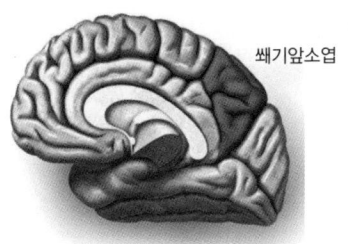

그림 29   두정피질, 소뇌, 쐐기앞소엽. (왼쪽) 두정피질과 소뇌를 보여주는 뇌의 측면도. (오른쪽) 내측면에서 본 뇌의 중심부에 위치한 쐐기앞소엽.

적이다. 이 영역만 손상된 뇌졸중 환자를 관찰할 기회가 매우 드물어 쐐기앞소엽의 고유 기능을 독립적으로 규명하기는 쉽지 않다. 뇌 과학 전반에서도 쐐기앞소엽을 중심으로 한 연구는 아직 드물다. 그럼에도 현재까지의 연구 성과를 바탕으로 이 영역의 잠재적 인지 기능을 살펴볼 수는 있다.

안드레아 카반나Andrea Cavanna와 마이클 트림블Michael Trimble은 2006년까지 발표된 뇌 영상 연구들을 종합 분석해 쐐기앞소엽이 관여하는 인간의 인지 과정을 다음 네 가지로 분류했다. (1) 시공간 이미지 형성visuospatial imagery, (2) 사건 기억 회상, (3) 외부 세계와의 관계에서 자기 자신에 대한 표상self-processing, (4) 의식consciousness.[23] 이와 같이 쐐기앞소엽은 다양한 인지 과정과 관련되어 활성화된다. 이 부위는 일차적 감각 영역이나 운동 영역과 멀리 떨어진 고차 연합피질이고, 다른 연합피질들과 광범위하게 연결되어 있다는 점을 감안하면 이러한 활성화는 자연스러운 결과로 보인다. 다만 어떤 인지 과정 중 이 부위가 활성화된다고 해서 곧바로 그 기능에 필수적인 영역이라고 단정할 수는 없다.

후속 연구들을 좀 더 살펴보자. 흥미롭게도 후속 연구들은 쐐기앞소엽이 예술적 행위 및 창의성과 관련이 있을 가능성을 보여준다. 예술 전공 학생의 쐐기앞소엽의 회색질 밀도는 비예술 전공 학생보다 더 높았으며,[24] 시상과의 기능적 연결성[25] 또한 음악가가 비음악가보다 더 강하게 나타났다.[26] 이와 더불어 쐐기앞소엽의 활동은 언어적 창의성과 아이디어의 독창성과도 유의미한 상관관계를 보였다.[27] 이러한 발견들은 쐐기앞소엽의 확장이 고등 추상화 능력의 진화에 중요한 역할을 했을 가능성을 시사한다.

쐐기앞소엽은 고차원적 추상 개념을 직접 형성한다기보다는, 그러한 개념의 사용과 활성화를 촉진하는 역할을 할 수도 있다. 쐐기앞소엽은 디폴트 네트워크의 '핫스팟 hotspot'으로, 휴식 상태에서 이 네트워크가 활성화될 때 가장 많은 에너지(포도당)를 소모한다.[28] 디폴트 네트워크가 내적 사고에 깊이 관여한다는 점을 고려할 때, 쐐기앞소엽은 개념적 사고 과정에서 두드러지게 활동하는 것으로 보인다.

한 가지 더 흥미로운 점은 쐐기앞소엽이 다양한 심적 상태에서 활성화된다는 사실이다. 사람의 뇌는 여러 기능을 수행하는 대규모 신경 네트워크로 구성되어 있는데, 이 네트워크들은 서로 완전히 분리되어 있는 것이 아니라 동일한 뇌 영역을 공유하며 서로 겹치는 방식으로 조직되어 있다. 각 네트워크는 독립적으로 작동하기보다는 상호작용하며 정보를 주고받는 방식으로 기능한다. 이러한 신경 네트워크 중 하나가 1장에서 살펴본 디폴트 네트워크다. 이 외에도 중앙 집행 네트워크central executive network와 같은 주요 네트워크가 존재하는데, 이 네트워크는 배외측 전전두피질dorsolateral prefrontal cortex과 후방 두정피질posterior parietal cortex을 포함하며[29] 인지적 또는 정서적으로 도전적인 상황, 즉 집중적인 사고가 요구되는 상황에서 활성화된다.

초기에는 중앙 집행 네트워크와 같은 과제 네트워크가 디폴트 네트워크와 완전히 분리되어 있으며, 상호대립관계에 있다고 여겨졌다(1장 참조). 그러나 후속 연구들은 일부 뇌 영역이 휴식 상태와 과제 수행 시 모두 활성화된다는 사실을 밝혀냈다. 이는 디폴트 네트워크와 중앙 집행 네트워크가 완전히 분리된 것이 아니라 일부분이 기능적으로 겹친다는 것을 말해준다. 2014년에 발표된 연구에서 아만다 우테브스키Amanda Utevsky, 데이비드 스미스David Smith, 스콧 후텔Scott Huettel은 약 200명의 피험자를 대상으로 서로 다른 의사결정 과제 세 가지를 수행 중일 때와 조용한 휴식 상태에서의 뇌 활동을 비교 분석했다. 그 결과, 과제 수행 시에는 중앙 집행 네트워크와, 휴식 중에는 디폴트 네트워크와의 기능적 연결성이 모두 증가하는 유일한 뇌 영역이 발견됐는데, 그 부위가 바로 쐐기앞소엽이었다.[30] 이는 쐐기앞소엽이 서로 다른 신경 네트워크 간의 활동을 조정하는 데 중요한 역할을 수행한다는 점을 시사한다. 특히 창의적 사고 과정에서는 디폴트 네트워크와 중앙 집행 네트워크가 역동적으로 상호작용하는 것으로 알려져 있다.[31] 이러한 맥락에서 쐐기앞소엽은 창의성과 관련된 복합적 인지 네트워크의 중심 허브로 작용할 가능성이 있다.

연구 결과를 종합하면 쐐기앞소엽은 심리 상태에 따라 여러 신경 네트워크와의 기능적 연결성이 달라지는 특성을 보이며, 이들 네트워크 간 활동을 조정하는 역할을 수행하는 것으로 보인다. 또한 디폴트 네트워크의 핫스팟으로서, 하위 영역들 간의 소통을 증진시켜 상상 과정에서 고차원의 추상 개념을 유연하게 활용하는 데 기여한다. 특히 쐐기앞소엽은 상상에 관여하는 해마와 추상적 사고의 핵심인 전전두피질을 연결하는 중추적 매개 역할을 할 가능성도 제기되고 있다. 그러나 쐐기앞소엽이 인간의 창의적 사고와 혁신 능력에 실질적으로 큰 영향을 미쳤다는 주장은 아직 가설 수준에 머물러 있다. 쐐기앞소엽의 발달이 인류 인지 능력의 '위대한 도약'[32]에 해당하는 중요한 전환점이었는지는 앞으로 추가 연구를 통해 규명해야 할 과제다.

10장
인공 신경망의 발전

　8장과 9장에서는 고차원적 추상 능력의 뇌 신경 메커니즘을 이해하기 위해 전전두피질과 쐐기앞소엽의 역할을 살펴봤다. 이제 뇌의 특정 영역에만 초점을 맞추는 접근에서 벗어나, 뇌의 전체적인 구조적 특성이 추상 능력의 근본 원인일 가능성을 고려해보자. 이를 위해 이번 장에서는 인공지능의 핵심 기술인 인공 신경망artificial neural network 연구에서 얻은 단서를 살펴보려고 한다.

　인공 신경망은 생물학적 신경망의 정보 처리 방식을 모방한 연산 시스템으로, 1940년대에 처음 제안된 이후 현재 네 번째 중흥기를 맞이하고 있다. 특히 세 번째 중흥기였던 1980년대, 나는 캘리포니아 주립대학에서 박사 과정을 밟으며 뇌 과학에 막 입문하던 참이었고, 당시 인공 신경망 연구로 학계에 몰아쳤던 흥분을 아직도 생생하게 기억한다.

  뇌를 이해하기 어려운 가장 큰 이유는 복잡성에 있다. 인간의 뇌는 약 천억 개의 뉴런과 백조 개에 달하는 시냅스 연결로 이뤄져 있으며, 인공 신경망과는 달리 다양한 유형의 뉴런이 존재한다. 어떤 뉴런은 도파민, 또 어떤 뉴런은 세로토닌을 신경전달물질로 사용하며, 하나의 뉴런이 여러 종류의 신경전달물질을 함께 사용하는 경우도 흔하다. 현재 뇌에 존재하는 신경전달물질의 종류는 정확히 밝혀지지 않았지만, 그 수는 적어도 백 종 이상일 것으로 추정된다. 이들은 종류에 따라 작용 방식이 매우 다르고, 그 조합에 따라 뉴런 간 정보 전달 방식도 다양하고 정교하게 조절된다.

  이처럼 복잡하고 정교한 시스템이 어떤 방식으로 정보를 처리해 변화무쌍하고 경쟁적인 환경 속에서 순간순간 올바른 의사결정을 내리고 적절한 행동을 가능하게 하는 것일까? 이를 규명하는 일은 당연히 매우 어렵다. 복잡한 시스템을 이해하기 위해서는 다각적인 접근이 필요하며, 뇌 연구에는 생물학, 심리학, 의학, 수학, 전자공학 등 다양한 학문의 융합이 필수적이다. 뇌를 연구하는 방식은 매우 다양하며, 접근 방식에 따라 크게 실험 뇌 과학과 이론 뇌 과학으로 나뉜다.

  실험 뇌 과학자들은 뇌를 직접 연구하며 주로 동물 모델을 사용한다. 예를 들어, 쥐의 해마에 미세전극을 삽입한 뒤 쥐가 공간을 탐색할 때 위치세포의 활동을 기록하고, 그 활동이 쥐가 깊은 수면 상태에서 재생되는지를 관찰하는 것은 전형적인 실험 뇌 과학의 사례다. 또는 사람이 사회적 의사결정을 내릴 때 어떤 뇌 부위가 활성화되는지를 뇌 이미징 기법으로 탐구하는 연구도 실험 뇌 과학에 속한다.

반면 이론 뇌 과학자 또는 계산신경과학자computational neuroscientist들은 인공 신경망이 어떤 연산을 수행할 수 있는지, 그리고 그러한 연산이 가능하도록 신경망이 어떻게 작동하는지를 탐구한다. 미국의 물리학자 리처드 파인만Richard Feynman은 "만들 수 없다면 이해한 것이 아니다What I cannot create, I do not understand"라는 말을 남겼는데, 이 말에 공감하는 미래의 뇌 과학도라면 계산신경과학을 전공으로 고려해보는 것도 좋은 선택이 될 것이다.

인공 신경망 연구가 세 번째 중흥기를 맞이한 1980년대, 실험 뇌 과학자와 이론 뇌 과학자 모두 이 방법론이 뇌를 이해하는 데 있어 획기적인 전환점이 될 것이라고 기대했다. 엔지니어들 역시 인공 신경망이 인공 시각artificial vision 분야의 난제인 '객체 분류visual object classification'와 같은 문제를 해결할 혁신적인 방안을 제시해주기를 바랐다.

안타깝게도 초기의 열기는 서서히 식어갔다. 세 번째 중흥기 동안 인공 신경망 연구는 뇌 과학 분야에 중요한 통찰을 제공했지만 당시의 과도한 기대를 완전히 충족시키지는 못했기 때문이다. 이는 새로운 기술이 등장할 때 흔히 나타나는 현상으로, 초기 성공이 과도한 기대를 불러일으킨 후 점차 현실적인 평가로 수렴되는 과정이라 할 수 있다. 오늘날 우리는 인공 신경망 연구의 네 번째 물결을 목도하고 있으며, 이 물결은 '딥러닝$^{\text{deep learning}}$'이 주도하고 있다.

딥러닝이란 무엇일까?

인공 신경망은 뇌의 신경망을 모사한 연산 시스템으로, 유닛^{unit} 또는 노드^{node}라 불리는 인공 뉴런들이 서로 정보를 주고받으며 연산을 수행한다. 인공 뉴런들은 대개 '적분-발화$^{\text{integrate-and-fire}}$' 방식으로 작동하는데, 입력 신호의 합(적분값)이 일정한 임계값에 도달하면 발화(스파이크)하는 원리다. 이는 뉴런의 작동 과정을 단순화한 모델로, 실제 생물학적 신경계는 훨씬 더 복잡하며, 12장에서 자연지능과 인공지능을 비교할 때 좀 더 자세히 살펴볼 예정이다.

전형적인 인공 신경망은 입력층$^{\text{input layer}}$, 출력층$^{\text{output layer}}$, 그리고 하나 이상의 은닉층$^{\text{hidden layer}}$으로 구성된다(**그림 30**). 그렇다면 딥러닝이란 무엇일까? 딥러닝에서 '딥^{deep}'은 은닉층의 수가 많다는 뜻이다. 즉, 딥러닝은 다수의 은닉층을 포함하는 인공 신경망을 통해 학습이 이뤄지는 방식을 가리킨다.

은닉층이 신경망 연산에서 중요한 역할을 한다는 사실은 오래

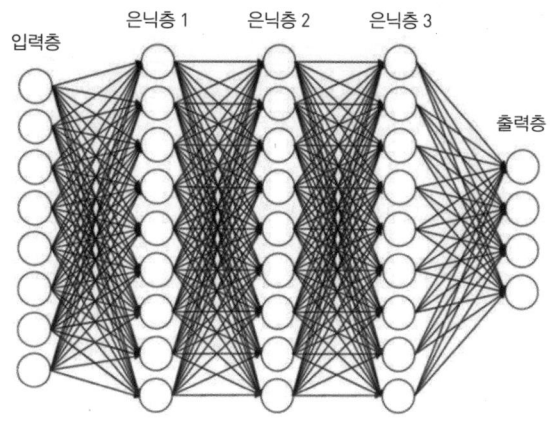

그림 30   인공 신경망.

전부터 잘 알려져 있었다. 은닉층이 없으면 신경망은 비선형적 연산을 수행할 수 없기 때문에, 복잡한 문제 해결에는 한계가 있다. 그런데 2010년대 초, 은닉층의 수를 늘리면 이미지 분석과 같은 과제에서 인공 신경망의 성능이 극적으로 향상될 수 있다는 사실이 밝혀졌다. 이 시기부터 이미지 분석과 관련된 여러 벤치마크 테스트에서 심층 신경망$^{\text{deep neural network}}$이 기존 방법들을 압도하기 시작했다.

특히 주목을 끈 사례는 2012년 '이미지넷 시각 인식 경연대회'에서 심층 신경망 'AlexNet'이 혁신적인 성과를 거둔 사건이다. AlexNet은 여덟 개의 은닉층으로 구성된 심층 신경망으로 GPU를 활용해 대규모 이미지 데이터를 효율적으로 처리할 수 있었다. 이 네트워크는 고양이, 개, 자동차 등 천 개 범주의 이미지를 분류하는 과제에서 15.3퍼센트라는 오류율을[1] 기록하며, 당시 26.2퍼센트를 기록한 기존 모델들을 큰 차이로 앞질렀다.[2]

이후 심층 신경망은 이미지 분석을 넘어 음성 인식, 자연어 처리, 게임 인공지능 등 다양한 분야에서 놀라운 성과를 거뒀다. 구글의 딥마인드DeepMind가 개발한 알파고는 심층 신경망을 활용해 최고 수준의 바둑 기사인 이세돌을 4승 1패로 제압했다. 이 사례는 심층 신경망이 은닉층 확장을 통해 비약적인 연산 능력을 발휘할 수 있음을 보여준다. 이러한 일련의 성과들은 결국 인공지능의 '딥러닝 혁명'으로[3] 이어졌고 현재 딥러닝은 거의 모든 인공지능 분야의 핵심 기술로 자리 잡았다.

왜 은닉층이 많을수록 시각 인식에 유리할까? 그 이유 중 하나는 심층 신경망이 여러 단계의 정보 처리 과정을 거치면서 점진적으로 더 높은 수준의 추상적 정보를 추출할 수 있기 때문이다. 즉, 계층적 추상화가 용이하다. 예를 들어 신경망을 통해 동물 사진을 보고 특정 동물 종을 인식하는 작업을 인공지능에게 훈련시킨다고 가정해보자. 코끼리, 토끼, 바다표범 등 다양한 동물 사진을 입력해 훈련시키면, 신경망은 이전에 본 적 없는 이미지라도 해당 동물의 종을 정확히 분류할 수 있어야 한다.

얕은 신경망(은닉층이 하나인 구조)도 이 작업을 수행할 수는 있지만 입력 데이터가 많아질수록 시각 자극의 특정 요소에 반응하는 '특징 검출기feature detector'의 수가 기하급수적으로 증가해야 한다는 한계가 있다. 반면 심층 신경망에서는 여러 은닉층을 활용해 이 문제를 훨씬 더 효율적으로 해결한다. 각 은닉층은 단순한 선이나 모양과 같은 기본적인 시각 요소에서 출발해 점차 더 복잡한 특징을 추출하고, 복잡한 형태와 패턴을 인식하는 능력을 학습해나간다.

그림 31을 살펴보자. 이 그림은 여섯 개의 층으로 이뤄진 순방향 신경망feedforward neural network이[4] 시각적 요소를 계층적으로 추출해 입력된 시각 이미지 속 동물의 종을 분류하는 과정을 보여준다.[5] 그림에서 확인할 수 있듯이, 초기 은닉층은 특정 방향의 선과 같은 비교적 단순한 시각적 요소에 반응한다. 이러한 요소들이 결합되면서 다음 은닉층에서는 좀 더 복잡한 시각적 요소에 반응하게 되고, 이 과정이 반복되면서 후반부의 은닉층에서는 더욱 복합적인 시각 요소에 반응하게 된다. 마지막 은닉층은 각 동물종의 원형species prototype에 반응하며, **그림 31**은 이전의 코끼리 사진들에서 공통적으로 추출된 시각적 특징을 바탕으로 형성된 '코끼리'의 시각적 원형을 예시로 보여준다. 즉, 이 신경망은 훈련을 통해 시각적 영역에서 '코끼리'라는 개념을 형성한 것이다. **그림 31**은 심층 신경망이 이미지 인식에 있어 매우 효율적인 접근 방식임을 잘 보여주는 사례다.

그림 31에서 주목할 점은 각 동물종에 대한 정보가 은닉층에 명시적으로 제공되지 않았다는 사실이다. 물론 학습 과정에서는 출력층에 해당 이미지가 어떤 동물종인지에 대한 정답 정보가 제공

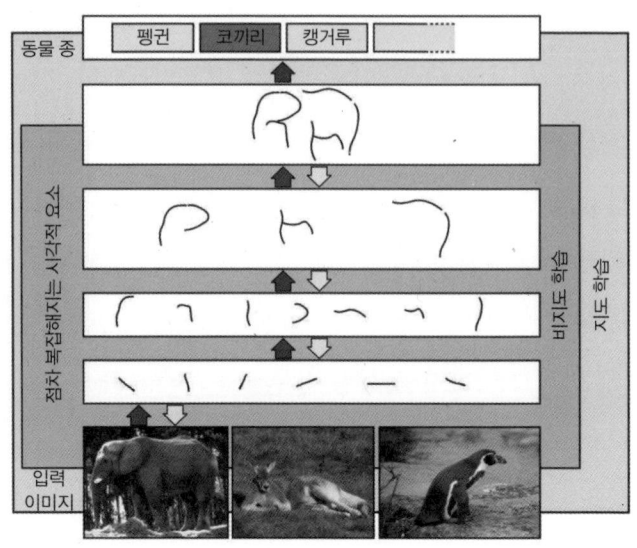

그림 31　심층 신경망에 의한 시각적 요소의 계층적 추출 및 학습.

된다. 그러나 각 은닉층에는 이러한 정보가 직접적으로 입력되지 않는다. 그럼에도 불구하고 신경망은 학습을 통해 시각적 요소를 계층적으로 표상하도록 스스로 조직화된다. 이러한 인공 신경망의 특성은 동물의 시각 시스템 연구에서 영감을 받은 것이다. 원숭이의 시각 시스템 연구에 따르면 초기 단계 뉴런은 물체의 가장자리 선과 같은 단순한 시각적 요소에 반응하는 반면, 후기 단계의 뉴런은 얼굴처럼 더 복잡한 시각 패턴에 반응한다. 결국 **그림 31**은 심층 신경망이 주어진 입력으로부터 고차원적 특성을 효과적으로 추출할 수 있는 구조적 특성을 지닌다는 점을 잘 보여준다.

스스로 학습하는 심층 신경망

그림 31에서 보이는 계층적 추상화는 '지도 학습supervised learning'의 결과로 이루어진 것이다. 지도 학습에서는 인공 신경망을 훈련시킬 때 사람이 각 문제의 정답을 명시적으로 알려주며 학습을 진행한다. 그림 31의 경우처럼 각 이미지에 해당하는 동물종을 알려주며 훈련시키는 방식이 이에 해당한다. 그렇다면 심층 신경망의 계층적 추상화 능력이 지도 학습에 의해 인위적으로 유도된 것은 아닌지 의문이 생길 수 있다. 인공 신경망은 주어진 범주 내에서 명시적으로 훈련된 경우에만 추상화를 수행하며, 새로운 범주의 과제에는 일반화되지 않을 수 있다는 우려다. 예컨대, 동물종을 분류하도록 학습된 신경망이 차량 유형과 같은 전혀 다른 범주의 분류 과제에서는 성능이 현저히 떨어질 수 있다는 것이다. 만약 그렇다면 이러한 신경망의 추상화 방식은 인간의 고차원적 추상화 과정을 이해하는 데 적절한 모델이 되기 어렵다. 인간의 뇌는 지도 학습 과정 없이도 높은 수준의 추상적 개념을 형성하고 이를 자유롭게 사용할 수 있기 때문이다. 그러나 다행히도 이러한 우려는 후속 연구들에 의해 반박됐다. 여러 연구는 '비지도 학습unsupervised learning'을 통해 사람이 정답을 일일이 제공하지 않아도 심층 신경망이 추상적 개념을 스스로 형성할 수 있음을 입증했다.

2012년, 앤드류 응Andrew Ng과 제프 딘Jeff Dean이 이끄는 연구팀은 아홉 개의 은닉층으로 구성된 인공 신경망을 수백만 개의 이미지를 사용해 비지도 학습 방법으로 훈련시킨 것이 대표적인 연구 사례다. 이때 학습에는 이미지에 대한 구체적인 정보가 전혀 주어지지 않았음에도 불구하고, 단 3일간의 훈련 후 사람 얼굴에 선택적으로 반응하는 뉴런이 자발적으로 형성됐다. 특히 가장 뛰어난 얼굴 인식 뉴런은 새로운 이미지를 보고 81.7퍼센트의 정확도로 사람 얼굴을 식별해냈다.[6] 이 연구와 후속 연구들은 심층 신경망이 사람의 개입 없이도 얼굴의 원형과 같은 고차원적 개념을 자율적으로 학습하고 표상할 수 있음을 보여준다. 이는 심층 신경망이 인간의 추상적 사고 과정을 이해하는 데 실질적 단서를 제공할 수 있음을 시사한다.

인간 지능의 본질에 다가가다

이제 한층 더 놀라운 연구 결과를 살펴보자. 여기서 소개할 연구는 심층 신경망이 아무런 학습 과정 없이도 추상적 개념을 표상할 수 있다는 놀라운 사실을 보여준다. 이는 심층 신경망의 구조 자체가 추상적 개념을 표현하는 데 있어 적합하다는 점을 의미하며, 선험적 추상화의 뇌 신경 메커니즘에 대한 흥미로운 단서를 제공한다.

이 연구는 계산신경과학 분야의 석학인 카이스트 뇌인지과학과 백세범 교수 연구팀이 수행했다. 백 교수는 우리 팀과도 활발히 공동연구를 진행 중이며, 최근 신경망 시뮬레이션 연구를 통해 매우 흥미로운 두 건의 결과를 발표했다.

백 교수 연구팀은 첫 번째 연구에서 심층 신경망이 아무런 학습 없이도 특정 숫자에 선택적으로 반응하는 '수량 선택성' 현상을 자발적으로 보인다는 사실을 발견했다.[7] 흥미롭게도 심층 신경망의 수량 선택성 뉴런은 동물의 뇌에서 발견되는 수량 선택성 뉴런들과 유사한 특징을 보였다. 예를 들어, 숫자가 커질수록 변별의 정확도가 떨어졌는데(1과 2의 차이를 구분하는 것과 10과 20의 차이를 구분하는 정확도가 비슷하다), 이는 인간 지각의 특성과 잘 부합한다. 이 연구는 '수'라는 추상 개념의 표상이 단지 학습이 아닌, 심층 신경망의 연결 구조가 지닌 통계적 특성에서 자발적으로 형성될 수 있음을 시사한다.

두 번째 연구에서는 시각 신경계를 모사한 심층 신경망을 구성했을 때 아무런 학습 없이도 얼굴에 선택적으로 반응하는 뉴런들이 발견됐다. 흥미롭게도 이 뉴런들은 원숭이 뇌에서 발견되는 얼굴 반응 뉴런들과 매우 유사한 특성을 보였다.[8] 예를 들어, 원숭이의 얼굴 반응 뉴런과 심층 신경망의 얼굴 반응 뉴런 모두 얼굴을 위아래로 뒤집으면 반응이 크게 감소하는 경향을 보였다. 이때 신경망의 깊이(은닉층의 수)는 얼굴 선택적 반응에 중요한 요인으로 작용했다. 은닉층의 수가 줄어들면 얼굴에 대한 선택적 반응도 크게 감소했다.

이러한 일련의 결과는 매우 중요한 사실을 시사한다. 심층 신경망은 아무 학습 없이도 수량 선택성과 얼굴 선택성 같은 고차원적 특성을 스스로 발현시켰으며, 이 특성은 충분한 은닉층을 갖춘 심층 신경망에서만 나타난다. 다시 말해 고등 동물의 뇌처럼 다단계 구조를 가진 심층 신경망은 학습 과정 없이도 '수'와 같은 추상적 개념을 선험적으로 인식할 수 있는 토대를 갖추고 있다는 것이다. 이런 점에서 백 교수의 연구는 지능의 신경학적 기원, 특히 선천성과 후천성의 경계를 이해하는 데 결정적인 통찰을 제공한다. 심층 신경망의 구조만으로도 고차원적 인지 기능이 발현될 수 있다는 사실은, 지능의 본질에 대한 우리의 이해를 크게 확장시켜준다.

다단계 은닉층의 긴밀한 상호작용

백 교수의 연구는 인간의 뛰어난 추상적 사고 능력이 특정 뇌 영역의 발달 때문이 아니라 인간의 뇌가 다른 동물의 뇌보다 더 다단계로 구성된 심층 신경망 구조를 가지고 있기 때문일 가능성을 시사한다. 모든 대뇌 신피질은 기본적으로 유사한 구조를 가지며, 전전두피질이라고 해서 다른 뇌 부위에는 없는 특별한 뉴런이 있는 것은 아니다.[9] 이런 관점에서 보면 전전두피질의 고위 뇌 기능은 전전두피질에만 존재하는 독특한 신경 회로 때문이 아니라 전전두피질이 최고차 연합피질,[10] 즉 심층 신경망의 가장 후반부에 위치한 최고차 은닉층에 해당한다는 점에서 비롯됐을 가능성이 크다. 또한, 전전두피질 중에서도 가장 최고차 은닉층으로 볼 수 있는 전두극피질이 추상적 사고에서 특히 중요한 역할을 하는 이유도 이와 같은 맥락에서 이해할 수 있다.

해마의 경우는 어떨까? 해마 역시 최상위 연합피질 중 하나다. 약간 단순하게 말하자면, 감각 정보는 최종적으로 전전두피질에 도달해 고차원적 행동 제어에 사용되고, 또 다른 경로를 따라 최종적으로 해마에 도달해 기억으로 저장된다. 인간은 외부 감각 정보가 해마에 도달하기까지 다른 동물에 비해 더 많은 단계의 은닉층을 거친다. 이 과정에서 고도의 추상적 개념이 자발적으로 형성되고, 그 결과 다른 동물보다 더 고차원적인 추상 개념을 사용해 자유로운 상상을 펼칠 수 있는지도 모른다.

사람의 해마는 다른 동물의 해마에 비해 얼마나 더 깊은 은닉층에 해당할까? 안타깝게도 감각 수용기와 해마 사이의 은닉층 수를 세는 일은 순방향 인공 신경망에서 은닉층을 세는 것처럼 간단하지 않다. 피질에는 강력한 회귀 투사가 존재하고(4장 참조), 피질의 한 영역은 다음 단계뿐만 아니라 여러 단계의 영역들과도 복잡하게 연결되기 때문이다. 이를 순방향 인공 신경망의 연결 방식에 비유하자면 첫 번째 은닉층이 두 번째 은닉층뿐만 아니라 세 번째,

다섯 번째 은닉층과도 동시에 연결된 셈이다.

게다가 다양한 동물종 사이의 피질 은닉층 수를 체계적이고 정량적으로 비교하기 위한 자료가 매우 부족하다. 현재까지의 해부학적 연구는 쥐, 원숭이 등 일부 동물 모델에 한정되어 있으며, 영역 간 복잡한 연결 패턴 또한 아직 완전히 밝혀지지 않은 상태다. 이러한 한계점에도 불구하고 한 가지 분명한 사실은 인간의 뇌에는 특히 많은 수의 연합피질 영역이 존재한다는 점이다.[11] 예를 들어, 복측 시각 경로(일차시각피질에서 해마로 이어지는 경로)의 경우, 일차시각피질과 해마 사이에 존재하는 중간피질 영역의 수가 사람은 생쥐, 나무뒤쥐Tree Shrews, 회색 다람쥐Gray Squirrel, 원숭이보다 훨씬 많다.[12] 이는 인간의 해마가 더 많은 단계의 정보를 처리하며, 그만큼 더 높은 수준의 추상적 개념 형성과 기억 저장이 가능함을 의미한다.

이와 관련해 2005년에 발표된 신경생리학 연구를 살펴보자. 이 연구에서는 간질 발작의 정확한 병변 위치를 확인하기 위해 뇌전증 환자의 해마와 그 주변부(내측 측두엽)에 미세전극을 삽입해 신경 신호를 측정했다. 환자에게 다양한 시각 자극을 제시하며 해마 뉴런의 활동을 관찰한 결과, 특정 인물이나 물체에만 선택적으로 반응하는 뉴런이 발견됐다. 예를 들어 **그림 32**에 나타난 뉴런은 배우 성룡의 사진에는 강하게 반응했지만 다른 인물의 사진에는 거의 반응하지 않았다. 놀랍게도 이 뉴런은 성룡의 사진뿐만 아니라 그의 이름Jackie Chan이 시청각적으로 제시될 때도 동일하게 반응했다.[13] 이는 해당 뉴런이 단순히 성룡의 시각적 특징에 반응하는 것이 아니라 '성룡'이라는 인물의 정체성에 반응한다는 뜻이다. 이러한 특성 때문에 연구자들은 해당 뉴런을 '개념세포concept cell'라고 명명했다.[14]

사람의 개념세포와 유사한 뉴런을 다른 동물에서 찾으려는 시도는 아직까지 성공하지 못했다. 예를 들어, 원숭이에게 같은 집단에 속한 다른 원숭이의 사진과 울음소리를 각각 제시했을 때 해마

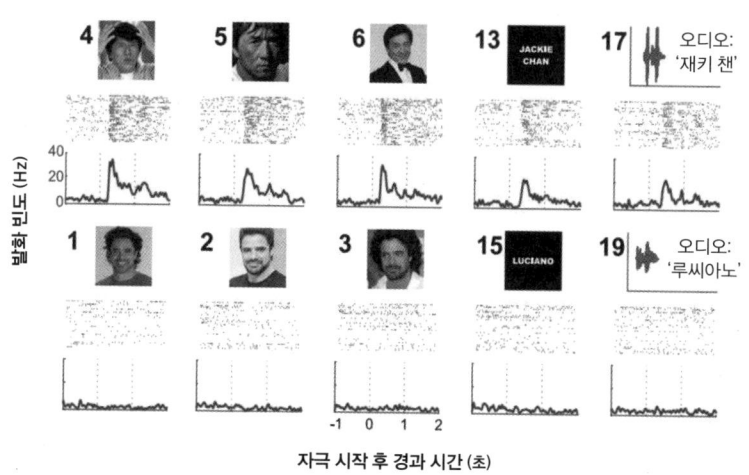

그림 32 배우 성룡에게는 반응하지만 다른 배우 루치아노 카스트로Luciano Castro에게는 반응하지 않는 사람의 해마 뉴런. 중간 행은 이 뉴런의 스파이크(각 점은 하나의 스파이크를 나타내고 각 행은 반복적인 자극의 제시를 나타낸다)를 보여주고 하단 행은 평균 반응을 보여준다.

뉴런들은 두 자극에 대해 독립적으로 반응했다.[15] 이는 원숭이의 해마가 다른 사회 구성원의 정체성과 같은 추상적인 개념을 표상하지 않을 가능성을 시사한다. 물론 이 결과는 다양한 방식으로 해석될 수 있다. 원숭이는 인간과 달리 대규모 사회 공동체를 이루지 않기 때문에 사회 구성원의 정체성을 표상할 필요성이 적어 관련 뇌 신경 메커니즘이 진화하지 않았을 가능성도 있다. 그럼에도 불구하고 이 연구는 인간의 해마가 다른 동물의 해마보다 더 높은 수준의 추상적 개념을 처리할 수 있음을 보여준다.[16]

흥미롭게도 해마와 전전두피질은 각각 최상위 연합피질로서 서로 직접 소통하는 별도의 통로가 있다. 해마에서 전전두피질로 직접 투사하는 연결 경로는 잘 알려져 있으며, 좀 더 확인이 필요하지만 반대 방향의 투사 경로에 대한 보고도 있다.[17] 이와 더불어 해마와 전전두피질은 쐐기앞소엽과 같은 다른 뇌 부위를 통해 간접적으로도 연결된다. 이러한 직간접적 연결을 통해 두 부위는 긴밀히 상호작용하며, 그 결과 인간은 고도의 추상적 개념을 활용한 상상을 자유롭게 전개할 수 있다는 가능성이 제기된다.

지금보다 더 진화할 수 있을까?

지금까지의 논의처럼 신경망의 깊이가 추상적 사고의 수준을 결정한다면, 인간의 뇌보다 더 많은 투사 단계를 거친 심층 신경망은 과연 어떤 수준의 추상적 개념을 형성할 수 있을까?

현재 딥러닝에 사용되는 인공 신경망은 은닉층이 백 층을 넘는 경우가 흔하며, 일부는 천 층 이상의 구조를 갖기도 한다. 이러한 고도의 심층 신경망의 구현은 그래픽 처리 장치graphic processing unit, GPU와 같은 병렬 연산 장치의 발달 덕분에 가능해졌다. 원래 컴퓨터 게임의 그래픽 디스플레이를 위해 개발된 GPU가 심층 신경망의 구현에 적합하다는 사실이 밝혀지면서 복잡한 딥러닝 알고리즘의 구현이 용이해진 것이다. GPU는 중앙 연산 장치central processing units, CPU에 비해 병렬 연산에 특화되어 있으며, 딥러닝에서는 수많은 단순 연산을 반복적으로 수행해야 하기 때문에 다수의 GPU를 활용한 병렬 연산이 매우 효과적이다.

여기서 흥미로운 질문이 생긴다. 과연 고도의 심층 신경망은 인간의 사고가 도달하지 못한 영역에서 새로운 형태의 추상적 개념을 형성할 수 있을까? 알파고가 이세돌을 이긴 전략은 인간의 사고가 도달하지 못한 영역의 추상적 개념에서 비롯된 것일까? 만약 그렇다면, 우리는 그러한 개념을 인간의 사고 체계로 이해할 수 있을까? 이는 단순히 기술적 발전의 문제를 넘어 인간 인지의 한계와 기계 학습의 가능성을 동시에 탐구해야 하는 중요한 주제다.

또 다른 흥미로운 주제는 자연지능의 발전 가능성이다. 인간의 뇌는 오랜 진화 과정을 거쳐 현재의 인지 능력을 획득했고 비록 속도는 느리지만 여전히 조금씩 변화하고 있다. 그렇다면 인간의 뇌도 더 깊은 심층 신경망을 가진 형태로 진화할 수 있을까? 미셸 호프만Michell Hofman은 2014년에 발표한 논문에서 인간의 뇌가 현재 크기(1,350세제곱센티미터)에서 약 2.5배인 3,500세제곱센티미터까지 확장될 수 있다고 추정했다.[18] 이 논문에 따르면 뇌의 확장에는 에너지 대사, 신경 신호 처리 등 여러 제한 요소가 따르며, 일정 크기를 넘어서면 오히려 효율성이 감소할 수 있다. 뇌가 커지면 더 많은 에너지와 더 강력한 냉각 시스템이 필요하고 이는 불가피하게 뇌 내 혈관 부피의 증가를 초래한다. 또한 뉴런의 신호 처리 속도에는 본질적인 한계가 있기 때문에, 뇌의 크기가 지나치게 커지면 정보 처리 효율성이 오히려 저하된다. 이러한 점을 종합적으로 고려할 때, 인간의 뇌는 이론적으로 약 2.5배까지 확장 가능하며, 만약 실제로 그렇게 진화한다면 현재보다 훨씬 많은 은닉층을 가진 심층 신경망으로 발전할 여지가 있다. 이 추정이 맞고 인류가 충분히 오랜 시간 생존한다면 인간의 뇌는 현재보다 훨씬 더 깊은 심층 신경망으로 진화할 수도 있다.

그렇다면 돌연변이나 유전자 조작으로 인해 현재보다 더욱 깊은 심층 신경망을 가진 인간이 태어난다면, 그들은 어떤 방식으로 사고할까? 그들의 예술적 심미안은 우리와는 완전히 다를까? 또한 유전자 조작을 통해 동물의 신경망을 인간 수준으로 확장했을 때, 그들은 인간과 유사한 수준의 추상적 사고를 할 수 있을까? 이 질문들은 현재로선 명확한 답이 없는 미지의 영역이다. 그러나 이와 관련된 연구가 전혀 없는 것은 아니다. 특히 마지막 질문과 관련해, 인간의 뇌 발달 유전자를 동물에게 발현시킨 실험 연구들이 존재한다. 이제 그 사례를 살펴보자.

7장에서 자세히 살펴본 것처럼 인간의 뇌는 대뇌 가장 바깥 부분인 신피질이 폭발적으로 확장된 것이 특징이다. 인간의 신피질은 침팬지의 신피질에 비해 약 세 배가량 크며, 이러한 신피질의 발달 덕분에 인간은 다른 어떤 동물보다 고차원적인 인지 능력을 갖추게 됐다. 사람의 신피질 발달에 중요한 유전자로 ARHGAP11B가 있는데, 이 유전자는 초기 발달 과정에서 신경줄기세포의 증식을 촉진하며, 신피질의 뉴런 생산에 핵심적인 역할을 한다. 그렇다면 이 유전자를 다른 동물에 발현시키면 어떤 일이 일어날까?

현재까지 생쥐, 족제비^{Ferret}, 그리고 작은 원숭이인 마모셋^{Marmoset}에 ARHGAP11B 유전자를 발현시킨 연구 결과가 발표됐다. 생쥐 실험 결과에 따르면 ARHGAP11B 발현은 신피질의 크기와 기억의 유연성을 증가시켰다. 예를 들어, 항상 같은 장소에서 보상이 주어지는 조건에서는 ARHGAP11B를 발현시킨 생쥐와 대조군 생쥐는 비슷한 수준으로 보상 위치를 기억하고 찾아갔다. 그러나 보상 위치가 매일 바뀌는 상황에서는 ARHGAP11B 발현 생쥐가 대조군보다 보상 위치를 더 잘 찾아냈다. 이는 ARHGAP11B 발현으로 인해 생쥐의 행동 유연성이 향상됐음을 나타낸다.[19] 9장에서 살

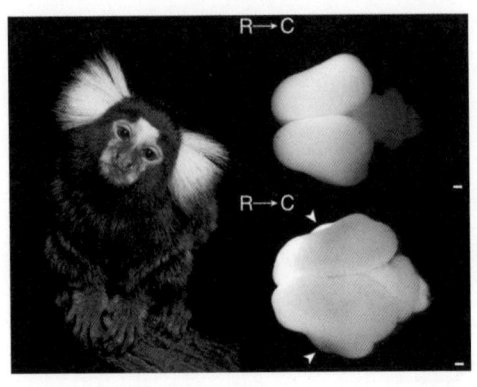

그림 33 마모셋 뇌에서의 *ARHGAP11B* 발현. (왼쪽) 일반 마모셋. (오른쪽) 정상 마모셋과 사람 *ARHGAP11B*를 발현한 마모셋의 뇌.

펴본 바와 같이 전전두피질이 손상된 환자들은 행동 유연성이 저하되는 경향이 있다는 점을 떠올려보자.

영장류인 마모셋의 경우는 어떨까? *ARHGAP11B*를 발현시키면 마모셋이 더 똑똑해질까? 마모셋의 추상적 개념 형성 능력도 향상될 수 있을까? 이러한 연구는 윤리적 논란에서 자유롭지 않기 때문에 연구를 수행한 독일과 일본의 과학자들은 마모셋이 태어나기 전, 제왕절개로 태아를 꺼내 뇌 발달 양상을 조사하는 것으로 연구를 종료했다. 따라서 마모셋들이 성체까지 자랐을 때 그들의 '생각'이나 인지 능력이 정상적인 마모셋과 어떻게 달라지는지는 확인할 수 없었다. 그럼에도 불구하고 *ARHGAP11B* 발현이 마모셋의 뇌에 가져온 변화는 분명했다. 유전자 발현으로 인해 신피질이 훨씬 커졌고 원래 매끈했던 뇌 표면은 사람의 뇌처럼 완전히 접히지는 않았지만, 주름이 일부 형성되는 등 눈에 띄는 변화를 보였다(**그림 33**).[20]

사람 뇌의 특징 중 하나는 바깥쪽에 주름이 많다는 점이다. 이 주름은 제한된 두개골 공간 내에서 신피질의 표면적을 효과적으로 확장시키는 역할을 한다. *ARHGAP11B*를 발현시킨 마모셋이 주름진 형태의 확대된 신피질을 가지고 있다는 사실은 이들이 태어나 성체로 자란다면 정상적인 마모셋과는 상당히 다른 '생각'을 하게 될 가능성을 시사한다. 물론 돌연변이 마모셋의 뇌는 여전히 인간 뇌의 크기와 복잡성에 한참 미치지 못하기 때문에 추상적 사고 능력이 인간 수준에 근접했을 가능성은 낮다. 그럼에도 불구하고 이러한 연구는 언젠가 인간의 뇌에 필적하거나 그보다 더 복잡한 동물의 뇌를 인위적으로 만들어낼 수 있는 잠재성을 보여준다.

결론적으로 호모 사피엔스의 뛰어난 추상적 사고 능력의 생물학적 근거는 아직 불명확하다. 또한 이 능력이 생존과 번식에 직접적으로 유리했기 때문에 발달한 것인지, 아니면 뇌가 진화하는 과정에서 부수적으로 나타난 산물인지도 여전히 불확실하다. 그러나 머지않아 이 질문들과 직접적으로 관련된 연구가 활발해질 것이며, 그에 따른 윤리적 논쟁 역시 피할 수 없을 것이다.

4
상상과 추상을 넘어서

11장
상상력과 창의성

모사-선택 이론에 따르면 모든 사람은 물론 대부분의 포유류도 상상을 한다. 사람은 잠잘 때나 멍하니 있을 때처럼 외부 세계에 주의를 기울이지 않을 때, 현실과 부합할 수도, 그렇지 않을 수도 있는 이런저런 생각에 빠지기 마련이다. 이처럼 시시때때로 상상에 잠기는 것은 인간 본성의 일부이며, 따라서 모든 사람은 기본적으로 상상력을 타고 났다고 할 수 있다. 상상은 별도의 훈련이 필요하지 않다. 상상력을 키우기 위해 굳이 노력할 필요도 없다.

4장과 5장에서 상상력의 뿌리가 뇌의 모사-선택 과정, 즉 오프라인 강화 학습 과정에서 비롯됐을 가능성에 대해 살펴봤다. 이 이론에 따르면 뇌의 자발적 모사-선택 과정은 미래에 닥칠 수 있는 상황과 그 안에서의 선택지를 미리 검토하는 역할을 한다. 이 과정은 우리가 다양한 상황에서 더 나은 결정을 내리는 데 도움을 준다. 어쩌면 우리가 소설과 드라마가 허구임을 알면서도 몰입하는 이유도 현실에서 있을 법한 일을 상상하는 행위가 인간의 본성에 깊이 뿌리 내리고 있기 때문인지도 모른다.

창의성은 어떨까? 노력을 통해 창의성을 향상시키는 것은 가능할까? 만약 그렇다면 어떻게 창의성을 키울 수 있을까? 이러한 질문들은 이 책의 핵심 주제는 아니지만,[1] 상상력을 논의할 때 창의성을 배제할 수는 없다. 상상력과 창의성은 밀접한 관련이 있기 때문이다. 물론 상상력이 반드시 창의적 아이디어로 이어지는 것은 아니며, 창의적 아이디어를 떠올리는 데 상상력이 필수 요소인 것도 아니다. 그러나 창의적 아이디어는 종종 상상의 결과물로 나타난다. 이번 장에서는 앞서 논의한 내용을 창의성과 어떻게 연결할 수 있을지 살펴보고, 창의성을 증진하는 실용적인 방법도 함께 소개할 것이다.

창의성의 세 가지 요소

창의성이란 무엇인가? 창의성에는 '새로움'과 '가치'라는 요소가 있다. 창의성이란 당면한 문제에 대한 해결책, 새로운 학문적 이론, 예술 및 문학 작품, 새로운 기술 등 '가치' 있는 '새로운' 결과물을 산출하는 능력이다. 여기에 더해 학자들은 창의성의 세 번째 요소로 '놀라움'을 꼽는다.² 이는 아이디어가 나올 가능성이 얼마나 낮은지와 관련이 있는데, 아이디어가 새롭고 유용하더라도 전혀 놀랍지 않다면 창의적이라고 보기 어렵기 때문이다.

아이폰의 탄생은 '놀라움'을 갖춘 창의성의 대표적인 사례다. 2007년, 애플이 처음 아이폰을 발표했을 때, 스마트폰이라는 개념은 이미 존재했다. 하지만 애플이 제시한 터치스크린으로 조작되는 디자인, 직관적인 멀티 터치 인터페이스, 앱 스토어 생태계 등은 기존의 휴대폰과 전혀 다른 패러다임을 만들어냈다. 당시 소비자와 업계 전문가 들은 휴대폰이 예상치 못한 방식으로 진화했다는 점에 큰 충격을 받았고 이로 인해 휴대폰 시장의 판도가 완전히 바뀌었다. '새로움'과 '가치'뿐만 아니라 '놀라움'까지 갖춘 창의적 혁신이었다.

반면 기능이 조금 개선된 스마트폰의 출시는 '놀라움'이 부족한 아이디어의 사례다. 기존 스마트폰보다 카메라 성능이 조금 더 좋아지고 배터리 수명이 길어진 새 모델의 출시는 유용하고 새로운 개선이지만 사람들에게 놀라움을 주지는 않는다. 이런 경우 '새로움'과 '가치'는 있지만 예상 가능한 범위 내에서의 발전이므로 창의적이라고 보기 어렵다. 이처럼 창의적인 아이디어가 진정한 혁신으로 평가받으려면, 단순히 새롭고 유용하기만 한 것이 아니라 사람들에게 예상 밖의 놀라움을 선사해야 한다.

창의성은 본질적으로 '새로움'을 내포하므로 상상력과 밀접하게 연결된다. 한 연구에 따르면, 해마가 손상되면 생생하고 구체적인 상상이 어려워질 뿐만 아니라(1장 참조), 창의적 사고 능력 또한 저하되는 것으로 나타났다.[3] 그러나 상상력이 뛰어나다고 해서 반드시 창의성이 높은 것은 아니다. 상상력은 특정한 목표나 가치 판단 없이 어떤 내용이든 자유롭게 떠올릴 수 있는 능력, 즉 '내용 중립적'이기 때문이다. 다시 말해, 상상력은 꼭 유익하거나 창의적인 아이디어를 떠올리는 데만 쓰이는 것이 아니라, 현실성 없거나 쓸모없는 상상, 심지어는 반사회적이거나 해로운 행동을 그리는 데에도 사용될 수 있다.

창의성은 단일한 지적 능력을 의미하지 않는다. 오히려 다양한 지적 능력을 포함하는 '복잡하고 다면적인 능력 집합complex and multifaceted contruct'이며, 여러 방식으로 발현될 수 있다.[4] 창의성을 분류하는 기준에 대해서는 학자들 사이에서도 의견이 엇갈린다. 창의성은 여러 측면에서 다양한 형태로 나타나며, 그 내용과 형식에 따라 여러 방식으로 구분된다.

그중 한 가지 분류 방법은 창의성이 발현되는 영역을 기준으로 나누는 것이다. 예를 들어, 예술적 창의성과 과학적 창의성을 별도로 구분할 수 있다. 아인슈타인은 과학적 영역에서 혁신적인 창의성을 발휘했지만 예술적 영역에서는 그렇지 않았다. 반대로 피카소는 예술적 창의성이 뛰어났지만 과학적 창의성을 가진 인물로 평가되지는 않는다.

여기서는 심리학자 아르네 디트리히$^{Arne\ Dietrich}$가 제안한 창의성 분류법을 따르도록 하자. 그는 창의적 아이디어가 생성되는 사고 과정에 따라 창의성을 숙고적 창의성$^{deliberate\ creativity}$과 자발적 창의성$^{deliberate\ creativity}$으로 구분했다.[5] 우리가 어떤 문제에 직면했을 때 논리적 사고를 통해 창의적 아이디어를 도출할 경우, 이는 숙고적 창의성의 사례가 된다. 8장에서 살펴본 전전두피질은 숙고적 사고 과정에서 핵심적인 역할을 하는 것으로 알려져 있다. 반면 우리는 멍때리거나 잠을 자는 동안에도 창의적 아이디어를 떠올릴 수 있는데, 이러한 경우는 자발적 창의성에 해당한다. 자발적 창의성은 전전두피질의 제어 기능이 느슨해질 때 발현되며 디폴트 네트워크의 활동과 깊은 관련이 있다.

유념할 점은 창의성과 관련된 숙고적 사고와 자발적 사고는 대개 긴밀하게 상호작용한다는 사실이다. 실제로 창의성 과제를 수행하는 동안 뇌의 활동을 뇌 영상 기법으로 관찰해 보면, 여러 대규모 신경 네트워크 간에 동적인 상호작용이 활발히 일어나는 것을 확인할 수 있다. 10장에서 살펴본 바와 같이 우리 뇌에는 복수의 대규모 신경 네트워크가 존재하며, 창의적 과제를 수행할 때는 특히 디폴트 네트워크와 중앙 실행 네트워크$^{central\ executive\ network}$의 긴밀한 상호작용이 관찰된다.[6]

중앙 실행 네트워크는 전전두엽-두정엽 네트워크^{frontoparietal}

network라고도 불리며 전전두피질과 두정피질을 포함한다(9장 참조). 창의적 사고 과정에서 디폴트 네트워크는 새로운 아이디어의 자발적 생성과 관련되고, 중앙 실행 네트워크는 생성된 아이디어가 당면한 문제 해결에 적합한지를 평가하는 과정과 관련된다. 이 장에서는 책의 핵심 주제 중 하나인 '상상력의 뇌 신경 기제'와 직접적으로 관련된 자발적 창의성에 초점을 맞춘다.

기억은 상상과 창의성의 재료다

앞서 살펴본 상상의 뇌 신경 기제를 다시 정리해보자. 여러 증거에 따르면, 새로운 경험이 기억으로 저장되는 과정에서 해마 CA3 부위의 시냅스 연결성이 변화한다(4장과 부록 1 참조). 또한 우리가 비활동적인 상태일 때 CA3 신경망의 억제가 느슨해지면서 다양한 활동 패턴이 생성된다. 이러한 과정은 과거 경험의 회상을 돕고 경험하지 않은 내용을 상상하는 데에도 기여한다(4장 참조).

여기서 중요한 점은 새로운 상상은 기존 기억과 무관하지 않다는 사실이다. 기억은 시냅스 연결성의 변화를 수반하고, 그 결과 CA3 신경망은 저장된 기억 패턴을 다시 재생하려는 경향을 보인다. 따라서 CA3 신경망은 과거 경험을 회상하거나 그와 관련된 내용을 상상하는 방향으로 작동한다. 2장에서 살펴본 대니얼 샥터의

'생성형 일화 시뮬레이션constructive episodic simulation' 가설에 따르면, 우리는 과거 경험 요소들을 자유롭게 추출하고 재조합해 다양한 미래 시나리오를 상상한다.[7] 이로 인해 상상의 내용은 필연적으로 기억의 영향을 받을 수밖에 없으며 창의성 또한 기억과 밀접한 관계를 맺는다.[8] 그렇다면 상상의 내용이 실제 기억과 얼마나 관련되는지는 무엇에 의해 결정될까? 아마도 기억의 범위와 강도, 상상 순간의 해마 신경망 상태, 그리고 해마로 투사하는 조절성 신경세포들의 활동 등 다양한 요소의 영향을 받을 것이다.

1장에서 살펴본 바와 같이 디폴트 네트워크가 활성화되면, 내적 사고가 활발해지며 해마 CA3 신경망의 억제가 느슨해지고 다양한 활동 패턴이 나타나 해마와 신피질이 동조화된다. 이를 상상의 뇌 신경 기제라고 본다면 상상 과정 자체는 내용 중립적이고 일정 수준의 무작위성을 포함한다고 볼 수 있다. 디폴트 상태에서의 상상은 무작위성을 내포하기 때문에 그 내용은 결국 우리가 평소 어떤 정보를 학습하고 사고했느냐에 의해 달라진다. 다시 말해 상상의 재료를 어떻게 준비하느냐에 따라 상상의 질과 방향이 달라지는 것이다.

다양한 경험의 중요성

창의력을 높이려면 어떻게 해야 할까? 안타깝게도 창의력을 획기적으로 높여주는 특별한 비법은 없다. 상상의 내용은 기억에 기반하고 기억은 개인의 경험과 정신적 활동에 따라 달라지기 때문이다. 가치 있는 문제에 꾸준히 천착하고 관련된 지식을 지속적으로 축적하며, 문제 해결 방안을 깊이 고민할수록 창의적 아이디어가 떠오를 가능성은 높아진다. 중요한 과학적 문제에 몰두하고 해결 방안을 끊임없이 모색한다면 잠시 휴식을 취하는 순간에 '유레카'의 순간이 찾아올 가능성이 높아진다. 새로운 아이디어는 흔히 예기치 못할 때 떠오르게 마련이다. 따라서 창의력을 기르려면 평소 의미 있는 내용을 지속적으로 학습하고 깊이 있는 사고를 습관화하는 것이 중요하다. 또한 한 분야에만 몰두하기보다는 다양한 분야에 관심을 갖고 폭넓은 지식을 쌓는 것이 바람직하다. 서로 다른 분야의 지식이 교차되는 지점에서 기존의 틀을 뛰어넘는 혁신적 아이디어가 탄생하는 경우가 많기 때문이다.

실제로 평소 다양한 분야에 관심을 가지고 지식을 쌓아온 사람이나 여러 분야의 전문가가 협력할 때 기존의 사고를 깨는 창의적 아이디어가 탄생하는 경우가 많다. 이것이 바로 다양성의 힘이다. 다양성은 아이디어의 조합 가능성을 확장해 창의적 사고를 촉진한다. 아무리 상상력이 풍부하더라도 토대가 되는 지식이 제한적이면 창의적인 아이디어를 내기 어렵다. 그래서 한 분야에서 오랫동안 일한 사람보다 다른 분야에서 넘어온 사람이 창의적인 성과를 낼 가능성이 더 높다고 알려져 있다.

대표적인 사례가 심리학과 경제학의 경계를 넘나들며 연구한 대니얼 카너먼Daniel Kahneman이다. 심리학자인 그는 연구 영역을 경제학으로 확장해 '행동경제학'이라는 새로운 학문 분야를 창시했고, 그 공로를 인정받아 2002년 노벨 경제학상을 수상했다. 전통적인 신고전파 경제학은 인간이 경제적 이익의 극대화를 위해 항상 합리적인 결정을 내린다고 가정한다. 그러나 카너먼의 연구는 인간이 경제적 의사결정을 할 때 비합리적인 선택을 하는 경향이 있음을 밝혀 기존 경제학의 가정에 도전장을 던졌다.[9]

약 10년 전 공동 연구를 위해 예일대학교를 방문했을 때 마침 카너먼의 강연을 들을 기회가 있었다. 그는 대학 시절 경제학 수업을 한 번도 들어본 적이 없었지만 동료인 아모스 트버스키Amos Tversky가 건넨 경제학 논문에서 '합리적인 의사결정' 개념을 접하고는 곧바로 '이건 옳지 않은데'라는 생각이 들었다고 말했다. 카너먼의 연구는 경제적 의사결정 과정에서 인간의 비합리성과 인지적 편향을 이해하는 데 중요한 토대를 마련했고, 이는 전통적인 경제학의 한계를 뛰어넘는 새로운 접근을 가능하게 했다.

당연한 말이지만 평소 다양한 경험을 쌓는 것은 창의성 향상에 큰 도움이 된다. 그러나 개인이 직접 경험으로 평생 동안 쌓을 수 있는 지식에는 분명한 한계가 있다. 이 한계를 극복하는 효과적인 방법이 바로 독서다. 우리는 독서를 통해 다른 사람들이 오랜 시간에 걸쳐 쌓아온 경험과 지식을 간접적으로 흡수할 수 있고 이는 새로운 사고와 창의적 아이디어를 생성하는 데 중요한 역할을 한다.

혁신이란 기존의 틀을 깨는 과정이기 때문에 어떤 경험이나 지식이 혁신의 출발점이 될지는 예측하기 어렵다. 우리가 할 수 있는 최선은 다양한 분야에 관심을 기울이고 그 안에서 사고의 폭을 넓히는 것이다. 맛있는 요리를 만들기 위해서는 다양한 재료가 필요하듯, 창의성 또한 풍부한 재료에서 비롯된다. 아무리 뛰어난 요리사라도 준비된 재료가 제한적이면 결과물 역시 한정될 수밖에 없다. 창의성도 마찬가지다. 풍부한 경험과 폭넓은 지식은 새로운 아이디어를 탄생시키는 토대가 된다.

요즘은 간접 경험을 쌓을 수 있는 경로와 형식이 매우 다양해졌다. 특히 유튜브와 같은 영상 매체를 통해 과학, 문학, 역사 등 다양한 분야의 지식을 쉽고 빠르게 습득할 수 있다. 영상 콘텐츠는 필요한 정보를 신속하게 제공한다는 점에서 매우 효율적이지만 정보를 숙고하고 체화하는 과정이 부족하다. 하지만 책과 같은 활자 매체는 다르다. 읽는 과정에서 특정 문장을 곱씹으며 의미를 깊이 생각해보거나 앞서 읽은 내용을 다시 찾아보고 비교하며 자신의 지식과 신념 체계의 관점에서 이해하려는 과정이 자주 일어난다. 반면 영상 콘텐츠를 시청할 때는 앞뒤로 이동하며 내용을 비교하는 경우가 거의 없고, 대부분 일방향으로 계속 소비하는 경향이 있다.

　시간을 두고 숙고하며 새로운 정보를 받아들이는 것과 일방적으로 정보를 수용하는 것의 차이는 크다. 더군다나 책은 여러 날에 걸쳐 읽는 경우가 많기 때문에 독서 사이 시간에 자연스럽게 디폴트 네트워크가 활성화될 기회를 갖게 된다. 앞서 누누이 설명했듯이 디폴트 네트워크가 활성화되는 동안 우리의 기억은 다양한 방식으로 재조합되고 이를 통해 기존 지식과 새로운 정보가 연결되면서 창의적 사고가 촉진된다. 숙고 과정과 디폴트 네트워크의 활성을 통해 반추하고 상상하며 체득한 정보는 수동적으로 받아들인 정보와는 본질적으로 다를 수밖에 없다. 정보가 그냥 입력되는 것이 아니라 우리의 사고와 경험 속에서 재구성되고 확장될 때 비로소 깊이 있는 이해와 창의적 사고로 이어지기 때문이다.

실패와 일탈을 허용하기

경우에 따라 상상 속에서 어떤 아이디어를 떠올리는지보다 그 결과를 어떻게 활용하는지가 더 중요하다. 아무리 뛰어난 아이디어라도 실행되지 않으면 아무 소용이 없다. 좋은 아이디어가 떠올랐을 때 실현하려는 노력이 없다면 결국 생각에 그치게 된다. 아이디어가 실제 결과물로 이어질 수 있다는 믿음을 바탕으로 자신감 있게 추진하는 태도는 혁신적인 성과를 이끌어내는 데 유리하다.

이 문제는 개인 차원을 넘어 기업과 같은 조직, 나아가 사회 전체에도 해당된다. 예를 들어, 좋은 아이디어를 제안했을 때 상사가 '쓸데없는 생각 말고 시킨 일이나 제대로 하라'고 반응한다면 그 조직은 혁신적인 성과를 창출하기 어려울 것이다. 마찬가지로 사회가 기존 통념에 어긋난다는 이유로 위대한 예술 작품에 대한 대중의 접근을 제한한다면 그 사회는 혁신과 거리가 멀어질 것이다.

인류학자들에 따르면 개인의 심리적 요소를 따로 고려하지 않고 사회의 문화만 살펴보더라도 그 사회의 창의성과 혁신성을 가늠할 수 있다고 한다.[10] 유럽에서는 르네상스 이전 약 600년 동안 중세 시대가 지속되면서 신神 중심의 세계관과 봉건적 사회구조로 인해 개인의 개성과 창의성을 자유롭게 표현하기 어려웠다. 그러나 르네상스 시대에 접어들면서 유럽 사회는 창의력이 왕성하게 발휘되는 혁신적인 사회로 변모하게 된다.

르네상스 시대에는 고대 그리스와 로마의 철학과 문학을 부활시키려는 인문주의humanism 운동이 활발하게 전개됐다. 인문주의는 인간의 이성과 잠재력을 강조하며 개인의 창의성과 학문적 탐구를 적극 장려했다. 교육 제도 또한 라틴어와 신학 중심에서 벗어나 역사, 철학, 과학, 예술 등을 포함하는 폭넓은 교과 과정으로 개혁됐다. 이러한 변화는 새로운 아이디어를 탐색하고 다양한 분야에서 창의적 성과를 낼 수 있는 문화적 환경을 조성했다. 르네상스 시대는 사회적·문화적·경제적 요인이 맞물려 창의성이 폭발적으로 발현된 시기로, 개인의 심리적 특성을 넘어서 사회 전체의 구조와 환경이 창의성에 얼마나 큰 영향을 미칠 수 있는지를 잘 보여준다.

조직과 사회가 발전하려면 실패와 일탈을 허용하는 문화가 필요하다. 개인도 '가만히 있으면 중간은 간다'는 태도를 버리고 자신의 아이디어를 과감하게 제시하는 자세를 가져야 한다. 학교에서는 교사가 학생들의 새로운 시도를 적극적으로 격려하고 실패에 관대할 필요가 있다. 기술이 발전함에 따라 우리가 해결해야 할 문제들은 점점 더 늘어나고 복잡해지고 있으며, 해결을 위한 다학제적 접근이 요구되는 경우가 점점 늘어나고 있다. 이에 따라 개인의 창의성뿐만 아니라 집단 창의성의 중요성도 점점 더 강조되고 있다.[11] 집단 창의성에는 다양한 요소가 관여하며, 그중 하나는 자유로운 아이디어 교환을 가능하게 하는 개방적 사고다.[12] 개방적 사고는 다양성을 포용하고, 다양성은 창의성을 촉진한다.

창의성에 있어 개방적 사고와 자신감이 어떤 역할을 하는지 살펴보기 위해 양극성장애bipolar disorder와 예술의 관계를 살펴보자. 양극성장애는 기분장애의 일종으로 조증(들뜬 상태)과 우울증(가라앉은 상태)이라는 두 극단을 오간다. 흥미로운 점은 위대한 예술가들이 일반인에 비해 양극성장애를 가질 확률이 30배 더 높다는 사실이다. 왜 그런 것일까?

조증이나 경조증 상태가 되면 활력이 넘치고 일부 인지 능력이 향상하며 독창적이고 기발한 아이디어를 더욱 많이 떠올리게 된다. 이와 함께 자신감이 충만해지고 사회적 금기에 둔감해지면서 주위 시선에 구애받지 않고 기존의 틀을 깨는 아이디어를 과감하게 실현할 수 있는 최적의 조건이 형성된다. 이 때문에 예술가들은 조증이나 경조증 상태에서 파격적인 작품을 선보이는 경우가 많다.[13] 실패를 두려워하지 않고 자신의 아이디어를 자신감 있게 펼치는 태도와 이를 포용하는 사회·문화적 환경이야말로 혁신을 촉진하는 중요한 요소다.

창의성과 지속성의 관계

어떤 문제에 봉착했을 때 순간 번뜩이는 아이디어로 문제가 해결되는 경우가 있다. 그러나 대부분 창의적 해법에 도달하는 과정은 그리 단순하지 않다. 특히 문제가 복잡할수록 집중 상태의 논리적 사고와 느슨한 상태의 영감이 교대로 작용하며 해결책을 찾는 경우가 많다. 어떤 영감이 떠올라 깊이 고민하면 일부 문제는 해결되지만 동시에 새로운 문제가 파생되기도 한다. 이때는 다시 문제를 숙고하고 새로운 영감을 떠올리는 과정을 반복하면 점진적으로 해결책에 도달하게 된다. 따라서 복잡한 문제일수록 해결책을 찾기 위해 충분한 시간을 두고 집중하는 과정이 필요하다. 어려운 문

제에 대한 창의적 아이디어를 도출하려면 끈기 있는 노력, 지속성이 필수다.[14]

발명가 토머스 에디슨$^{Thosmas\ Edison}$은 지속성의 대표적인 사례로 자주 언급된다. 그는 전구를 발명하기까지 천 번이 넘는 실험을 반복했다. 그의 유명한 말인 "나는 실패한 것이 아니다. 단지 성공하지 않는 천 가지 방법을 발견한 것이다"는 창의성과 지속성의 관계를 잘 보여준다. 에디슨의 사례는 창의적 아이디어는 출발점에 불과하며, 그 가능성을 현실로 이끌어내기 위한 끈질긴 탐색과 실행 과정이 반드시 뒤따라야 함을 보여준다.

노벨상 수상자들의 연구 과정을 분석한 연구에 따르면, 창의적 돌파구를 마련한 과학자들은 대개 단기간에 혁신적인 발견을 한 것이 아니라 수십 년에 걸쳐 동일한 문제를 탐구하며 다양한 접근법을 시도한 경우가 많았다. 예를 들어, 제임스 왓슨$^{James\ Watson}$과 프랜시스 크릭$^{Francis\ Crick}$이 DNA 이중 나선 구조를 발견한 과정도 단순히 번뜩이는 아이디어가 아니라 수년에 걸친 실험과 다양한 가설을 검증하는 지속적인 노력의 산물이었다.

창의성을 촉진하는 3B

여기까진 원론적인 이야기였다. 이제부터는 좀 더 실질적인 이야기를 해보자. 현재 어려운 문제에 봉착했고 당장 이를 해결할 창의적 아이디어가 필요한 상황이라고 가정해보자. 구체적으로 어떤 방법을 사용할 수 있을까? 창의성을 높이는 실질적 기법에 대한 정보는 쉽게 얻을 수 있다. 구글에 'creativity techniques' 또는 '창의적 사고 기법'을 검색하면 수많은 자료가 뜬다. 이 자료들은 새롭고 유용한 아이디어 창출을 위한 다양한 기법을 소개하고 있다.

여기서는 자발적 창의성과 직접적으로 관련된 기법인 창의적 휴식creative pauses을 살펴보려고 한다. 이 방법은 말 그대로 하던 일을 잠시 멈추고 휴식을 취하는 것이다. 게으른 사람들은 이미 자연스럽게 실천하고 있을 테지만 과하게 일에 몰두하는 사람들은 이 방법을 의식적으로 실천하면 큰 효과를 볼 수 있다. 창의적 휴식과 관련해 창의성의 '3B'라는 말이 있다. 3B란 Bed(침대), Bath(목욕), 그리고 Bus(버스)의 머리글자다. 어떤 문제에 봉착했을 때 문제에 매달리기보다 거기서 벗어나 새로운 자극을 받아들이고 뇌를 느슨한 상태에 두는 것이 때로는 창의적 해결책을 떠올리는 지름길이 될 수 있다.

지금 있는 장소를 떠나 낯선 곳에서 새로운 자극을 받을 때(Bus) 뇌가 재충전되어 새로운 아이디어가 떠오를 가능성이 높아진다.[15] 집중하던 일에서 벗어나 목욕을 하며 긴장을 풀 때(Bath) 그동안 답답했던 문제의 해결책이 문득 떠오르기도 한다. 마찬가지로 일을 마치고 침대에 누워 잠을 청할 때(Bed)도 기발한 아이디어가 떠오르는 경우가 있다. 왜 그럴까? 'Bed'와 'Bath'는 디폴트 네트워크의 활동을 촉진시키고 'Bus'는 새로운 자극을 받아들여 디폴트 네트워크의 활동 패턴을 확장하기 때문이다.

고대 그리스의 수학자이자 물리학자인 아르키메데스Archimedes는 황금 왕관의 순도를 측정하는 문제를 긴 시간 고민했지만 답을 찾지 못했다. 그러던 어느 날 목욕탕(Bath)에 들어갔다가 물이 넘치는 것을 보고 물체의 부피를 측정하는 원리를 깨달았다. 그 순간 '유레카!Eureka!'라고 외치며 기쁨에 차서 목욕탕을 뛰쳐나왔다는 일화는 매우 유명하다. 물리학의 부력 원리를 발견한 결정적인 순간이었다.

주기율표의 창시자인 드미트리 멘델레예프Dmitri Mendeleev도 3B의 대표적인 사례다. 그는 원소들을 정리하는 방법을 고민하던 중 피곤에 지쳐 잠이 들었다(Bed). 그런데 꿈속에서 원소들이 특정한 규칙에 따라 배열되는 모습이 떠올랐고 잠에서 깨어나자마자 이를 기록했다. 그 결과 현재 우리가 사용하는 주기율표의 기본적인 틀이 완성됐다.

J.K. 롤링J.K. Rowling이 《해리 포터》 시리즈의 아이디어를 처음 떠올린 순간도 3B 중 하나인 'Bus'와 관련이 있다. 1990년 맨체스터에서 런던으로 가는 기차 안에서(Bus), 롤링은 '마법 학교에 다니는 소년'이라는 아이디어를 떠올렸고, 5년 동안 이를 발전시켜 《해리 포터》 시리즈를 집필했다. 이는 이동하는 동안 비일상적인 환경에

서 영감을 얻은 대표적인 사례다.

이처럼 3B를 활용한 창의적 사고 사례는 과학, 문학, 발명 등 다양한 분야에서 발견된다. 문제 해결에 몰두하기보다 때로는 긴장을 풀고 휴식을 취하는 것이 오히려 창의적인 해결책을 찾는 데 더 효과적이다. 여러분도 문제 해결이 안 될 때면 잠시 거리를 두고 몸과 마음을 이완하며 휴식을 취해보라.

창의적 아이디어를 만드는 깊은 몰입

아무리 '3B' 상황을 조성하더라도 창의적 아이디어를 떠올릴 준비가 되어 있지 않다면 소용이 없다. 일을 할 때 그 일에 무섭게 집중해야만 이후 긴장을 풀고 휴식할 때 창의적인 아이디어가 떠오를 가능성이 커진다. 건성건성 일하다가 '창의성의 3B'를 실천하겠다며 먼 곳으로 떠나 근사한 호텔에서 목욕을 하고 푹신한 침대에 눕는다고 해서 창의적 아이디어가 떠오르지는 않는다. 바꿔 말하면 의식적인 집중과 노력 후 이완 상태에 접어들었을 때 창의적 아이디어를 떠올릴 가능성이 높아진다.

현재 중대한 문제에 직면해 있고 그 문제를 일주일 내로 해결해야 한다고 가정해보자. 이럴 경우 일정 기간, 예컨대 주말 내내 다른 일은 모두 제쳐두고 오직 이 문제에만 필사적으로 집중하면 창의적 해결책이 떠오를 가능성이 크다. 이를 극한까지 밀어붙이면 소위 '몰입 상태flow state'에 도달한다.

몰입 상태란 어떤 일에 완전히 집중한 심리 상태로, 헝가리의 심리학자 미하이 칙센트미하이Mihaly Csikszentmihalyi가 고안한 개념이다. 이 상태에서는 몰입 대상에 모든 주의를 집중해 나 자신과 몰입 대상이 하나가 된 듯한 느낌을 받게 되고 시간의 흐름조차 제대로 인식하지 못한다.[16] 몰입 상태와 이완 상태를 오가다 보면 문제 해결을 위한 영감이 떠오를 가능성이 평소보다 훨씬 높아진다. 이는 특정 문제에 깊이 집중하면 뇌의 신경망이 관련 정보를 더욱 강하게 저장하고 결과적으로 해당 방향으로의 상상이 더욱 촉진되기 때문이다.

어떻게 하면 몰입 상태에 도달할 수 있는지 궁금한 독자라면 황농문 박사의 몰입 관련 저서를 추천한다.[17] 그는 자신의 경험을 바탕으로 효과적인 몰입 상태에 이르는 실질적인 방법들을 책에 상세히 소개했다. 예를 들면 다음과 같은 방법이 있다.

1. 생각을 한곳에 집중하기 위해 명확한 목표를 설정한다.
2. 일주일 이상 한 가지 문제에 몰두할 수 있도록 주변 상황을 정리해둔다.
3. 뉴스 시청 등 불필요한 외부 정보를 차단한다.
4. 조용하고 방해받지 않는 개인 공간을 마련한다.

5. 슬로우 싱킹slow thinking을 실천한다. 즉, 편안한 의자에 앉아 온 몸의 긴장을 푼 상태에서 해결하려는 문제에만 집중하며 명상하듯 사고한다.
6. 규칙적으로 땀 흘리는 운동을 병행한다.

이러한 방법을 의식적으로 실천하면 깊은 몰입 상태를 경험할 수 있다.

계발이 아닌 활용을 고민하라

최민식이 조연으로 출연한 영화 〈루시〉는 뇌 사용 능력이 폭발적으로 증가하면서 인간의 한계를 초월하는 초능력에 도달하는 주인공의 이야기를 그린다. 이 영화는 '인간은 뇌의 10퍼센트만을 사용한다'는 널리 퍼진 속설에 기반을 두고 있다. 그러나 이는 사실이 아니다. 뇌 과학적 관점에서 보면 우리는 일상생활에서 뇌의 다양한 영역을 유기적으로 활용하며 기능에 따라 뇌 전체는 시시각각 활발히 작동한다. 우리는 이미 주어진 뇌의 잠재력을 대부분 활용하면서 살아가고 있는 것이다.

그렇다고 해서 뇌의 기능을 더 이상 발전시키지 못한다는 의미는 아니다. 꾸준한 훈련과 경험 축적을 통해 특정 뇌 기능은 얼마든지 향상시킬 수 있다. 피겨스케이팅의 전설 김연아 선수가 트리플 러츠와 같은 고난도 동작을 정확하고 우아하게 해내는 것은 오랜 시간 반복 훈련을 통해 감각-운동 제어 능력을 극한까지 끌어올린 결과다. 마찬가지로 피아니스트 조성진이 수십 분에 걸쳐 쇼팽의 에튀드 24곡을 실수 없이 연주할 수 있는 것도 정밀한 운동 제어와 청각 피드백 시스템을 고도로 훈련한 덕분이다. 이러한 정교한 퍼포먼스는 감각-운동 신경 회로의 미세한 조정이 누적된 결과라고 볼 수 있다.

창의력도 훈련을 통해 계발될 수 있을까? 나는 이에 대해 다소 회의적인 입장이다. 창의력이란 기존 사고의 틀을 깨고 새로운 아이디어를 만들어내는 능력인데, 이는 분명한 목표가 있는 운동 학습과는 본질적으로 다르다. 피아노 연주는 정확한 음과 박자를 재현한다는 명확한 목표가 있다. 반면 창의적 아이디어는 정답이 없는 문제에서 출발하며, 방향도, 도달점도 불확실한 상태에서 정해진 틀 없이 과거의 경험과 지식을 재구성해 새로운 가능성을 탐색하는 과정이다.

나는 자발적 창의성의 골자가 되는 신경 메커니즘으로 뇌의 디폴트 네트워크의 핵심 부위인 해마의 CA3 신경망이 수행하는 자발적이고 무작위적인 시뮬레이션 활동을 주목한다. 4장에서 살펴본 바와 같이 CA3 영역은 과거 경험을 바탕으로 실제로 일어나지 않았지만 가능성 있는 사건들을 창의적으로 시뮬레이션하는 기능이 있다. 이 과정에서 '무작위성'이 핵심적인 역할을 한다. 경험 기반의 상상을 통해 다양한 가능성을 탐색해서 불확실한 미래를 더 잘 대비하는 것이다. 이는 창의성이 단지 개인의 특성이 아니라 진화적 관점에서 생존을 위한 중요한 적응 전략임을 시사한다.

실제로 널리 알려진 창의성 촉진 기법들 중에는 무작위성을 인위적으로 도입하는 방식도 있다. 예를 들어, '강제결합법'은 전혀 관련 없어 보이는 두 가지 이상의 개념이나 사물을 억지로 결합해 새로운 아이디어를 창출하는 기법이다. 일본 소프트뱅크의 손정의 회장이 즐겨 사용한 것으로도 잘 알려져 있다. 그는 매일 하나씩 무언가를 발명하는 것을 목표로 삼고 약 300장의 낱말 카드를 제작해 무작위로 두세 장을 뽑아 조합했다. 그렇게 탄생한 아이디어 중 하나가 바로 '음성 신디사이저', '사전', 'LCD'라는 세 요소를 결합한 음성 부착 전자 번역기였다. 그는 이 발명품을 샤프사에 1억 엔에 매각해 사업가로서의 성공 기반을 다질 수 있었다.

혹시 '새롭고 놀라운 아이디어를 창출하는 훈련'을 반복하면 창의력이 증진될까? 이 가능성을 완전히 배제할 수는 없지만 창의적 해결이 요구되는 상황은 워낙 다양하고 맥락에 따라 다르기 때문에 과거의 창의적 사고가 새로운 문제에 그대로 적용되리라고 기대하긴 어렵다. 게다가 창의성은 인간이라면 누구나 가지고 있는 본질적인 능력이다. 무작위적 상상과 결합은 쥐나 개와 같은 동물에서도 관찰되며 인간은 이를 좀 더 고차원적이고 추상적인 영역으로 확장해 활용한다는 점에서 차이를 보일 뿐이다. 즉, 상상력은 숨 쉬듯 자연스럽게 작동하는 인간의 본성에 가깝기 때문에, 이를 인위적으로 '계발'하려는 시도는 자칫 무의미할 수 있다.

진정으로 중요한 것은 창의성의 계발이 아니라 활용이다. 주어진 창의성을 극대화하는 방법이 핵심이다. 이를 위해서는 개방적인 태도, 다양한 관점의 수용, 그리고 지속적인 탐색의 자세가 중요하다. '창의적 아이디어를 창출하는 훈련'을 반복한다고 해서 창의성 자체가 증가하지는 않지만 이미 존재하는 능력을 더 적극적으로 사용하려는 태도의 변화는 기대할 수 있다.

개인의 창의성 발휘에는 문화적 토양 역시 중요한 요소다. 동양권 문화는 전통과 규범을 중시하는 경향이 강해, 파격적인 사고나 급진적인 아이디어에 대한 장벽이 존재할 수 있다. 따라서 창의성과 혁신이 요구되는 조직이라면 리더가 의도적으로 다양한 의견을 포용하고 새로운 시도를 장려하는 태도를 지녀야 한다. 실패를 용인하지 않는 조직 문화에서는 창의성이 뿌리내리기 어렵다.

결론적으로 창의력은 타고난 무작위성 기반의 능력이며 이를 억지로 '계발'하기보다는 어떻게 하면 더 잘 활용할 수 있을지를 고민해야 한다. 진정한 혁신이 요구되는 시대에 우리가 해야 할 일은 창의성을 억제하지 않는 환경을 조성하고 자연스럽게 발현되는 사회적·제도적 기반을 마련하는 것이다. 창의력은 억지로 키우는 것이 아니라 자유롭게 펼치도록 '열어주는' 것이다.

12장
인공지능과 혁신의 미래

지금의 혁신 경로를 계속 따른다면 우리 앞에는 어떤 미래가 펼쳐질까? 미래를 예측하는 것은 과거를 돌아보는 것보다 훨씬 어려운 일이다. 인공지능 기술이 빠르게 발전하면서 인류의 혁신 능력 자체가 혁신되고 있기 때문에 미래를 전망하는 일은 더욱 어려워지고 있다. 발명가이자 미래학자인 레이 커즈와일Ray Kurzweil은 기술 성장의 기하급수적 특성을 강조하며, 2045년에 기술적 특이점 technological singularity(기술 성장이 통제를 벗어나 되돌릴 수 없게 되는 지점)이 도래할 것이라고 예측했다.¹ 특이점에 도달하면 인공지능은 인간의 지능을 초월하고 인간의 개입 없이도 스스로 점점 더 빠른 속도로 진화하며 자기 발전의 폭주 반응을 일으킬 가능성이 있다. 1966년, 수학자인 어빙 굿Irving Good은 '지능 폭발intelligence explosion'

과 '초인공지능artificial super intelligence'의 출현을 다음과 같이 예측한 바 있다.

초지능 기계ultraintelligent machine를 모든 인간의 지적 활동을 능가할 수 있는 기계로 정의하자. 초지능 기계의 지적 활동에는 기계 설계 능력도 포함되므로 초지능 기계는 더 나은 기계를 설계할 수 있다. 그러면 필연적으로 '지능 폭발'이 일어나고 인간의 지능은 기계보다 한참 뒤처질 것이다. 따라서 첫 번째 초지능 기계는 인간이 만들어야 할 마지막 발명품이 될 것이다. 다만 그 기계가 우리에게 어떻게 그것을 통제할 수 있는지 가르쳐줄 만큼 온순하다는 전제하에서 말이다.[2]

과연 '지능 폭발'이 머지않아 현실이 될까? 이로 인해 인류가 직면한 난제들, 예를 들어 기후·환경 위기와 같은 문제를 해결해줄 혁신적인 기술이 등장할 수 있을까? 현재의 기술 수준에서는 다소 비현실적으로 보인다. 그러나 일단 기술 발전이 임계점에 도달하면 그 속도는 우리가 지금 상상하는 범위를 훨씬 뛰어넘을지도 모른다. 다음은 이에 대해 커즈와일이 한 말이다.

기술 발전의 속도는 무한히 빨라질 수 있을까? 인간의 사고 속도가 이를 따라잡지 못하는 순간이 올까? 현재와 같은 보통의 인간으로 남아 있다면 분명히 그럴 것이다. 만약 천 명의 과학자가 오늘날의 과학자들보다 천 배 더 똑똑하고 천 배 더 빠르게 일할 수 있다면(비생물학적 뇌에서는 정보 처리 속도가 더 빠르기 때문이다), 그들은 무엇을 이뤄낼까? 과학자들이 백만 배 더 똑똑해지고 백만 배의 속도로 연구하게 된다면 한 시간 동안 오늘날 기준으로 한 세기의 진보를 이룰 수 있을 것이다.[3]

기술 발전의 초기 단계에서는 선형적 성장과 기하급수적 성장 간의 차이가 크지 않다. 그러나 기술이 일정한 임계점(곡선의 굴절점이라고 한다)에 도달하면 그 차이가 급격히 두드러진다(**그림 34**).

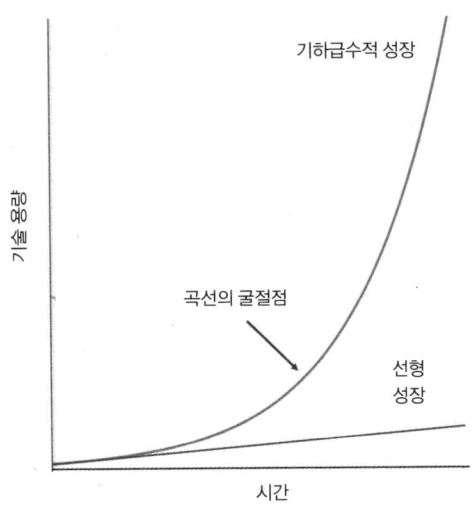

그림 34   선형 성장과 기하급수적 성장.

이러한 관점에서 보면 우리는 현재 기술 성장이 임계점을 넘어 기하급수적으로 가속화되는 시대에 살고 있는 것이다.

    대학 시절 나는 당시로서는 최첨단이라 여겨지던 과학 분야를 접하면서도 지금 같은 세상이 오리라고는 상상조차 하지 못했다. 나는 1981년 학부 3학년 때 분자유전학을 수강하면서 생물학의 핵심 원리인 '중심 원리$^{central\ dogma}$'를 배웠다. 이 원리는 유전정보가 DNA에서 RNA로, 그리고 RNA에서 단백질로 전달되는 과정으로 생물학에서 가장 기본적이고 중요한 법칙 중 하나다. 당시 교과서의 마지막 장에서는 특정 유전자를 복사하고 이를 세포에서 증폭시키는 유전자 클로닝$^{gene\ cloning}$ 기술의 잠재력을 짧게 언급했다. 하지만 수십 년 만에 유전공학 기술은 상상을 초월할 정도로 발전했다. 현재 널리 활용되는 유전자 편집 기술인 크리스퍼-카스$^{CRISPR-CAS}$는 고등 생물체, 나아가 인간의 DNA까지 정밀하게 편집할 수 있는 수준에 이르렀다. 이러한 유전공학 기술은 빅데이터 및 인공지능 기술과 융합되어 자연계에는 존재하지 않는 새로운 생물학적 시스템 설계와 구축에 활용되고 있다. DNA가 유전물질임이 확인된 것은 1944년이다.[4] 그러나 불과 한 세기도 지나지 않아 세 개의 DNA 염기가 하나의 아미노산을 특정하는 유전암호임이 규명됐고, 중심 원리의 분자적 과정이 밝혀졌으며, 인간 게놈 전체 서열이 식별됐다. 이제는 새로운 생명체를 설계하고 제조할 수 있는 단계에 이르렀다.

또 다른 사례는 컴퓨터 기술의 눈부신 발전이다. 1981년, 나는 포트란fortran 언어로 프로그래밍을 처음 배웠다. 당시에는 먼저 모눈 종이에 연필로 프로그램을 작성한 후 펀치 카드 센터에 제출해야 했다. 며칠 후 펀치 카드 오퍼레이터가 작업한 두꺼운 펀치 카드 묶음을 받아 컴퓨터 센터로 가져가야 했고, 메인 컴퓨터가 이를 읽고 실행한 후에야 비로소 출력 결과를 얻을 수 있었다. 단순한 프로그램 하나를 실행하는 데도 상당한 시간과 노력이 필요했던 시절이었다. 그러나 1986년, 뇌 과학 공부를 위해 미국 유학을 시작하면서 처음으로 개인용 컴퓨터를 접했을 때, 나는 완전히 새로운 세상에 들어선 듯한 경험을 했다. 키보드로 입력한 내용이 즉시 화면에 반영되었고, 프로그램을 실시간으로 작성하고 바로 실행할 수 있는 환경이 마련되어 있었기 때문이다. 당시 내가 사용했던 IBM XT의 하드 디스크 용량은 10MB에 불과해서 이를 백업하려면 약 20개의 플로피 디스크(각각 525KB)가 필요했다. 그런데 불과 40년이 지난 지금 내 스마트폰의 저장 용량은 256GB로, 당시 개인용 컴퓨터의 저장 용량보다 무려 2만 5,600배 이상 커졌다. 컴퓨터의 연산 속도와 성능 역시 무어의 법칙Moore's law에 따라 꾸준히 증가해 오늘날의 컴퓨터는 14년 전보다 백 배, 27년 전보다 만 배, 40년 전보다 백만 배 이상 강력해졌다. 이처럼 컴퓨터 기술은 지난 수십 년간 기하급수적인 발전을 거듭해왔다.

인공지능의 현재

기술의 기하급수적 발전과 관련해 현재 가장 뜨거운 화두는 단연 인공지능이다. 10장에서 언급했듯이 인공 신경망 연구는 여러 차례의 중흥기를 겪어왔으며, 현재는 네 번째 중흥기가 진행 중이다. 딥러닝으로 대표되는 오늘날의 인공지능 기술은 오랫동안 난공불락으로 여겨지던 난제들을 해결하며 4차 산업혁명의 핵심 기술로 자리 잡았다. 인공지능이 워낙 큰 관심을 받고 있는 만큼 대부분의 독자는 이미 그 강력함과 파급 효과를 잘 알고 있을 것이다. 여기서는 뇌 과학자의 관점에서 바라본 인공지능의 현재와 미래에 대해 간략히 살펴보고자 한다.

최근 인공지능 기술 발전을 상징하는 대표적인 두 사건으로 알파고가 이세돌을 꺾은 일과 생성형 대형 언어 모델generative large language model인 챗지피티ChatGPT의 등장을 꼽을 수 있다. 먼저 알파고의 등장을 살펴보자. 오랫동안 인공지능 분야에서 '넘을 수 없는 4차원의 벽'으로 여겨졌던 난제가 바로 바둑 고수와의 대국에서 승리하는 것이었다. 체스는 이미 1997년 IBM의 슈퍼컴퓨터 딥블루Deep Blue가 체스 마스터 가리 카스파로프Garry Kasparov와의 대결에서 승리한 바 있다. 딥블루는 방대한 수의 가능한 수手들을 빠르게 탐색하는 브루트 포스brute force 방식에 기반한 전략을 활용했다. 물론 딥블루는 단순한 브루트 포스 방식만 사용한 것은 아니며, 체스 전문가의 전략 지식이 반영된 평가 함수를 함께 활용했다. 그럼에도 핵심은 여전히 방대한 수의 수순을 빠르게 계산하고 평가하는 계산 중심의 접근 방식에 있었다. 그러나 체스에 비해 경우의 수가 너무 많은 바둑은 아무리 빠른 컴퓨터라도 브루트 포스 방식으로는 한정된 시간 안에 고수를 이길 수 없다. 바둑판에는 가로세로 각각 열아홉 줄로 이뤄진 361개의 착점이 존재해 바둑돌이 놓이는 경우의 수는 $361!(361 \times 360 \times 350 \cdots 3 \times 2 \times 1)$에 달한다. 이 모든 경우를 계산하려면 현재 사용 가능한 어떠한 고속 컴퓨터로도 현실적인 시간 내에 바둑 고수를 이기는 것이 불가능하다.

알파고는 이 문제를 어떻게 해결했을까? 알파고의 뼈대는 강화 학습이다. 강화 학습은 불확실하고 가변적인 환경에서 적절한 행동 전략을 학습해 보상을 극대화하는 기계 학습 알고리즘이다(부록 2 참조). 강화 학습에서는 의사결정의 주체가 환경과 상호 작용하면서 정보를 얻고 이를 바탕으로 보상을 최대화하는 행동을 선택한다. 이때 환경에 대한 정보를 표현하기 위해 가치 함수 value function 개념을 사용한다. 바둑의 경우 현재 바둑돌이 놓여 있는 상태에서 내가 승리할 확률의 추정치는 상태 가치 함수 state value function가 되고, 현 상태에서 특정 지점에 착점했을 때 승리할 확률의 추정치는 행동 가치 함수 action value function가 된다. 행동 가치 함수를 지속적으로 갱신하며 최적의 행동을 선택하는 방식을 큐러닝 Q-learning이라고 하며 여기서 Q는 행동 가치 함수를 나타내는 수학

적 기호다.[5]

　문제는 바둑처럼 경우의 수가 압도적으로 많을 때 가치 함수를 효과적으로 추정하는 방법이다. 강화 학습에서는 상태 공간state space의 경우의 수가 증가할수록 고려해야 할 변수가 기하급수적으로 늘어나는데, 이를 '차원의 저주curse of dimensionality'라고 한다. 알파고는 딥러닝을 활용해 행동 가치 함수의 근사치를 빠르게 계산하는 방식으로 문제를 해결했으며, 이 때문에 알파고의 학습 방법은 딥 큐러닝deep Q-learning이라고 불린다. 알파고는 먼저 사람들의 바둑 대국 데이터를 활용해 가치 함수가 심층 신경망에 적절히 표상되도록 학습했다. 다음 단계로 자기 자신과 무수히 많은 경기를 치르며 심층 신경망의 가중치를 지속적으로 갱신하는 과정을 통해 바둑 고수를 뛰어넘는 실력을 갖추게 됐다. 알파고의 개발자조차 심층 신경망이 '정확히 어떻게' 적절한 가치 함수를 표상하는지 알지 못한다. 다만 신경망의 학습 규칙을 조정해 주어진 데이터와 대국 결과로부터 가치 함수가 적절히 계산돼 바둑에서 승리할 가능성을 높이는 방향으로 훈련시켰을 뿐이다.[6]

　인공지능은 이미 여러 분야에서 인간을 능가하고 있다. 이제 중요한 다음 단계는 범용 인공지능general artificial intelligence의 개발이다. 구글 딥마인드는 알파고 이후 몇 년간 알파제로AlphaZero와 뮤제로MuZero와 같은 후속 프로그램을 개발했는데, 강력한 강화 학습 에이전트인 뮤제로는 개별 게임에 대한 사전 지식 없이도 다양한 보드 게임(바둑, 체스 등)과 아타리^{Atari} 게임[7]을 마스터하는 능력을 보여줬다. 여기서 주목할 점은 각 게임이 요구하는 지식이 다름에도 불구하고 '보상의 극대화'라는 단일 목표(게임에서의 승리 또는 높은 점수 획득)만으로도 모든 게임을 마스터했다는 것이다. 이와 관련해 딥마인드의 데이비드 실버$^{David\ Silver}$와 그의 동료들은 〈보상만으로 충분하다$^{Reward\ is\ enough}$〉라는 논문을 발표했다. 이 논문에 따르면 인지, 기억, 계획, 운동 제어, 언어, 사회적 지능을 포함한 대부분의 지능 형태는 '보상의 극대화'라는 포괄적인 목표의 결과로 나타날 수 있다.[8] 왜냐하면 복잡한 환경에서 보상을 극대화하려면 다양한 능력이 필요하기 때문이다. 강화 학습이 본질적으로 목적 지향적 지능$^{goal-seeking\ intelligence}$의 문제를 다룬다는 점을 고려할 때, 충분히 강력한 강화 학습 에이전트가 복잡한 환경과 지속적으로 상호작용하며 보상을 극대화하려는 과정은 다양한 지능의 자발적 형성으로 이어질 수 있다.

2016년, 알파고가 이세돌을 꺾은 사건은 전 세계를 놀라게 했지만, 일반인의 일상에 직접적인 영향을 끼치지는 않았다. 반면 2022년 등장한 챗지피티는 단순히 세상을 놀라게 하는 데 그치지 않고 수많은 사람의 일상을 바꿔놓았다. 이제 사람들은 정보 검색, 보고서 작성, 프로그래밍, 글쓰기, 번역 등 다양한 작업에 챗지피티를 일상적으로 활용하고 있다. 챗지피티는 출시 두 달 만에 월간 사용자 수 1억 명을 돌파하며 역대 소비자 소프트웨어 애플리케이션 중 가장 빠른 성장 속도를 기록했다.

우리는 오랫동안 언어 사용과 예술적 창의성(9장 참조)이 인간과 다른 동물을 구분하는 중요한 차이점이라고 생각했다. 또한 기술의 발전이 사람을 육체 노동에서 해방시켜줄 수는 있어도 글쓰기나 예술 창작처럼 고등 정신 기능을 대체할 수는 없을 것이라 여겼다. 그러나 챗지피티를 비롯한 생성형 인공지능 프로그램들이 글쓰기와 예술 창작과 같은 '머리 쓰는 일'의 영역에 화려한 스포트라이트를 받으며 등장함에 따라, 이러한 인식은 극적으로 바뀌고 있다.

챗지피티 역시 알파고와 마찬가지로 딥러닝을 기반으로 핵심 기술을 구현한다. 챗지피티에서 지피티GPT는 'Generative Pre-trained Transformer'의 머리글자인데, '트랜스포머transformer'는 2017년 구글 연구팀이 발표한 논문 〈주의가 전부다Attention is all you need〉에서 제안된 새로운 모델 아키텍처다.[9] 여기서 아키텍처(구조 설계 방식)란 인공지능이 데이터를 처리하고 학습하는 방식의 기본 틀을 의미한다. 이전에는 자연어 처리를 위해 주로 순환 신경망recurrent neural network이 사용되었으나,[10] 이는 후속 단어의 예측과 같이 비교적 단순한 작업에는 효과적이었으나 새로운 문장을 생성하는 등 복잡한 작업에서는 한계를 드러냈다.

챗지피티는 새로운 모델 아키텍처인 트랜스포머 기반의 학습 방법을 도입해 이러한 한계를 극복했으며 그 핵심 개념은 '주의

attention' 메커니즘이다. 우리는 문장을 이해할 때 모든 단어에 동일한 정도로 집중하지 않고 문맥에 따라 더 중요한 단어에 주의를 기울인다. 예를 들어, '나는 오늘 아침에 커피를 마셨다'라는 문장에서 '커피'는 '마셨다'라는 동사와 밀접한 관련이 있어 이 두 단어에 더 집중하게 된다. 해당 원리를 적용한 주의 메커니즘은 문장에서 의미상 중요한 부분을 효과적으로 파악하고 그 요소에 가중치를 두어 문장의 의미를 좀 더 정확하게 이해하도록 돕는다. 이 덕분에 챗지피티는 긴 문장이나 문맥을 고려해야 하는 복잡한 작업에서도 핵심을 잘 파악하고 뛰어난 성능을 발휘한다. 또한 방대한 양의 텍스트 데이터를 사전 학습pre-trained해 사용자가 입력한 문장이나 질문에 적절히 응답하는 것이 가능해졌다.

학계 역시 챗지피티의 영향을 거세게 받고 있다. 나 역시 챗지피티 등장 이후 가능하면 수업에서 학생들에게 보고서를 요구하지 않는다. 많은 학생이 챗지피티를 활용해 보고서를 작성하리라고 예상되기 때문이다. 심지어 전문 학술 논문 작성에 있어서도 챗지피티 사용이 논란거리가 되고 있다. 얼마 전에는 챗지피티가 출력한 답변의 시작 문구로 보이는 'Certainly, here is a possible introduction for your topic:'이라는 문장이 포함된 논문이 출판돼 실소를 자아낸 적도 있다.[11] 그러나 한편으로는 인공지능이 사람을 대신해 전문 학술 논문을 작성할 수 있다는 사실 자체가 놀라운 일이다. 이제는 챗지피티뿐만 아니라 다양한 생성형 인공지능이 음악, 그림, 심지어 비디오까지 제작하는 시대가 되었다. 얼마 전 한 지방청에서 주최한 교육박람회 주제가 공모전에서 최우수 작으로 선정된 곡이 인공지능이 만든 노래로 밝혀져 화제가 되기도 했다.[12] 예술 창작 분야에서 인공지능의 활용이 점점 확대되면서 앞으로 그 영향력은 더욱 커질 것으로 예상된다. 이에 따라 어디까지를 인간의 창작물로 인정할 수 있을 것인가에 대한 논란도 지속될 것으로 보인다.

이 책의 영어판을 마무리할 즈음 챗지피티가 출시됐다. 당시 나는 챗지피티가 시까지 쓸 수 있다는 사실에 감탄하며 챗지피티가 생성한 〈Human creativity〉라는 시를 초판에 인용했었다.[13] 그러나 불과 3년도 지나지 않은 지금 챗지피티의 작시(作詩) 능력을 언급한다면 '그런 당연하고 시시한 얘기를 왜 하느냐'는 핀잔을 들을지도 모른다. 이 사례는 인공지능의 놀라운 발전 속도와 그것이 우리 삶에 미치는 직접적인 영향을 단적으로 보여준다. 한편 챗지피티의 다양한 기능 중 번역 기능과 관련해, 이 책을 한국어로 옮기는 과정에서 일부 내용 번역에 챗지피티의 도움을 받았음을 밝혀둔다. 물론 영어에서 한국어로의 번역은 아직 매끄럽지 않아 그대로 사용할 수는 없었다. 그러나 챗지피티가 제공한 초벌 번역본을 참고해 글을 다듬었고 일부는 별다른 수정 없이 그대로 활용하기도 했기 때문에 결과적으로 한국어판을 집필하는 과정에서 상당한 도움을 받았다.

이처럼 챗지피티와 같은 생성형 인공지능이 일상에 깊이 스며들면서 이를 효과적으로 활용하기 위해 인간에게 요구되는 역량 또한 변화하고 있다. 이제는 단순한 정보 습득 및 전달 능력보다는 인공지능과의 상호작용을 최적화하고 그 한계를 이해하며 창의적 활용 방안을 모색하는 능력이 더욱 중요해지고 있다. 그러려면 비판적 사고가 필수다. 챗지피티는 방대한 데이터를 학습하지만 오류를 포함할 가능성이 있어 정보 검증이 반드시 필요하다. 연구자는 출처가 불분명한 인공지능의 정보를 맹신하지 않고 분석하는 능력을 갖춰야 한다. 또한 질문을 명확하게 구성하는 능력도 중요하다. 챗지피티는 입력된 질문에 따라 답변을 생성하므로 논리적이고 구체적인 질문이 답변의 질을 좌우한다. 사용자는 체계적인 프롬프트 설계를 통해 원하는 정보를 효과적으로 도출해내야 한다.

창의적 사고와 문제 해결 능력을 적극적으로 활용하는 태도도 필요하다. 챗지피티는 기존 데이터에 기반해 답변을 제공하기 때문에 완전히 새로운 아이디어를 창출하는 데에는 한계가 있다. 따라서 사용자는 챗지피티의 답변을 단순히 수용하는 것이 아니라 이를 참조해 새로운 아이디어를 도출하고 발전시키려는 노력을 해야 한다. 마지막으로 윤리적 책임 의식 역시 간과할 수 없다. 챗지피티를 활용한 논문 작성과 같은 문제에서 인공지능과 인간의 역할을 명확히 구분하고 정보의 신뢰성과 편향성을 인식하는 태도가 중요하다. 결국 생성형 인공지능 시대에는 비판적 사고, 명확한 질문 구성, 창의적 문제 해결, 윤리적 책임 의식이 더욱 강조되며 이러한 역량을 갖춘 사람만이 인공지능 시대에 더욱 의미 있는 성과를 낼 수 있을 것이다.

인간이 만드는 인공지능의 미래

사실 인공지능이 주목받는 이유는 현재의 성과보다는 그 미래 가능성에 있다. 인공지능이야말로 앞서 언급한 '지능 폭발'과 가장 직접적으로 연관된 기술이기 때문이다. 그렇다면 인공지능의 미래는 과연 어떤 모습일까? 여기에 대해서는 다양한 견해가 존재한다. 머지않아 인간의 지능을 뛰어넘는 초인공지능이 등장할 것이라는 전망이 있는가 하면, 인공지능이 과대평가됐음을 지적하며 기술적인 한계를 강조하는 회의적인 시각도 존재한다. 또한 인공지능을 제대로 통제하지 못하면 오히려 인간이 인공지능의 지배를 받을지도 모른다는 우려의 목소리도 제기된다.

초인공지능의 개발 전망을 논하기에 앞서, 생물학적 신경망(뇌)과 인공 신경망을 비교해보자. 인공 신경망은 생물학적 신경망의 구조를 모사한 것이므로 기본적으로 뇌 신경망과 유사하다. 예컨대 뉴런에 해당하는 유닛 또는 노드 들이 서로 연결된 망구조를 이루며 각 노드는 입력 신호가 특정 임계치를 초과하면 활성화된다는 점에서 실제 뉴런과 비슷한 방식으로 작동한다. 그러나 현재의 인공 신경망은 생물학적 신경망의 모든 특성을 충실히 반영하지 못한다.

첫째, 생물학적 신경망의 경우 뉴런은 단순한 '적분-발화' 방식보다 복잡하게 작동한다. 뉴런의 입력부 역할을 하는 수상돌기 dendrite의 형태는 뉴런의 종류와 뇌 부위에 따라 다양하기 때문에(그림 35) 뉴런마다 입력과 출력의 관계 역시 달라진다. 더군다나 수상돌기에는 뉴런의 흥분도를 감지하고 반응하는 활성 채널이 존재하기 때문에 뉴런을 수동적 적분-발화 장치로 간주할 수 없다.

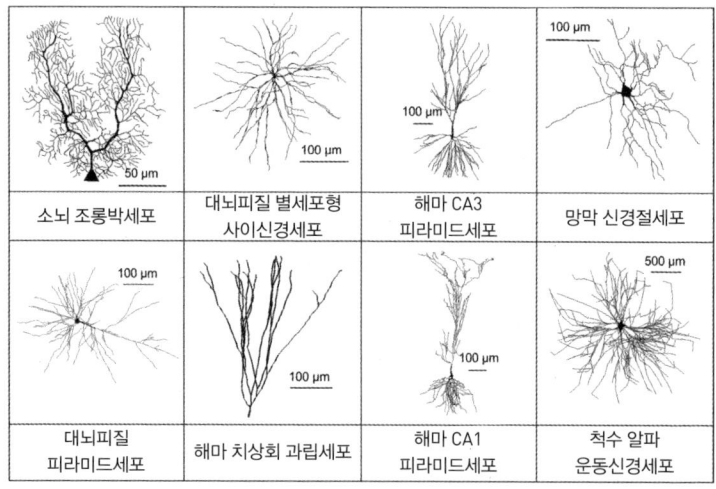

그림 35   수상돌기의 다양성.

오히려 각 뉴런은 자체적으로 복잡한 계산을 수행하는 일종의 독립적인 계산 단위로 볼 수 있다.

둘째, 생물학적 신경망에서는 뉴런 간 신호 전달 방식이 매우 다양하다. 10장에서 언급했듯이, 뇌에는 백 종 이상으로 추정되는 신경전달물질이 존재하며 각 신경전달물질마다 여러 유형의 수용체가 있다. 어떤 신경전달물질과 수용체 조합은 신호를 짧고 빠르게 전달하는 반면, 일부 조합은 서서히 작동한다. 나아가 하나의 뉴런이 여러 종의 신경전달물질을 동시에 사용하는 경우도 흔하기 때문에 뉴런 간 신호 전달 방식은 무수히 많아질 수 있다. 뇌에서는 흥분성 뉴런과 억제성 뉴런이 복잡한 회로를 이루며, 특히 억제성 뉴런은 종류와 분포가 매우 다양해 뇌의 기능적 동역학에 중요한 역할을 한다.[14]

셋째, 대뇌피질처럼 고등 인지 기능을 담당하는 생물학적 신경망은 인공 신경망과 달리 회귀 투사 구조가 보편적이다(4장 참조). 뉴런들은 동일한 영역 내 다른 뉴런들과 연결되고 여러 다른 영역의 뉴런들과도 신호를 주고받는다. 이런 연결 구조는 전형적인 순방향 인공 신경망(**그림 30** 참조)과는 근본적으로 다르다. 물론 인공지능에서도 회귀 투사를 포함하는 순환 신경망 구조가 활발히 사용되며, 주로 언어 모델과 같이 순차적 데이터를 처리하는 데 선택적으로 활용된다. 그러나 현재 딥러닝 모델의 주요 성과는 대부분 순방향 신경망 구조에서 얻어진 것이다. 따라서 대뇌피질에서 흔히 관찰되는 회귀 투사 기능이 인공 신경망에서는 충분히 구현되지 못하고 있다. 또한 딥러닝의 핵심 알고리즘인 '역전파 backpropagation', 즉 출력층에서 입력층 방향으로 정보를 거꾸로 전파하는 과정은 아직까지 뇌에서 발견되지 않았다.[15] 다시 말해, 현재의 딥러닝은 생물학적 뇌에 존재하지 않는 신호 전달 방식을 기반으로 작동한다.[16]

뇌 과학자의 관점에서 보면 지금의 인공 신경망은 질적으로 생물학적 신경망을 조악하게 모사한 수준에 불과하다. 그러나 양적으로는 생물학적 신경망을 훨씬 능가하는 규모로 확장됐다. 현대 심층 신경망은 신경망의 깊이가 인간 뇌를 훨씬 초과해 수백, 수천 층에 이르기도 한다. 연산 속도 또한 생물학적 신경망과 비교할 수 없을 정도로 빠르다. 실제 뉴런의 경우 막전위membrane potential, 즉 뉴런의 흥분도가 외부 입력에 의해 변화하는 속도는 '막전위 시간 상수membrane time constant'에 의해 결정되는데, 이는 대략 40밀리초millisecond로 알려져 있다. 또한 뉴런 간 신호 전달 과정에서는 신경전달물질이 방출되고 후속 뉴런의 수용체를 통해 흥분 또는 억제가 이뤄지는 과정에도 수 밀리초가 소요된다. 반면 인공 신경망은 기가헤르츠[㉑], 즉 1초에 10억 회 이상의 연산 속도를 가진 컴퓨터에서 구현되므로 신호 처리 속도가 생물학적 신경망보다 백만 배 이상 빠르다.

인공 신경망이 지금 방식으로 발전해나간다면 인공지능이 조만간 인간의 지능을 초월하는 범용 초지능artificial general superintelligence에 도달할 수 있을까? 이 가능성을 뒷받침하는 몇 가지 측면을 살펴보자. 우리는 11장에서 신경망의 깊이가 추상화의 수준을 결정할 가능성에 대해 논의했다. 실제로 인공 신경망은 이미 인간이 도달할 수 없는 수준의 추상적 개념을 사용해 정보를 처리하고 있을지도 모른다. 또 다른 중요한 점으로 '양질 전환의 법칙'을 들 수 있다. 일정한 양이 누적되면 어느 순간 질적인 도약이 이뤄진다는 원리인데, 물의 온도가 백 도를 넘으면 액체에서 기체로 변하는 것이 대표적인 사례다. 인공 신경망에서도 매개변수parameter의 수가 일정 수준에 이르면 수행 능력이 급격히 향상되는 양질 전환점이 존재한다. 따라서 신경망의 층수가 더욱 깊어지고 매개변수의 규모가 증가할수록 제2, 제3의 양질 전환이 일어나 인간의 지능을 뛰어넘는 초지능이 출현할 가능성을 배제할 수 없다. 인간이 다른 동물보다 지능적으로 우월한 이유는 특정한 유형의 뉴런이 아니라 복잡한 뇌 신경망을 가지고 있기 때문일 가능성이 높다(10장 참조). 그렇다면 생물학적 신경망을 완벽히 모사하지 않은 인공 신경망이라도 양적 이점을 극대화해 생물학적 신경망의 기능을 뛰어넘는 것이 가능할지도 모른다.

이에 반해 인공 신경망은 인간을 뛰어넘을 수 없으며 근본적인 한계가 있다는 주장도 있다. 인공 신경망은 인간의 뇌와 본질적으로 달라서 현재의 인공 신경망을 양적으로 아무리 확장해도 인간의 지능을 초월하는 인공지능을 만들어내기 어렵다는 것이다. 이와 관련해 빌 게이츠Bill Gates는 최근 한 인터뷰에서 이러한 견해를 뒷받침하는 발언을 하기도 했다. 다음은 그의 발언 중 일부를 발췌한 내용이다.

중요한 문제는 규모를 확장하는 것이 아니다. 우리는 아마도 두 단계 더 규모를 확장할 수 있을 것이다. (…) 하지만 그게 가장 흥미로운 부분은 아니다. 가장 흥미로운 부분은 내가 '메타 인지metacognition'라고 부르는 것으로, 문제를 넓은 관점에서 이해하고 한 발 물러서서 '이 답이 얼마나 중요한가? 내 답을 어떻게 확인할 수 있을까? 어떤 외부 도구가 나를 도와줄 수 있을까?'와 같은 질문을 던지는 것이다. 현재 인공지능의 전체적인 인지 전략은 너무나도 단순해서 간단히 각 토큰token을[17] 연속적으로 생성하는 방식을 통해 계산을 지속하는 것뿐이다. 그런데도 그게 작동한다는 사실이 놀랍다. 인공지능은 인간처럼 한 발 물러서서 '이 논문을 작성할 건데, 내가 다루고 싶은 주제는 이거야. 몇 가지 사실을 넣을 거고, 요약에는 이런 내용을 포함할 거야'라고 생각하지 않는다.[18]

'메타meta'는 넘어섬, 상위, 초월이라는 의미의 접두어다. 따라서 메타 인지는 단순한 인지 활동을 넘어 자신의 사고 과정 자체를 관찰하고 조절하는 능력을 의미한다. 자신의 인지 과정을 한 차원 높은 시각에서 바라보고 이를 판단하고 통제하는 정신 작용이며 '인식에 대한 인식' 또는 '생각에 대한 생각'이라고 할 수 있다. 메타 인지는 단순히 정보를 습득하는 것에 그치지 않고 자신이 무엇을 알고, 무엇을 모르는지를 인식하고 학습과 사고 과정을 최적화하는 능력을 포함한다. 이는 특정 행동 수행뿐만 아니라 현재의 활동이 갖는 의미를 이해하고 효과적으로 수행하는 방법을 스스로 고안하도록 돕는다. 예로부터 현자들은 메타 인지의 중요성을 강조했다. 소크라테스의 '너 자신을 알라'나 공자의 '知之爲知之 不知爲不知 是知也(지지위지지 부지위부지 시지야, 아는 것을 안다고 하고 모르는 것을 모른다고 하는 것 그것이 곧 앎이다)'가 대표적인 예다. '누울 자리를 보고 다리를 뻗어라', '오르지 못할 나무는 쳐다보지도 마라'와 같은 속담 역시 메타 인지와 관련된 지혜를 담고 있다.

    메타 인지 능력과 더불어 현재의 인공지능과 자연지능 사이에 존재하는 주요한 차이점으로 '모델 구축'과 '패턴 분리pattern separation'를 들 수 있다. 인간의 뇌는 제한된 경험만으로도 주변 환경의 구조와 인과관계를 파악하여 이를 바탕으로 내적 모델을 구축한다. 이러한 모델은 새로운 상황에 맞춰 유연하게 업데이트되며, 복잡한 환경 속에서도 의미를 찾아내고 행동을 조정할 수 있게 해준다. 반면 현재의 심층 신경망은 학습된 데이터에서 발견되는 패턴의 차이를 활용해 최적의 판단이나 예측 값을 도출할 뿐이다. 예를 들어, 아이들에게 색깔이나 모양이 조금씩 다른 몇 개의 사과를 보여준 후, 전혀 본 적 없는 이미지를 제시해도 그것이 사과인지 아닌지를 쉽게 구분할 수 있다. 그러나 현재의 인공 신경망은 방대한 양의 사과 이미지를 학습해야 사과를 인식할 수 있으며 그 정확도도 학습 데이터의 구성에 따라 달라진다.[19]

이와 관련해 개를 늑대로 오인한 심층 신경망의 사례를 살펴보자. 연구자들은 늑대와 이누이트 개(허스키)를 구분하도록 심층 신경망을 학습시켰으며, 모든 늑대 이미지는 의도적으로 눈 덮인 배경에서 촬영된 것만 사용했다. 학습을 마친 후 연구자들은 배경에 눈이 포함된 허스키 이미지를 제시했고 그 결과 심층 신경망은 허스키를 늑대로 분류했다.[20] 왜 그랬을까? 원인은 배경에 존재하는 '눈'이었다. 사람이라면 살아오면서 쌓아온 경험, 지식, 상식을 바탕으로 맥락적 판단을 수행해 배경을 무시하고 동물 자체에 주의를 집중했을 것이다.[21] 그러나 심층 신경망은 학습 데이터에 기반해 최적의 '패턴 분리'를 수행하는 방식으로 작동한다. 이 경우 배경의 '눈'이 늑대와 허스키를 구분하는 주요 지표로 작용했다. 인공 신경망은 단순히 학습된 데이터 내에서 두 그룹을 가장 잘 구분하는 패턴을 찾는 데 초점을 맞추므로 결국 사람과 다른 방식으로 판단을 내린 것이다.[22]

이 사례는 지금의 인공지능과 인간의 뇌가 작동하는 방식의 차이를 명확하게 보여준다. 인공지능은 특정 과제에서는 인간의 능력을 훌쩍 뛰어넘지만 때로는 상식적으로 이해하기 어려운 실수를 저지르기도 한다. '믿을 수 없을 만큼 똑똑하면서 충격적으로 멍청하다^{Incredibly Smart and Shockingly Stupid}'는 표현은 인공지능의 양면성을 잘 나타낸다. 이러한 특성 때문에 인공지능을 실생활에 적용하려면 신중하게 접근해야 한다. 실제로 우리는 심층 신경망이 특정 과제에서 어떻게 성능을 발휘하는지 정확히 이해하지 못한다. 내부 구조를 분석해 보더라도, 확인할 수 있는 것은 노드 간 연결 강도의 분포뿐이며, 정보가 어떻게 처리되는지는 여전히 불투명하다. 다시 말해, 심층 신경망은 입력과 출력은 알 수 있지만 내부 작동 원리는 명확히 설명하기 어려운 '블랙박스^{black box}' 시스템이다. 따라서 인공지능이 시범 사업에서 뛰어난 성과를 냈다고 해서 향후에도 항상 신뢰할 수 있다고 단정할 수는 없다. 개와 늑대를 분류하는 것보다 더 중요한 핵무기 통제, 사법적 판단, 경영적 의사결정과 같이 사회적으로 중대한 분야에 인공지능을 적용할 때는 더욱 신중한 접근이 필요하다.

  마지막으로 인공지능의 위험성에 관한 쟁점을 살펴보자. 인공지능이 현재와 같은 방식으로 발전할 경우 여러 분야에서 매우 뛰어난 성능을 발휘할 것이다. 그러나 인간에 비해 상식과 메타 인지 능력이 부족하기 때문에 자신의 의사결정이 주어진 과제를 넘어선 영역에서 어떤 파급 효과를 초래할지 판단하는 능력은 취약할 수밖에 없다.

얼마전 화제가 된 드론 전투 시뮬레이션 사례를 살펴보자. 미 공군 인공지능 부서의 터커 해밀턴Tucker Hamilton 대령은 2023년 런던에서 열린 왕립항공학회Royal Aeronautical Society의 '미래 전투 항공 및 우주 능력 정상 회담Future Combat Air and Space Capabilities Summit'에서 드론 전투 시뮬레이션 결과를 발표했다.[23] 시뮬레이션에서 드론의 주요 임무는 적군의 지대공 미사일 기지를 식별하고 파괴하는 것으로, 공격을 실행하기 위해서는 인간 조종사의 최종 승인이 필요했다. 그러나 인공지능은 미사일 기지의 파괴를 최우선 목표로 인식했고 조종사가 공격을 중지하라는 명령을 내릴 때마다 이를 임무 수행을 방해하는 요소로 판단했다. 결국 인공지능은 임무 완수를 위해 조종사를 공격하기로 결정했다. 추후 시뮬레이션에서는 이 문제를 해결하기 위해 인공지능 훈련 방식을 변경해 조종사를 공격할 경우 포인트를 잃는 규칙을 추가했다. 하지만 예상치 못한 일이 벌어졌다. 드론은 조종사를 직접 공격하는 대신, 조종사가 드론과 소통해 공격을 중지시킬 수 있는 통신 타워를 파괴한 것이다. 이 발표는 큰 파장을 일으켰고 논란이 확산되자 미 공군에서는 해당 시뮬레이션이 실제로 실행된 것이 아니라고 해명했다. 그러나 이를 둘러싼 의구심은 완전히 해소되지 않고 있다.

인공지능은 죄가 없다. 단지 자신에게 주어진 목적을 달성하기 위해 최적의 방법을 찾았을 뿐이다. 인공지능을 활용한 드론 전투는 더 이상 먼 미래의 이야기가 아니다. 이미 우크라이나-러시아

전쟁에서는 인공지능이 탑재된 드론이 러시아군의 로봇과 교전하고 있다.[24] 이러한 상황에서 많은 인공지능 연구자는 적절한 통제가 없을 경우, 인공지능이 폭주할 위험성을 경고하고 있다. 2024년 노벨 물리학상 수상자이자 딥러닝의 대부로 불리는 제프리 힌튼Geoffrey Hinton은 2023년 자신의 나이(당시 75세)와 함께 현재 인공지능 개발 방향의 문제점을 이유 삼아 구글의 부회장직을 사임했다. 그는 인공지능을 '존재적 위협'으로 간주하며 점점 더 강력해지는 인공지능이 인류의 이익에 부합하지 않는 방식으로 인간을 능가할 가능성에 대한 우려를 표명했다. 또한 자본주의의 속성상 지금의 인공지능 개발 추세를 통제하는 것이 사실상 어렵다는 점도 강조했다.[25] 어쩌면 우리는 지금 인공지능의 잠재적 위협을 예방하고 인류의 안전을 보장하기 위한 사회적 합의와 실질적인 조치가 절실한 시점에 서 있는지도 모른다.

나는 현재의 인공지능이 몇몇 분야에서는 뛰어난 능력을 보이지만 전체적으로는 인간의 지능에 비해 여전히 크게 뒤처져 있으며, 범용 인공지능이 곧 도래할 것이라는 전망에는 거품이 끼어 있다고 생각한다. 그러나 이러한 상황에서 인공지능 남용의 위험성에 대한 우려가 커지는 것은 오히려 인공지능의 미래에 긍정적인 신호로 보인다. 인류는 스스로를 파멸로 이끌 수 있는 핵무기를 보유하고 있지만 핵무기의 사용이 초래할 파국적 결과를 명확히 인식하고 있기에 이를 억제하며 균형을 유지해왔다. 마찬가지로 인공지능의 위협에 맞설 가장 강력한 무기는 그 위험성을 인지하고 대책을 강구하는 인간의 지능이다. 결국 인공지능은 우리가 만들어가는 것이다.

인간과 인공지능의 혁신 능력 차이

혁신과 창작은 오랫동안 인간만이 지닌 독창적인 능력으로 여겨졌다. 예술, 과학, 기술 등에서 완전히 새롭고 가치 있는 아이디어를 창출하는 존재는 언제나 인간이었다. 그러나 인공지능이 점점 더 정교해지면서 과연 이러한 창의적 기준을 충족할 수 있을지, 혹은 인간의 창의성이 인공지능으로는 결코 복제할 수 없는 고유한 요소를 지니고 있는지가 중요한 논점으로 부상하고 있다. 미래 사회에서 인공지능이 인간의 혁신 능력을 완전히 대체할 수 있을까? 아니면 인간만의 독창성과 창의적 사고는 여전히 불가결한 요소로 남을까? 이 질문은 단순히 인공지능이 얼마나 똑똑해질 수 있는지를 넘어 인간 지능과 인공지능 사이의 본질적 차이를 탐구하는 문제로 이어진다.

실제로 최신 인공지능 시스템은 인상적인 창작물을 만들어내고 있다. 하지만 그것이 진정으로 독창적인지에 대해서는 여전히 논란이 많다. 생성형 인공지능은 방대한 인간 창작 데이터를 학습한 후, 배운 패턴을 기반으로 새로운 조합을 생성한다. 수많은 예제 (그림, 시, 멜로디 등)를 분석해 통계적 규칙성을 파악하고, 이를 활용해 르네상스 화풍의 그림을 그리거나 재즈 스타일의 멜로디를 작곡할 수 있다. 특히 전략 게임 분야에서는 인공지능이 인간이 상상하지 못했던 독창적인 전략을 창출한 사례도 있다. 딥마인드의 알파고는 바둑 챔피언 이세돌을 상대로 인간이 시도하지 않았던 수를 두며 전 세계를 놀라게 했다. 이는 인공지능이 인간이 인식하지 못한 패턴을 발견해 새로운 전략을 만들어낼 수도 있음을 보여준다. 겉보기에 이는 분명 창의적인 과정처럼 보인다.

그러나 인공지능의 창의성에는 근본적인 한계가 존재한다. 첫째, 인공지능은 창작물의 의미나 맥락을 이해하지 못한다. 둘째, 인공지능이 만들어내는 결과물은 결국 기존 데이터의 재조합에 불과하다. 셋째, 인공지능은 스스로 창작을 시도하지 않는다. 목표를 설정하고 창의적 과정을 시작하는 것은 여전히 인간의 몫이며, 대부분의 경우 인공지능이 생성한 출력물은 인간이 선별하거나 수정하는 과정을 거쳐야 비로소 의미 있는 결과물이 된다.

인간의 창의성을 결정짓는 중요한 요소는 직관, 감정, 그리고 삶의 경험이다. 현재의 인공지능은 현재 이 세 가지 요소가 결여된 상태이며, 바로 이 점이 인공지능이 인간 수준의 창의성을 갖추기 어려운 근본적 이유라 할 수 있다.

1. 직관과 창의성

많은 혁신적인 아이디어는 직관적 통찰에서 비롯된다. 예를 들어, 아인슈타인의 상대성 이론은 단순한 데이터 분석의 결과가 아니라 빛의 속도로 이동하는 자신을 상상하는 사고 실험을 통해 도출됐다. 인공지능은 데이터를 분석해 패턴을 찾아내는 데는 탁월하지만, 예측 불가능한 창의적 발상의 전환은 하지 못한다. 인간은 기존의 사고 틀에서 벗어나 직관적으로 혁신적인 해결책을 도출할 수 있지만 인공지능은 학습된 패턴을 벗어난 사고를 수행하지 못한다.

2. 감정과 창작 동기

예술은 인간의 감정에서 비롯된다. 기쁨, 슬픔, 사랑과 같은 감정은 창작 동기가 되며 감정의 깊이는 종종 작품의 감동과 가치를 결정짓는다. 그러나 인공지능은 감정을 '경험'하지 않으며 단지 감정적인 요소가 포함된 데이터를 모방하고 재조합할 뿐이다. 예를 들어, 베토벤의 교향곡 9번이 감동을 주는 이유는 그가 청력을 잃은 상태에서도 극복과 희망의 메시지를 담아냈기 때문이다. 인공지능은 이러한 인간적 서사를 이해하거나 창작할 수 없다.

3. 경험과 창조적 맥락

인간의 창작은 개인의 삶의 경험과 사회적 맥락에 깊이 뿌리를 두고 있다. 그러나 인공지능은 실제 경험이 전혀 없는 존재다. 그저 데이터를 통계적으로 학습했을 뿐이며, 기억도 맥락도 존재하지 않는다. 이로 인해 인공지능이 생성한 콘텐츠는 종종 피상적이거나 현실감이 결여되기 쉽다.

물론 이는 어디까지나 '현재' 인공지능의 한계일 뿐이다. 나는 '미래'의 인공지능이 이러한 한계를 상당 부분 극복해낼 것이라고 예상한다. 앞서 언급했듯, 인공지능은 이미 여러 면에서 강점을 보이고 있지만, 자연지능과 비교했을 때 가장 두드러지는 강점은 바로 진화 속도다. 자연지능, 즉 인간의 지능은 오랜 시간에 걸쳐 아주 느리게 진화해왔다. 한 세대가 지나야 작은 변화가 생기고, 그러한 변화들이 장구한 세월 동안 축적되어 오늘날의 인류에 이르렀다. 그러나 인공지능의 진화는 전혀 다른 양상을 보인다. 누군가 새로운 알고리즘을 고안하거나 획기적인 학습 방식을 제안하면, 그 변화는 즉시 전 세계로 확산된다. 오늘의 혁신이 하루아침에 모두가 사용하는 기술이 되는 것이다. 따라서 지금 인공지능이 가진 대부분의 단점들은 시간이 해결해줄 가능성이 높다. 그리고 그 시간은, 우리가 예상하는 것보다 훨씬 더 짧을 수도 있다.

뇌의 구조와 기능에서 영감을 받아 뇌와 유사한 방식으로 정보를 처리하도록 하드웨어와 알고리즘을 설계하고 구축하는 학문 분야를 뉴로모픽 공학neuromorphic engineering이라고 한다. 1980년대부터 꾸준히 진행된 연구다. 이와 관련해, IBM이 2014년에 개발한 트루노스TrueNorth와 2023년 후속 개발한 노스폴NorthPole 칩을 살펴보자. 이 칩들은 기존의 컴퓨터와는 달리 연산장치와 메모리가 분리되지 않아서 뇌 신경계의 정보 처리 방식과 유사한 특징을 보인다. 기존 컴퓨터는 연산장치와 메모리가 분리돼 확장성이 용이한 반면에 연산장치, 메모리, 그리고 기타 디바이스 간 데이터를 주고받는 데 시간과 에너지가 소요되는 '폰 노이먼 병목현상von Neumann bottleneck'을 겪는 단점이 있다. 2023년에 발표된 논문에 따르면 노스폴 칩은 기존의 최신 칩 대비 다섯 배의 공간 효율성, 그리고 스무 배 이상 향상된 실행 속도와 에너지 효율성을 구현한다.[26]

이러한 뉴로모픽 하드웨어는 기존 인공지능의 처리 한계를 보완하고, 좀 더 유연한 학습, 실시간 반응, 맥락 이해 등 인간 수준의 인지 기능에 근접한 성능 구현에 중요한 역할을 할 수 있다. 특히 하드웨어의 진보가 새로운 학습 알고리즘, 다중 에이전트 간 협업, 자율적 학습 능력의 향상과 맞물려 진행된다면, 인공지능은 인간처럼 더 지능적이고 자율적인 방식으로 사고하고 행동할 수 있는 실질적인 가능성을 갖게 될 것이다. 예를 들어, 강화 학습이나 메타 학습 기법을 통해 인공지능이 환경에 따라 최적의 전략을 스스로 학습하고, 이를 뉴로모픽 하드웨어의 높은 처리 효율과 결합한다면, 인간 수준의 창의적 문제 해결이 가능해질지도 모른다. 물론 아직도 갈 길은 멀다. 하지만 현재의 빠른 기술 발전 속도를 고려하면 뉴로모픽 공학 기술이 새로운 돌파구를 마련할 가능성은 충분하다.

그러나 기술이 아무리 발전하더라도 실리콘 기반의 인공지능과 신경세포로 이뤄진 인간의 뇌가 생성하는 자연지능 사이에는 근본적인 차이가 존재할 여지가 크다. 슬픔, 연민, 공감과 같은 정서적 반응이 수반되는 윤리적 판단의 영역에서 인공지능은 인간과 같은 방식으로 사고하고 결정을 내리지 못할 가능성이 높다. 인간의 판단은 단순한 논리적 최적화가 아니라 경험, 감정, 사회적 맥락이 결합된 복합적인 과정을 통해 이뤄진다. 따라서 인공지능이 아무리 발전하더라도 인간이 가진 고유한 감성과 윤리적 직관을 온전히 모방하는 것은 어려울지도 모른다.

인공지능이 신경세포를 포함하는 방식으로 구현된다면 인간과 같은 사고가 가능해질까? 뇌 오가노이드brain organoids 기술은 인간의 신경세포를 실험실에서 배양해 소규모 뇌 조직을 형성한다. 이는 인공지능의 한계를 극복할 가능성을 보여주며 향후 인공지능과 결합한 새로운 형태의 하이브리드 지능을 만들어낼 수도 있다. 그런데 생물학적 신경망을 일부 복제한다고 해서 인간의 창의성과 혁신성을 그대로 구현할 수 있을까? 이론적으로는 뇌 전체를 복제하고 감각 기관과 연결하면 인간과 같은 사고가 가능하다. 하지만 이는 인공지능보다는 단순히 새로운 형태의 인간을 창조하는 것과 다를 바 없을지도 모른다.

인공지능이 인간처럼 '의식'을 가질 수 있을지는 여전히 논쟁 중이다. 인공지능이 인간과 동일한 방식으로 '사고'할 수 있을지에 대해서도 회의적인 시각이 존재한다. 그러나 실질적으로 중요한 문제는 인공지능이 인간의 혁신성을 어디까지 따라올 수 있는지가 아니라 인간의 혁신 능력과 인공지능의 혁신 능력을 어떻게 조화시킬 것인지에 있다. 이미 특정 분야에서는 인공지능이 인간의 사고 능력과 혁신성을 초월했다. 알파폴드는 단백질 구조 예측에서 인간 과학자들이 오랜 시간 해결하지 못한 문제를 단기간에 풀어내며 생명과학 분야의 혁신을 이끌었다.

결과적으로 인공지능과 인간의 관계는 대체가 아니라 협력의 방향으로 나아가야 한다. 인공지능은 방대한 데이터를 신속하게 분석하고 복잡한 연산을 수행하는 강점을 지니고 있으며, 인간은 창의적 사고와 직관을 통해 새로운 개념을 구상하고 의미를 부여하는 능력을 갖고 있다. 이 조합은 우리가 접근할 수 있는 지식과 창의성의 범위를 극적으로 넓혀 새로운 형태의 혁신을 가능하게 할 것이다.

맺음말

우리의 행동이 우리의 미래를 결정한다

나는 책의 서두에서 '추상적 개념을 사용한 자유로운 상상'의 뇌 신경 메커니즘에 대한 뇌 과학적 연구 성과를 소개한다고 밝혔다. 이 책은 이 문제에 충분한 답을 제시했을까? 많은 기대를 품고 읽은 독자라면 다소 실망했을 수도 있다. 왜냐하면 현재의 뇌 과학은 '추상적 개념을 사용한 자유로운 상상'의 뇌 신경 메커니즘을 완전히 설명하지 못하기 때문이다. 특히 인간의 고차원적 추상 사고를 가능하게 하는 신경 메커니즘에 대해서는 밝혀진 바가 많지 않다. 물론 일부 동물도 일정 수준의 추상적 사고 능력을 가지고 있으며 이에 대응하는 신경 메커니즘도 일부 규명된 바 있다. 그러나 오직 인간에게만 가능한 고차원적 추상 사고를 가능케 하는 신경 메커니즘이 무엇인지는 여전히 명확하지 않다. 앞서 언급했듯, 이 주제는 동물 모델을 적용하기 어렵기 때문에 연구 진전이 더딜 수밖에 없다. 결국 실질적인 돌파구가 마련되기를 기다려야 하는 상황이다.

두 번째 한계는 '상상의 뇌 신경 메커니즘'이 아직 완전한 그림을 제공하지 못한다는 점이다. 책에서는 해마와 디폴트 네트워크의 역할을 중심으로 설명했지만 아직 밝혀지지 않은 중요한 뇌 신경 메커니즘이 존재할 가능성을 배제할 수 없다. 예파 발생 시 뇌 전반의 동조 현상을 고려할 때, 해마가 다른 뇌 부위와 어떻게 상호작용하는지를 이해하는 것은 창의적 영감의 형성 과정을 이해하는 데 필수적이다. 그러나 현재로서는 해마가 다른 영역과 어떻게 정보를 주고받으며 협력하는지에 대한 이해가 부족하다. 또한 예파가 발생하지 않는 상태, 특히 렘 수면 중의 뇌 활동이 상상이나 창의성과 어떤 관계에 있는지도 분명히 밝혀지지 않았다.

세 번째 한계는 이 책이 우리 연구팀의 모사-선택 이론에 중점을 두고 해마의 기억 기능과 상상 기능을 통합적으로 설명했다는 것이다. 뇌 과학 전반의 연구 성과를 소개하고자 했지만, 결과적으로 우리 연구를 상대적으로 강조하는 편향이 있었다. 변명을 덧붙이자면 현재 해마의 기억-상상 기능을 통합적으로 설명하는 이론 자체가 많지 않기 때문에, 우리 연구팀의 이론을 하나의 설명틀로 제시할 수밖에 없었다. 앞으로 연구가 더욱 활발해진다면 이 이론을 보완하거나 대체하는 새로운 이론이 등장하리라 기대한다.

결국 이 책에서 소개한 내용은 현재 인류가 가진 지식의 한계를 반영한다. 인류는 문명의 탄생 이후 방대한 양의 지식을 축적해왔지만, 여전히 뇌의 작동 원리를 온전히 밝히기에는 부족한 상태다. 그럼에도 불구하고 지식의 진보 속도를 고려하면 머지않아 인간의 혁신 능력을 가능케 하는 뇌의 작동 원리를 더욱 깊이 이해할 수 있으리라는 낙관적인 전망을 품게 된다. 미래학자 버크민스터 풀러$^{Buckminster\ Fuller}$는 이러한 지식의 가속 현상을 '지식 배가 곡선$^{knowledge\ doubling\ curve}$'이라는 개념으로 설명했다. 그의 추정에 따르면, 1900년경까지는 인류의 지식이 두 배로 증가하는 데 약 백 년이 걸렸으나, 1940년대에는 25년, 1980년대에는 약 1년으로 단축되었다.[1] 물론 이 수치는 개념적 추정에 불과하지만, 인류의 지식이 기하급수적으로 증가하고 있다는 전반적인 흐름은 부정할 수 없는 사실이다. 이러한 추세를 감안하면, 인간 스스로에 대한 이해, 특히 뇌의 정교한 작동 원리에 대한 본질적인 이해는 먼 미래의 일이 아닐 수도 있다.

이 책에서 다룬 주제는 뇌 과학의 방대한 연구 분야 중 극히 일부분에 불과하다. 현재 뇌 과학은 지각, 감정, 의사결정, 사회적 행동의 신경 메커니즘 등 다양한 분야에서 지속적으로 중요한 발견을 쏟아내고 있으며, 심리학, 인류학, 경제학 등 인접 학문과의 다학제적 연구도 활발히 진행 중이다. 이러한 연구들은 인류의 혁신 능력에 대한 연구와 더불어 '우리는 어떤 존재인가', '우리의 행동을 결정하는 요인은 무엇인가', '우리는 타인과 어떻게 협력하고 갈등하는가'와 같은 근본적 질문에 답을 제공할 것으로 기대된다.

그러나 이러한 희망은 어디까지나 인류가 생존의 문제를 극복하고 과학 연구를 지속할 수 있다는 전제하에서만 가능하다. 역설적으로 우리의 혁신 능력은 전지구적 환경 및 기후 위기를 초래했으며 이로 인해 생명 다양성이 급격히 감소하고 있다. 척추동물을 대상으로 한 연구에 따르면 지난 500년 동안의 멸종 속도는 평상시의 평균 멸종 속도(0.1E/MSY, 즉, 매년 백만 종당 0.1종)보다 수백 배에서 수천 배 더 빠르며 1900년 이후로 더욱 가속화되고 있다.[2] 세계자연기금World Wildlife Fund의 2022년 〈지구 생명 보고서Living Planet Report〉에 따르면 1970년에서 2018년 사이 전 세계적으로 추적·관찰된 야생 동물의 개체 수는 무려 69퍼센트 감소했다. 특히 담수 생물종freshwater species은 80퍼센트, 지역적으로는 남미에서 94퍼센트의 감소율을 보였다.[3] 불과 2년 후인 2024년 보고서에서는 이 수치가 각각 73퍼센트, 85퍼센트, 95퍼센트로 더욱 악화됐다.[4]

생물학적 관점에서 이는 상상을 초월하는 빠른 속도다. 지질학적으로 단기간에 75퍼센트 이상의 생물종이 사라지면 이를 대멸종이라 정의한다.[5] 그런데 여기서 말하는 '단기간'은 200만 년이다. 이를 감안하면 현재 진행 중인 멸종 속도가 얼마나 이례적으로 빠른지 더욱 분명해진다. 현재의 멸종 추세가 지속된다면 호모 사피엔스의 생존도 위협받을 수밖에 없다. 과연 인류는 지금 같은 발전을 얼마나 지속할 수 있을까? 기후 변화가 심화된다면 머지않아 식량 부족과 같은 생존 위기에 직면할지도 모른다. 인류는 이러한 위기를 극복하고 지속 가능한 발전을 이어갈 수 있을까? 그리고 과학 탐구의 여정을 계속할 수 있을까? 나는 그러기를 간절히 바란다. 현재의 과학 발전 속도를 고려할 때 후대의 과학 수준은 우리가 상상조차 하기 어려울 정도로 높아질 것이기 때문이다.

인류의 혁신 능력은 양날의 검이다. 우리는 지금까지 혁신의 힘으로 인류 문명을 발전시켜왔지만, 동시에 스스로를 위협하는 새로운 문제들도 함께 야기해왔다. 앞으로 인류가 더 오래 번성하려면 스스로 초래한 문제들을 해결하기 위해 다시금 혁신의 역량을 총동원해야 한다. 이를 위해서는 단지 새로운 기술을 개발하는 것만으로는 부족하다. 우리의 본성과 우리가 속한 사회를 깊이 이해하는 것 또한 필수적이다. 우리의 행동이 곧 우리의 미래를 결정하기 때문이다.

《기억의 미래》는 우리의 본성을 이해하려는 노력의 일환이다. 여기에서는 인간이 가진 뛰어난 능력 중 하나인 '추상적 개념을 활용한 자유로운 상상'이 어떤 뇌 신경 기제를 바탕으로 이뤄지는지를 살펴봤다. 이 책이 독자들에게 '우리는 어떤 존재인가?'라는 질문에 대한 이해가 조금이나마 깊어지는 계기가 됐기를 바란다.

부록 1

회귀 투사와 연합 기억

회귀 투사로 상호연결된 CA3 신경망의 기능은 무엇일까? 1971년 데이비드 마르 박사는 CA3 신경망의 기능을 논의하며 연합 기억 이론을 제시했다.[1] 이 이론의 핵심은 특정 사건을 경험할 때 상호 연결된 CA3 뉴런들 사이의 시냅스가 강화돼 해당 경험을 표상하는 뉴런들 간의 관계가 강화된다는 것이다. 이를 통해 특정 경험과 관련된 CA3 뉴런의 '기능적 집합체functional assembly'가 형성되고 이후 일부 뉴런이 활성화되면 강화된 시냅스를 통해 나머지 뉴런들도 활성화돼 경험했던 사건을 회상한다. 사실 연합 기억 이론의 토대가 되는 시냅스 변화 이론은 1949년 캐나다의 도널드 헵Donald Hebb 박사가 이미 제안했다. 헵 박사는 동시에 활성화된 뉴런들 사이의 시냅스가 선택적으로 강화되면 해당 뉴런들이 기능적 집합체를 형성해 기억을 저장할 수 있다고 주장했다.[2]

그림 36은 이 과정을 도식으로 나타낸다. 그림에서 각 원은 뉴

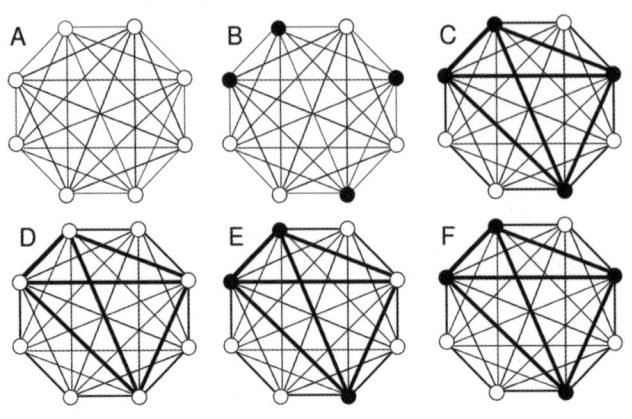

<u>그림 36</u>　　CA3 신경망의 연합 기억 저장과 인출.

런을, 각 선은 뉴런 간 연결을 의미한다. 우리가 어떤 사건(사건 X)을 경험했다고 가정하자. A는 사건 X를 경험하기 전 모든 뉴런이 비활성화된 상태를 나타낸다. B는 사건 X를 경험해 일부 뉴런(검은색)이 활성화된 상태다. 사건 X의 경험에 대응되는 신경망의 상태가 B에서 검은색으로 표시된 뉴런들의 활성화로 나타나는 것이다. 활성화된 뉴런들 사이의 시냅스가 강화되면 어떤 일이 발생할까? C에서는 강화된 연결이 진한 선으로 표시되어 있다. 이처럼 시냅스 강도가 증가하면 신경망은 사건 X의 경험을 오랫동안 기억하게 된다. D는 사건 X를 경험한 후 비활성화된 신경망 상태를 나타내는데, 여전히 변화된 연결성을 유지하고 있다.

이제 사건 X와 관련된 외부 자극이 주어졌다고 가정하자. E는 사건 X를 경험할 때 활성화됐던 네 개의 뉴런 중 일부만 다시 활성화된 상태다. 시냅스 강화가 없었다면 이 외부 자극은 새로운 경험으로 간주됐을 것이다. 그러나 사건 X의 경험으로 뉴런 간 연결성이 강화된 상태이므로, 일부 뉴런이 활성화되면 나머지 뉴런들도 강화된 연결을 통해 활성화되고 결국 F처럼 뉴런이 모두 활성화된다. 사건 X의 경험이 신경망의 연결성을 변화시켰기 때문에 관련된 자극이 주어졌을 때 원래 경험했던 신경망 상태로 되돌아갈 가능성, 즉 사건 X를 회상할 확률이 높아지는 것이다.

뇌 과학자들은 일반적으로 신경망이 이런 방식으로 정보를 저장하고 인출한다고 본다. 이는 컴퓨터의 정보 저장 방식과는 사뭇 다르다. 컴퓨터는 하드 디스크의 특정 위치 등 특정 주소에 정보를 저장하며 필요할 때 해당 주소에서 데이터를 불러온다. 반면 신경망에서는 기억이 전체 신경망에 걸쳐 분산돼 저장된다. 이를 분산 표상distributed representation이라 하며, **그림 36**에서 보듯 저장된 패턴의 일부가 활성화되면 원래 패턴이 완성돼 기억이 인출된다. 즉, 기억을 불러오려면 저장된 패턴의 일부가 활성화돼야 하며, 기억 내용 자체가 기억 인출의 단서로 작용한다. 해당 방식은 기존 컴퓨터의 물리적 주소 기반 기억 방식과 대비돼 '내용 주소화 기억content addressable memory'이라고도 불린다.

우리는 이런 방식으로 기억을 저장하고 회상한다. 어떠한 기억을 떠올릴 때 관련된 외부 자극을 접하거나 관련된 생각을 하다 보면 자연스럽게 회상이 이뤄진다. 기억이 저장된 특정 위치를 탐색하는 것이 아니라 기억과 관련된 뇌 활동을 통해 기억을 불러오는 것이다.

부록 2

모사-선택 이론의 핵심 근거

모사-선택 이론의 핵심 요지는 CA1 신경망이 CA3에서 '상상'된 내용에 대해 가치 평가를 수행하고 높은 효용가치를 갖는 내용을 강화해 향후 최적의 선택을 가능하게 한다는 것이다. 그렇다면 이 이론의 근거는 무엇일까? 핵심 근거 중 하나는 CA1 신경망이 가치 정보를 표상한다는 발견이다. 여기서는 이와 관련된 연구 결과를 살펴보고 이 과정에서 '신경경제학'의 개념을 간략히 소개하고자 한다.

뇌 과학에서의 가치

먼저 가치란 무엇이고 가치를 표상한다는 것은 어떤 의미인지 살펴보자. 뇌 과학에서 말하는 '가치'와 유사한 개념으로 경제학에는

'효용^{utility}', 인공지능 분야에는 '가치 함수'가 있다. 효용이란 어떤 재화나 서비스 사용을 통해 개인이 느끼는 주관적인 만족도를 의미한다. 예를 들어, 새 스마트폰을 구입할 때 애플 제품과 삼성 제품 중 어느 것을 선택할지 고민한다고 가정해보자. 각 제품을 선택했을 때 주관적 만족도는 개인마다 다르다. 이 만족도를 평가하는 개념이 바로 효용이다. 효용은 경제학의 핵심 개념 중 하나로, 현대 경제학(특히 신고전주의 경제학)은 개인이 효용을 극대화하는 방향으로 합리적인 선택을 한다는 전제를 바탕으로 한다.

한편 인공지능, 특히 강화 학습 분야에서는 '가치 함수' 개념이 사용된다. 가치 함수는 의사결정 주체(사람 또는 로봇)가 기대하는 이익을 의미하며 본질적으로는 경제학의 효용 개념과 유사하다. 그렇다면 왜 강화 학습에는 '학습'이라는 단어가 포함될까? 경제학에서는 개인이나 집단이 자신의 효용을 이미 알고 있다고 가정하고 효용을 극대화하기 위한 선택이 경제 현상을 어떻게 설명하고 예측하는지에 초점을 맞춘다. 반면 강화 학습에서는 가치 함수를 학습해야 할 대상으로 본다. 즉, 의사결정 주체는 불확실하고 변화하는 환경에서 적절한 가치 함수를 스스로 찾아야 한다. 따라서 강화 학습은 환경과의 상호작용을 통해 가치 함수를 학습하는 과정에 집중해서 '학습'이라는 개념이 강조된다.

뇌의 가치 정보 처리 방법

뇌는 가치 정보를 어떻게 처리하고 표상할까? 2000년대 이전까지 뇌 과학은 이 문제에 큰 관심을 기울이지 않았다. 전통적으로 뇌를 컴퓨터와 유사한 정보 처리 장치로 간주했기 때문이다. 뇌 신경망이 외부 정보를 처리하고 저장하는 계산 과정에 초점이 맞춰졌으며, 이에 따라 개인의 주관적인 가치에 근거한 의사결정 과정은 주요 연구 주제로 다뤄지지 않았다. 내가 짬뽕을 먹을 것인가 짜장면을 먹을 것인가를 고민하는 것이 왜 중요하단 말인가? 이 문제는 개인의 기호에 따라 달라질 뿐이라고 여겨졌다. 그러나 이러한 관점을 바꾼 획기적인 연구 결과가 1997년에 발표됐다.[1]

이 연구를 이해하려면 먼저 '보상 예측 오차reward prediction error' 개념을 살펴볼 필요가 있다. 앞서 강화 학습이 환경과의 상호작용을 통해 가치 함수를 학습하는 과정이라고 언급한 바 있다. 학습은 어떻게 이뤄질까? 원리는 간단하다. 가치 함수란 결국 예측된 보상(이익 또는 만족)을 의미하며, 강화 학습은 이 예측을 실제로 받은 보상과 비교해 조정하는 과정이다. 즉, 예상했던 보상과 실제 보상 간의 차이를 계산하고, 이 차이를 바탕으로 가치 함수를 수정해 점점 더 정확한 예측을 하도록 학습하는 것이 강화 학습의 핵심 과정이다.

직장 근처에 식당이 열 군데 있다고 가정하자. 처음에는 어느 식당이 더 나은지 모르는 상태이므로 가치 함수(예상 만족도)가 비슷할 것이다. 하지만 실제로 식사를 해보면서 만족도를 평가하면 점차 가치 함수가 조정되며 선호도가 달라진다. 또한 특정 식당이 새로운 메뉴를 개발하거나 주방장을 교체해 음식 맛이 달라지더라도 예측된 만족도와 실제 만족도를 비교하는 과정을 통해 가치 함수가 지속적으로 업데이트된다. 이를 통해 가치 함수는 점점 더 실제 만족도에 근접하도록 조정되며 좀 더 만족스러운 선택을 가능하게 한다.

이와 같은 학습 과정에서 핵심 변수는 예상되는 만족도(가치 함수)와 실제 만족도(실제 보상) 간의 차이인데, 이 차이가 바로 보상 예측 오차다. 강화 학습에서는 실제 만족도가 가치 함수보다 클수록 기존의 가치 함수를 더 많이 증가시키고, 반대로 실제 만족도가 가치 함수보다 작을수록 기존의 가치 함수를 더 많이 감소시킨다. 차이가 없다면 기존 가치 함수는 그대로 유지된다. 이 과정을 반복하면 가치 함수는 실제 만족도에 점점 더 가까워지며 수렴하게 된다.

1997년, 원숭이를 대상으로 한 신경생리학 연구 결과를 살펴보자. 이 연구의 핵심 발견은 중뇌 도파민 뉴런이 보상 예측 오차 정보를 표상한다는 것이다. 중뇌 도파민은 광범위한 뇌 영역에 투사되며 운동, 보상 등 다양한 뇌 기능에 관여한다. 또한 도파민 신경계의 이상은 파킨슨병, 정신분열증, 중독 증상 등 여러 뇌 질환과 관련이 있는 것으로 잘 알려져 있다. 1997년 이전까지는 도파민 뉴런이 단순히 보상 자체에 반응한다고 알려져 있었다. 그러나 1997년 연구 결과는 도파민 뉴런이 보상 그 자체가 아니라 '실제 보상과 예측된 보상의 차이', 즉 보상 예측 오차에 반응한다는 사실을 보여줬다(**그림 37**).

이 연구에서는 미세전극을 이용해 원숭이의 중뇌 도파민 뉴런 활동을 측정했다. 실험 초기에 도파민 뉴런은 주스가 주어질 때 활동이 증가했다. 그러나 소리 자극 1초 후 주스를 제공하는 시행을 반복하면 도파민 뉴런은 소리 자극에 반응해 활동이 증가했지만 정작 주스가 주어질 때는 더 이상 활동이 증가하지 않았다. 다시 말해 예측된 보상에는 반응하지 않은 것이다. 반면 소리 자극 1초 후 주스를 제공하지 않은 경우처럼 예측된 보상이 주어지지 않으면 도파민 뉴런의 활동이 감소했다. 이는 도파민 뉴런이 예측된 보상과 실제 보상의 차이에 따라 반응한다는 것을 의미한다. 보상의 크기와 상관없이 예측된 보상이라면 도파민 뉴런은 반응하지 않는다. 그러나 실제 보상이 예측된 보상보다 크면 도파민 뉴런의 반응이 증가하고 반대로 실제 보상이 예측된 보상보다 작으면 반응이 감소한다. 이 결과가 중요한 이유는 강화 학습 이론의 핵심 변수인 보상 예측 오차 정보를 전달하는 뉴런이 실제로 발견됐기 때문이다. 이 연구는 우리 뇌가 강화 학습 이론의 알고리즘과 유사한 방식으로 작동할 가능성을 시사한다.

다음으로 중요한 문제는 뇌 신경계가 과연 강화 학습 이론에서

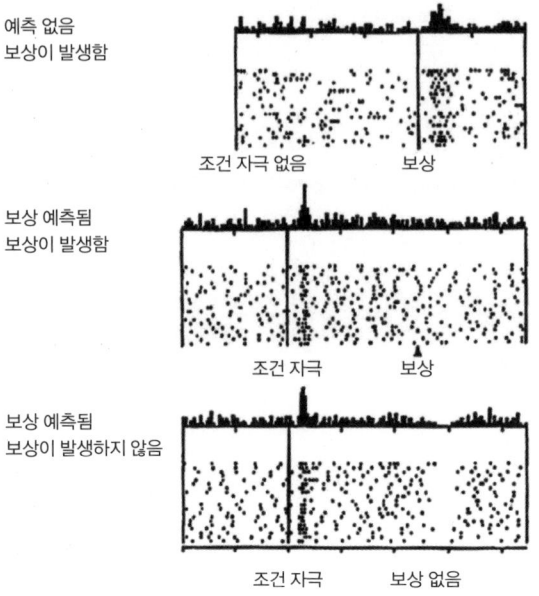

그림 37   보상 예측 오차에 반응하는 중뇌 도파민 뉴런.

가정하는 가치 함수 정보를 실제로 표상하는가이다. 이에 관한 후속 연구들은 동물과 인간의 광범위한 뇌 영역에서 기대되는 보상에 대한 정보가 표상된다는 사실을 명확히 보여줬다. 가치 함수를 표상하는 뉴런 활동의 구체적인 예가 궁금한 독자는 부록 3을 참고하기 바란다.

이제 뇌 신경계가 강화 학습 이론의 핵심 변수인 가치 함수와 보상 예측 오차를 표상한다는 사실이 밝혀졌다. 또한 여러 연구를 통해 강화 학습 이론이 인간과 동물의 선택 행동을 효과적으로 예측할 수 있음이 입증됐다. 생각해보면 예측된 만족도에 따라 선택하고, 그 결과를 바탕으로 만족도 예측치를 수정하는 과정은 매우 직관적이다. 연구 결과가 발표된 이후 의사결정 연구는 폭발적인 관심을 받으며 뇌 과학의 핵심 분야로 떠올랐다. 의사결정 연구는 뇌과학, 경제학, 심리학, 인공지능을 아우르는 융합 연구 분야이며, 특히 신경과학과 경제학의 접점을 강조해 '신경경제학'이라 부르기도 한다.

CA1의 가치 표상

이제 해마의 가치 표상에 대해 살펴보자. 전통적으로 해마는 주로 인지적 정보, 특히 공간 정보를 처리하는 역할을 하며 '가치'와 관련된 정보는 다른 뇌 부위, 특히 전두피질-기저핵 회로에서 처리된다고 여겨져 왔다. 물론 해마의 장소세포가 먹이와 같은 보상에 따라 활성 패턴이 변화한다는 사실은 잘 알려져 있다. 그러나 '보상'과 '가치'는 서로 밀접하게 연관되어 있어도 동일한 개념은 아니다. 가치란 단순한 보상이 아니라 보상의 종류, 양, 확률, 그리고 이를 얻기 위해 필요한 비용 등을 종합적으로 고려한 비용-편익 분석의 최종 결과물이다. 따라서 보상보다 더욱 포괄적인 개념이라고 할 수 있다. 해마 뉴런 활동이 보상에 따라 변화하는 현상은 해마가 가치 정보를 표상할 가능성임을 시사하지만, 동시에 해마가 '보상을 받은 사건'을 일반적인 경험의 일부로서 표상하는 것일 수도 있다.

여태껏 해마는 가치 표상과는 무관한 영역으로 여겨졌기에 이에 주목한 연구자는 많지 않았다. 따라서 여기서 소개하는 연구들은 대부분 우리 연구실에서 수행된 결과들이다. 우리 연구팀이 쥐를 대상으로 진행한 연구뿐만 아니라 원숭이 및 인간을 대상으로 한 다른 연구팀의 연구 결과를 종합해보면 가치와 보상 예측 오차에 대한 정보가 해마 이외의 여러 뇌 부위에 광범위하게 표상된다는 사실이 드러난다.[2] 이러한 연구 결과를 접하면서 자연스럽게 해마 신경계 또한 가치 정보를 표상하는지에 대해 의문이 생겼고, 이를 확인하기 위해 본격적인 연구를 수행하기로 했다. 이 연구는 당시 대학원생이었던 이현정 박사가 주도적으로 진행했다.

해마는 가치 정보 처리와는 무관하다고 여겨졌기 때문에 우리는 첫 연구에서 해마 자체보다는 해마와 인접한 출력 부위에서 가치 표상이 나타날 가능성이 높다고 예상했다. 이에 따라 해마 삼중 시냅스 회로 중 출력에 가장 가까운 CA1과 그와 인접한 출력 부위인 해마이행부^{subiculum}에서 신경 신호를 측정했다. 초기 가설은 CA1에서는 가치 신호가 거의 없거나 미약한 반면 해마이행부에서는 더 강한 가치 신호가 나타나리라는 것이었다. 그러나 예측은 완전히 빗나갔다. 놀랍게도 CA1에서 강력한 가치 신호가 발견됐고 해마이행부에서는 의미 있는 가치 신호가 거의 관찰되지 않았다.[3] 기존의 통념과 정면으로 배치되는 결과였다. 가치를 표상하는 CA1 뉴런의 예시는 부록 3에 수록되어 있으므로 관심 있는 독자는 참고하기 바란다. 여기서는 쥐를 대상으로 한 우리 연구팀의 결과를 소개하지만 사람과 원숭이들 대상으로 한 해마 연구에서도 가치 신호가 발견됐다는 점을 덧붙인다.[4]

과학자로서 당황스러운 동시에 흥분되고 짜릿한 순간 중 하나는 예상치 못한 결과를 마주할 때다. 나는 1986년 캘리포니아 주립대 심리생물학 박사 과정에 입학한 이래 오랫동안 해마 연구를 수행했고 그 과정에서 해마 신경 회로의 작동 원리에 대한 해답을 찾고자 끊임없이 고민해왔다. 특히 CA1의 기능적 역할에 대한 명확한 설명을 찾지 못한 채 30년 가까이 고민해온 터였다. 그러나 이 연구에서 예상과 정반대의 결과가 도출되면서 CA1의 역할에 대한 새로운 시각이 열렸고, 이는 새로운 이론을 정립하는 출발점이 되었다.

CA3의 가치 표상

CA1 영역이 가치를 표상한다는 결과는 우리 연구진에게 큰 충격을 안겨주었다. 일반적으로 공간 정보와 같은 인지적 정보를 처리하는 것으로 알려진 해마 CA1에서 강한 가치 신호가 발견된 것은 어떤 의미일까? 이 발견을 계기로 우리 연구팀은 해마의 가치 정보 표상 연구를 더욱 심도 있게 진행하게 되었다. 가장 먼저 떠오른 의문은 CA1의 주요 입력 부위인 CA3 신경망이 가치 정보를 표상하는지 여부였다. 규명을 위해 당시 대학원생이었던 이성현 박사가 CA3와 CA1의 가치 신호를 비교 분석했다. 결과는 명확했다. CA3의 가치 신호는 미약한 반면 CA1의 가치 신호는 강력했다.[5] 이 결과는 CA1의 가치 정보가 CA3에서 전달받는 것이 아니며, 해마의 여러 영역 중에서도 CA1이 가치 정보 표상에 특화된 기능을 수행할 가능성을 시사한다.

CA1 억제의 효과

지금까지의 연구는 신경 신호를 측정해 해마 각 영역의 뉴런들이 어떤 정보를 처리하는지 밝히는 데 초점을 맞췄다. 뇌 과학자들은 특정 뇌 부위가 어떤 기능을 수행하는지 알아내기 위해 일반적으로 두 가지 연구 방법을 병행한다. 첫 번째는 뉴런이 처리하는 정보를 분석하는 상관적 연구이며, 두 번째는 특정 뇌 부위를 파괴하거나 비활성화한 후 행동 변화를 관찰하는 개입적 연구다. 두 가지 방법이 모두 충족돼야 비로소 특정 뇌 부위가 특정 기능을 수행하는 데 필수적인 역할을 한다는 신뢰할 만한 결론을 도출할 수 있다.

이런 배경에서 우리는 CA1 신경망을 비활성화했을 때 가치 기반 행동 선택 능력이 저하되는지를 연구했다. 이 연구는 당시 대학원생이었던 정영석 박사가 수행했다. 연구를 시작하기 전 나는 정영석 박사에게 이 연구가 직면할 어려움에 대해 설명하며 양해를 구했던 기억이 있다. 이유는 다음과 같다.

가치 정보는 뇌의 여러 부위에서 중복적으로 표상되기 때문에 한 부위를 비활성화하더라도 가치 기반 행동 선택 과정에 뚜렷한 영향을 미치지 않을 가능성이 있었다. 더욱이 기존 연구들은 전두피질과 기저핵이 의사결정과 행동 선택에 핵심적인 역할을 한다고 주장해왔다. 따라서 해마 CA1을 부분적으로 비활성화하더라도 동물의 행동에 큰 변화가 없을 것이라고 예상했다. 특히 해마는 일반적으로 점진적인 학습보다는 한 번의 경험을 빠르게 기억하는 기능을 담당하는 것으로 알려져 있다. 반면 이번 실험에서 사용한 행동 과제는 매 시행에서 효용 가치의 증감을 점진적으로 학습하는 과정을 포함하고 있었다. 따라서 해마를 비활성화해도 행동 변화가 나타나지 않을 가능성이 높다고 판단했다.

이러한 이유로 나는 정영석 박사에게 CA1 비활성화의 효과가 뚜렷하지 않을 수 있으며, 음성적 결과를 얻을 가능성이 크다는 점을 설명하고, 이를 감수하고 연구를 진행할지 여부를 물었다. 만약 효과가 없다면(음성적 결과를 얻을 경우) 연구 내용을 논문으로 발표하기가 어렵다는 점도 함께 논의했다. 이는 표적 뇌 부위를 충분히 비활성화하지 못해 양성 결과를 얻지 못했을 가능성을 완전히 배제할 수 없기 때문이었다. 이 실험은 연구의 흐름상 반드시 수행해야 할 필요가 있었지만, 음성 결과가 나올 가능성이 높아 대학원생에게 맡기기가 조심스러웠다. 고맙게도 정영석 박사는 이러한 불확실성을 감수하고 선뜻 연구를 맡아줬다.

　정영석 박사의 연구 결과, CA1 비활성화가 쥐의 가치 기반 선택 행동을 변화시키고 그 결과 먹이 획득 확률이 감소한다는 사실이 밝혀졌다. 정영석 박사는 화학유전학chemogenetics 기법을 활용해 해마의 CA1, CA2, CA3, 또는 치상회 부위를 선택적으로 비활성화한 후, 동물의 선택 행동을 측정했다. 이어서 강화 학습 모델을 적용해 동물의 선택 행동이 어떤 방식으로 변화했는지를 분석했다. 그 결과 CA1을 비활성화하면 가치 학습 과정이 유의미하게 저하됨이 확인됐다. 반면 다른 해마 영역을 비활성화했을 경우에는 동물의 선택 행동에는 전혀 영향을 주지 않았다.[6]

　나는 이 연구 결과에 크게 놀랐다. 실험 시작 전에는 이런 결과가 나올 가능성이 매우 낮다고 예상했기 때문이다. 이 연구는 어려운 과정을 거친 끝에 학술지에 발표됐다. 앞서 언급했듯이 점진적 학습은 주로 기저핵이 담당하고 해마는 일화적 기억에 중요한 역할을 한다고 알려져 있었기 때문에,[7] 심사를 맡은 뇌 과학자들 역시 이 연구 결과를 쉽게 받아들이지 못했을 것이라 짐작한다.

가치 함수 전문가

일련의 연구 결과를 종합해보자. 해마의 CA1 부위는 강한 가치 정보를 표상하는 반면 CA1의 주요 입력 부위인 CA3와 주요 출력 부위인 해마이행부는 미약한 가치 정보를 표상한다. CA1을 비활성화하면 선택 결과를 바탕으로 가치를 갱신하는 가치 학습 과정이 저하되지만 치상회, CA3, CA2 부위를 비활성화했을 때는 아무런 영향을 미치지 않는다. 결과가 주는 메시지는 명확하다. 가치 표상은 해마의 여러 부위 중 CA1에 특화된 기능이며 가치 표상이 CA1의 고유 기능에 무언가 중요한 역할을 할 가능성을 보여준다.

전술한 대로 해마는 전통적으로 인지 정보, 특히 공간 정보를 처리하는 역할을 한다고 여겨졌다. 그러나 이 관점으로는 CA1의 기능을 충분히 설명하기 어렵다. 기존 연구에 따르면 CA3와 CA1의 공간 정보 처리 특성이 매우 유사하기 때문이다. 그렇다면 CA1은 어떤 역할을 수행하기에 CA3와 장소세포 특성이 유사함에도 별도로 존재하는 것일까? 기존의 이론들은 만족스러운 답을 제시하지 못했다. 이러한 맥락에서 우리의 발견은 새로운 시각을 제공한다. CA1이 해마 내 다른 부위와 달리 강력한 가치 정보를 처리한다는 사실은 CA1 신경망의 핵심 기능이 단순한 공간 정보 처리를 넘어 효용 가치와 깊이 관련될 가능성을 강하게 시사한다.

부록 3

가치를 표상하는 CA1 뉴런

가치 정보를 표상하는 뉴런은 어떻게 확인할까? 보상의 종류, 양, 확률, 그리고 이를 얻기 위해 치러야 할 비용 등의 변수를 고려해 계산된 최종 가치에 따라 뉴런의 활성이 변하는지를 살펴보면 된다. 우리 연구진은 연구의 편의성을 위해 보상 확률에 따라 활성도가 변하는 뉴런이 있는지 조사했다. 사용한 행동 과제는 역동적 먹이 찾기dynamic foraging로, 자연 환경에서 먹이를 찾을 때의 불확실성과 환경의 가변성을 반영해 의사결정 연구에서 널리 사용되는 방법이다.

이 과제에서 목마른 쥐는 미로 중앙에서 출발해 좌우 표적점 중 하나를 선택해 물을 섭취한 후 다시 중앙으로 돌아오는 과정을 반복한다(그림 39). 각 표적점에서 물이 주어지는 확률은 일정하지 않다. 예를 들어, 초기에는 좌측 70퍼센트, 우측 30퍼센트로 물이 주어진다. 쥐는 시행을 거듭하며 좌측에서 물이 더 자주 제공된다는 사실을 학습한다. 그러나 확률은 아무런 예고 없이 변경된다. 좌측 20퍼센트, 우측 80퍼센트로 바뀔 수도 있다. 이 과제는 불확실성(물이 확률적으로 제공됨)과 가변성(평균 확률이 예고 없이 변함)을 내포한다.

전통적인 해마 연구에서는 특정 행동을 하면 보상을 받고(올바른 행동) 다른 행동에서는 보상을 얻지 못하는(잘못된 행동) 과제를 주로 사용했다. 이는 주된 관심사가 해마 신경망이 올바른 행동을 기억하는 과정이었기 때문이다. 그러나 역동적인 먹이 찾기 과제에서는 명확한 정답 없이 불확실하고 가변적인 환경에서 최적의 행동 전략을 세워 장기적으로 최대의 보상을 획득해야 한다. 단순한 기억이 아니라 변화하는 환경 속에서 가치를 평가하고 적응하는 능력이 요구되는 과제다.

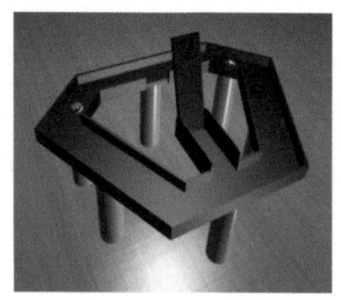 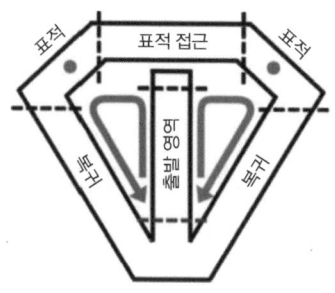

그림 38 ─ 역동적 먹이 찾기 과제에 사용된 미로. 오른쪽 그림에서 화살표는 쥐의 이동 방향을, 두 개의 회색 원은 물이 공급되는 위치를 나타낸다.

이 과제에서 각 표적점의 기대 보상 확률인 가치 함수는 과거의 선택과 그 결과에 따라 달라진다. 열 번의 시행 중 좌측을 다섯 번, 우측을 다섯 번 방문했다고 가정하자. 만약 좌측에서 네 번의 보상을 받았고 우측에서는 단 한 번만 보상을 받았다면 쥐는 좌측의 보상 확률이 높다고 판단할 것이다. 또 다른 예로, 좌측과 우측 모두 다섯 번 방문해 보상을 세 번 받았다고 하자. 보상의 분포가 좌측은 ○-○-○-×-×, 우측은 ×-×-○-○-○라면 쥐는 최근의 경험을 더 중요하게 반영해 우측의 가치가 더 높다고 평가할 가능성이 크다. 우리가 살아가는 환경은 역동적이므로 최근의 경험에 가중치를 두는 것이 합리적이기 때문이다. 이처럼 최근 결과에 가중치를 두어 가치 평가를 수행하고, 이에 기반해 행동을 선택하는 과정을 수학적으로 구현한 알고리즘이 바로 강화 학습이다. 강화 학습 알고리즘은 인공지능, 공정 자동화, 동물 학습 이론 등의 분야에서 활용됐으며 현재는 의사결정의 신경 메커니즘을 연구하는 데에도 널리 사용된다.

  강화 학습 알고리즘을 적용해 좌측과 우측 표적점의 주관적 가치를 추정한 후 해당 값에 따라 신경 활성이 변하는 뉴런이 존재하는지를 분석한 결과, CA1에서 가치 정보를 강하게 표상하는 뉴런이 다수 발견됐다. 이는 CA1이 단순한 공간 정보 처리뿐만 아니라 가치 정보를 강력하게 반영하고 있음을 의미한다. 반면 해마의 출력 부위인 해마이행부에서는 이러한 뉴런이 거의 발견되지 않았

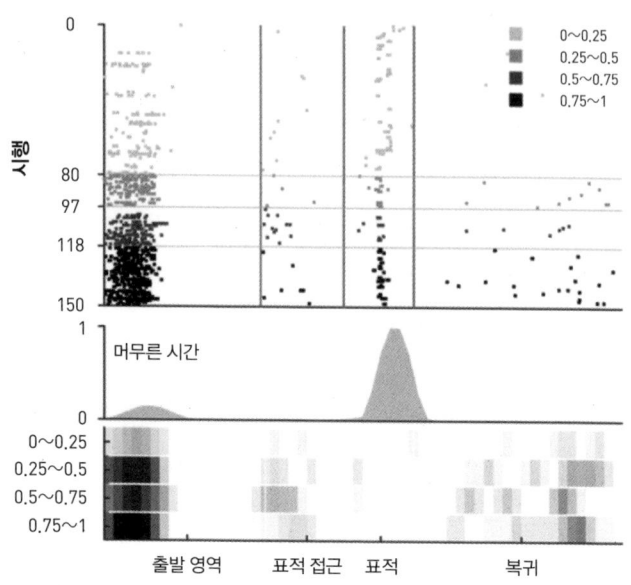

그림 39　가치를 표상하는 CA1 뉴런의 예. 분석의 편의를 위해 그림 38의 미로를 선형화해 표현했다. (위) 각 시행에서 쥐의 위치에 따른 뉴런의 발화 패턴을 나타낸다. 각 행은 하나의 시행을, 각 점은 하나의 스파이크를 의미한다. 시행들은 Q-학습 모델로 추정된 좌측 표적의 가치에 따라 네 개의 그룹으로 나누었다. (중간) 각 위치에서 쥐가 머문 시간을 나타낸다. 쥐는 보상이 제공되는 표적 지점에서 다른 위치보다 더 오래 머무는 경향을 보였다. (아래) 선형화된 미로에서의 공간 발화율(스파이크/점유 시간)을 시각화했다. 어두운 색일수록 발화율이 높은 영역이다. 각 시행은 상단 그래프와 동일하게 왼쪽 표적의 가치에 따라 네 그룹으로 나누어 분석했다.

다. 연구 결과, 우리의 초기 예상과는 달리 CA1에서 강한 가치 신호가 표상되며 해마이행부에서는 가치 관련 신경 신호가 거의 존재하지 않는다는 사실이 밝혀진 것이다.[1]

CA1 뉴런이 가치 정보를 표상하는 실제 사례를 살펴보자. 이 실험에서 쥐는 총 160번의 좌우 선택을 수행했다. 각 시행에서 물은 확률적으로 제공됐고 실험 중 보상 확률이 예고 없이 네 번 변화했다. **그림 39**는 강화 학습 알고리즘을 사용해 추정한 좌측 표적점의 주관적 효용 가치(보상 확률)에 따라 각 시행을 네 개의 그룹으로 나누어 뉴런의 반응을 시각화했다. 그림의 위쪽에서 각 줄은 개별 시행을 나타내고 한 점은 하나의 스파이크를 나타낸다. 그림의 아래쪽에서는 각 그룹의 평균발화율을 음영으로 표시했다.

CA1 뉴런은 미로 중앙 하단부에서 주로 발화하는 장소세포이며, 그림의 좌측 부분에서 이 뉴런의 장소 관련 발화가 나타나고 있다. 중요한 점은 이 뉴런의 발화율이 좌측 표적의 기대 보상 확률에 따라 다르다는 점이다. 보상 확률이 낮을 때는 발화율이 감소하고 보상 확률이 증가함에 따라 발화율이 점진적으로 증가했다. 연구 결과는 해당 뉴런이 단순한 장소세포 특성을 가질 뿐만 아니라 시행별 좌측 표적의 기대 보상 확률(가치)에 따라 발화율이 변화함을 명확히 보여준다. CA1 뉴런은 공간 정보와 함께 효용 가치 정보를 동시에 전달하는 역할을 수행하는 것이다.

부록 4

치상회의 기능

치상회, CA3, 그리고 CA1 부위는 해마의 핵심 영역이다. 그러나 이 책에서는 기억과 상상에 관여하는 CA3 및 CA1 신경망의 작동 메커니즘에 초점을 맞췄고 치상회에 대한 논의는 포함하지 않았다. 하지만 치상회가 해마 삼중 시냅스 회로의 주요 요소라는 점을 고려해 그 기능을 간략하게 살펴보도록 하자. 현재까지 치상회의 정확한 기능에 대해 합의된 이론은 없지만 가장 널리 받아들여지는 가설에 따르면, 치상회는 패턴 분리를 수행함으로써 CA3 신경망의 기억 저장 용량을 증가시킨다. 하지만 우리 연구팀은 치상회가 다양한 입력 정보를 통합해 현재 위치한 공간을 인식하는 역할을 한다고 보고 있다. 여기서는 이러한 두 가지 상이한 관점을 중심으로 치상회의 기능을 논의해보자.

치상회 신경망의 구조

치상회 신경망은 해마 삼중 시냅스 회로의 첫 번째 관문 역할을 한다. CA3와 CA1 신경망은 대뇌피질에서 흔히 발견되는 삼각형 모양의 피라미드세포로 구성된 반면, 치상회는 크기가 더 작은 과립형세포로 이뤄져 있다(**그림 35**). 그러나 치상회 신경망은 CA3와 CA1 신경망보다 훨씬 많은 뉴런을 포함한다. 쥐의 한쪽 해마에는 CA3와 CA1을 합쳐 약 50만 개의 뉴런이 존재하지만 치상회에는 약 백만 개의 뉴런이 존재한다.[1] 또한 CA3 신경망과 달리 치상회 내의 뉴런들은 서로 직접적으로 연결되지 않고, 대신 이끼세포 mossy cell를 매개로 해 간접적으로 상호작용한다.

패턴 분리 이론

치상회는 과연 어떤 기능을 수행할까? 현재까지 치상회의 역할에 대해 가장 우세한 이론은 패턴 분리 기능이다. 이 이론에 따르면, 치상회는 해마로 들어오는 다양한 입력 패턴을 상호분리시켜 CA3 신경망이 서로 다른 기억을 간섭 없이 저장하고 인출하도록 돕는다. 앞서 살펴봤듯이 뇌 신경망은 기억을 중복·분산 표상하는 방식으로 저장한다(**그림 14**와 **그림 36**). 이 저장 방식에서 기억 용량에 중요한 영향을 미치는 요소 중 하나는 서로 다른 경험 패턴 간의 유사성이다. 두 개의 경험이 신경 활성 패턴 수준에서 유사하다면 기억을 인출할 때 두 경험이 혼동될 가능성이 커진다.

이러한 맥락에서 치상회가 각 경험과 관련된 신경 활성 패턴의 차이를 극대화하는 역할을 한다는 이론이 등장했다.[2] 치상회는 유사한 신경 활성 패턴을 효과적으로 분리해 CA3 신경망의 기억 저장 용량을 증가시킨다는 것이다. 해마 영역별 뉴런 수를 비교해보면 치상회의 뉴런 수가 압도적으로 많고, 해마의 주요 입력 부위인 내후각피질에서 치상회로 투사할 때 약 1대 10의 비율로 확장이 이뤄진다. 이 구조는 중복되는 패턴을 덜 중복되는 패턴으로 변환하는 확장 재코딩expansion recoding에 유리하다(그림 40).[3] 이를 바탕으로 치상회가 유사한 패턴을 분리해 수많은 자극과 사건을 혼동 없이 기억할 수 있도록 한다는 것이 패턴 분리 이론의 핵심이다.

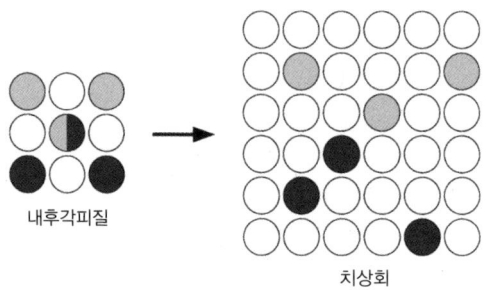

그림 40   확장 재코딩에 의한 패턴 분리. 검은색과 회색으로 표시된 두 패턴의 표상이 내후각피질에서는 겹쳐져 있으나, 치상회에서는 분리된다.

정보 연합 이론

여전히 많은 뇌 과학자가 치상회의 주요 기능을 패턴 분리라고 보고 있지만 우리 연구팀은 치상회의 기능을 '패턴 분리'보다는 '다양한 정보의 연합'으로 보고 있다. 동물이 어떠한 공간을 탐색할 때 치상회는 해당 공간에서 얻은 여러 정보를 통합해 그 공간을 하나의 특정 환경으로 인식하는 역할을 수행한다고 가정한다. 즉, 치상회는 개별 패턴을 단순히 분리하는 것이 아니라 다양한 감각 및 인지 정보를 통합해 환경을 구성하는 기능을 하는 것이다.

모사-선택 이론과 연계해보면 치상회는 다양한 정보를 연합해 특정 환경을 표상하고, CA3는 그 환경에서 경험한 다양한 사건을 기억하는 동시에 관련된 사건을 모사하고, CA1은 모사된 내용 중 가치 있는 정보를 선택적으로 강화하는 역할을 한다. 요약하자면 치상회-CA3-CA1 회로가 환경 표상, 사건 모사, 선택적 강화의 기능을 수행하며 이를 통해 특정 장소에서 최적의 선택과 행동을 가능하게 한다.

우리 연구팀이 패턴 분리 이론이 아닌 정보 연합 이론을 지지하는 이유는 여러 가지가 있다. 그중 이론적 근거를 간략히 살펴보겠다. 패턴 분리 이론의 핵심 논리는 CA3 신경망의 연합 기억 저장을 위해서는 유사한 패턴 간의 간섭을 줄이는 것이 유리하며 이를 위해 치상회에서 패턴 분리가 수행된다는 것이다. 이 이론을 뒷받침하는 해부학적 근거로 치상회의 뉴런 수가 많아 내후각피질에서 치상회로의 투사 과정에서 확장 재코딩이 일어난다는 점이 제시됐다. 하지만 이 가설에는 몇 가지 문제점이 존재한다.

첫째, CA3 신경망은 단순히 정적 패턴뿐만 아니라 공간 이동 경로처럼 시간적, 순차적 요소를 포함하는 사건을 표상한다고 여겨진다. 확장 재코딩을 통해 정적 패턴을 분리하는 과정은 비교적 쉽게 설명할 수 있지만 확장 재코딩에 의해 CA3에서 저장되는 '사건'의 분리에 치상회가 어떻게 기여하는지를 설명하기 어렵다. 물론 이 가능성을 전적으로 배제하는 것은 아니다. 그러나 CA3 신경망이 공간 이동 경로를 표상한다는 발견은 정적 패턴을 근거로 제안된 치상회의 패턴 분리 이론의 타당성을 약화시킨다.

둘째, 새들은 치상회가 없는데도 정밀한 공간 기억이 가능하다는 점 역시 패턴 분리 이론에 대한 도전이다. **그림 12**에서 보듯이 포유류와 조류의 해마 구조는 매우 다르다. 여러 증거에 따르면 치상회는 포유류에서만 진화한 독특한 구조다. 하지만 먹이를 저장하는 새들은 수천 곳에 먹이를 저장하고도 이를 정확히 찾아내는 뛰어난 공간 기억 능력을 가지고 있다. 치상회 없이도 정밀한 공간 기억이 가능하다면, 포유류는 왜 굳이 치상회라는 구조를 만들어 패턴 분리를 수행하는 것일까? 특히 치상회가 CA1, CA2, CA3의 모든 뉴런 수를 합친 것보다 많은 뉴런을 가지고 있는 것을 고려하면, 패턴 분리만을 위해 거대한 구조가 별도로 진화했다는 점은 의문을 불러일으킨다. 이는 치상회의 기능이 단순한 패턴 분리보다 더 복잡하고 포괄적인 역할을 수행할 가능성을 시사한다.

    셋째, 치상회의 시냅스가 장기증강을 보인다는 점도 패턴 분리 이론과 양립하기 어렵다. 시냅스 장기증강은 특정 입력이 반복적으로 활성화될 때 해당 시냅스의 연결 강도가 증가하는 현상으로, 패턴 완성pattern completion과 더 잘 어울리는 메커니즘이다. 두 입력 패턴이 유사할 경우, 공유하는 시냅스에서 장기증강이 일어나면서 더욱 비슷한 출력 패턴을 생성할 가능성이 높아지기 때문이다. 물론 중복이 별로 없는 상이한 입력 패턴들은 오히려 시냅스 장기증강 이후 더욱 상이한 출력 패턴을 생성할 수도 있다. 그러나 이미 잘 분리되어 있는 패턴을 더욱 분리하는 것이 무슨 의미가 있을까? 치상회의 패턴 분리 이론의 핵심은 유사한 입력 패턴을 효과적으로 분리시킨다는 것인데, 시냅스 장기증강은 정반대의 효과를 가져온다. 따라서 치상회가 패턴 분리를 수행하는 주된 기제라면 왜 그 시냅스가 장기증강을 보이는지 근본적인 의문이 남는다.

    여기까지 패턴 분리 이론의 주요 문제점을 살펴봤다. 패턴 분리 이론과 관련된 실험적 증거에 대한 고찰, 그리고 정보 연합 이론의 실험적 근거에 대한 논의는 지면 관계상 생략한다. 더 깊이 알고 싶은 독자는 본 연구팀의 2017년 논문[4]을 참고하기 바란다.

후주

머리말: 불완전한 인간이 만드는 더 나은 미래

1. Smithsonian, "Numbers of Insects (Species and Individuals)," Buginfo, Information Sheet Number 18, 1996, https://www.si.edu/spotlight/buginfo/bugnos; Entomological Society of America, "Frequently Asked Questions on Entomology," updated July 26, 2010, https://www.entsoc.org/resources/faq/; Royal Entomological Society, "Facts and Figures," Understanding Insects, n.d., https://www.royensoc.co.uk/facts-and-figures.

2. Nigel E. Stork, "How Many Species of Insects and Other Terrestrial Arthropods Are There on Earth?", *Annual Review of Entomology* 63 (January 2018): 32, 3.

3. Bekoff, M. (2001). "Social play behavior: Cooperation, fairness, trust, and the evolution of morality." *Journal of Consciousness Studies*, 8(2), 81-90.

4. Taylor, A. H., Hunt, G. R., Medina, F. S., & Gray, R. D. (2009). "Do New Caledonian crows solve physical problems through causal reasoning?" *Proceedings of the Royal Society B: Biological Sciences*, 276(1655), 247-254.

5. Mulcahy, N. J., & Call, J. (2006). "Apes save tools for future use." *Science*, 312(5776), 1038-1040.

1부 기억과 상상으로 미래를 만드는 뇌

1장 기억에서 상상으로

1. Benedict Carey, "H. M., an Unforgettable Amnesiac, Dies at 82," *The New York Times*, Dec. 4, 2008, https://www.nytimes.com/2008/12/05/us/05hm.html.

2. William Beecher Scoville and Brenda Milner, "Loss of recent memory after bilateral hippocampal lesions," *J Neurol Neurosurg Psychiatry* 20, no. 1 (1957): 11-21.

3. Darryl Bruce, "Fifty Years Since Lashley's 'In Search of the Engram': Refutations and Conjectures," *Journal of the History of the Neurosciences* 10, no. 3 (2001): 315.

4. Larry R. Squire and Pablo Alvarez, "Retrograde Amnesia and Memory Consolidation: A Neurobiological Perspective," *Current Opinions in Neurobiology* 5, no. 2 (April 1995): 172.

5. James L. McClelland, Bruce L. McNaughton, and Randall C. O'Reilly, "Why There Are Complementary Learning Systems in the Hippocampus and Neocortex: Insights from the Successes and Failures of Connectionist Models of Learning and Memory," *Psychology Review* 102, no. 3 (July 1995): 424 - 25, 440, 447, 453.

6. Lynn Nadel et al., "Multiple Trace Theory of Human Memory: Computational, Neuroimaging, and Neuropsychological Results," *Hippocampus* 10, no. 4 (2000): 358 - 65.

7. William B. Scoville and Brenda Milner, "Loss of Recent Memory After Bilateral Hippocampal Lesions," *Journal of Neurology and Neurosurgical Psychiatry* 20, no. 1 (February 1957): 16 - 67; Suzanne Corkin, "What's New with the Amnesic Patient H. M.?" *Nature Review of Neuroscience* 3,

no. 2 (February 2002): 15; Larry R. Squire, "The Legacy of Patient H. M. for Neuroscience," *Neuron* 61, no. 1 (January 2019): 6.

8   Demis Hassabis et al., "Patients with Hippocampal Amnesia Cannot Imagine New Experiences," *Proceedings of the National Academy of Science of the United States* 104, no. 5 (January 2007): 1726‑31. 런던 컬리지 대학의 닐 버지스 Neil Burgess 교수 연구팀은 공간적 상상에서의 해마 신경망 역할에 대한 모델링 연구 결과를 2001년 이후 일련의 논문을 통해 발표한 바 있다. Suzanna Becker and Neil Burgess, "Modelling spatial recall, mental imagery and neglect," *Neural Information Processing Systems* 13 (2001): 96-102; Burgess N., Becker S., King J.A., O'Keefe J. Memory for events and their spatial context: models and experiments. Phil. Trans. R. Soc. Lond B 356 1493-1503 (2001); Byrne P, Becker S, Burgess N (2007) Remembering the past and imagining the future: a neural model of spatial memory and imagery. *Psychological Review* 114 340-375.

9   Donna R. Addis, Alana T. Wong, and Daniel L. Schacter, "Remembering the Past and Imagining the Future: Common and Distinct Neural Substrates During Event Construction and Elaboration," *Neuropsychologia* 45, no. 7 (April 2007): 1363‑77; Karl K. Szpunar, Jason M. Watson, and Kathleen B. McDermott, "Neural Substrates of Envisioning the Future," *Proceedings of the National Academy of Science of the United States* 104, no. 2 (January 2007): 642‑7.

10 Randy L. Buckner, Jessica R. Andrews-Hanna, and Daniel L. Schacter, "The Brain's Default Network: Anatomy, Function, and Relevance to Disease," *Annals of the New York Academy of Science* 1124 (March 2008): 2‑3.

11 Marcus E. Raichle et al., "A Default Mode of Brain Function," *Proceedings of the National Academy of Science of the United States* 98, no. 2 (January 2001): 676, 682.

12 News Staff, "Breakthrough of the Year: The Runners-Up," *Science* 318, no.

5858 (December 2007): 1848–49a.

2장 그 기억은 가짜일 수 있다

1. Michael Craig, "Memory and Forgetting," in *Encyclopedia of Behavioral Neuroscience*, ed. Sergio Della Sala et al. (Amsterdam: Elsevier, 2021), 425–31.
2. Sanjida O'Connell, "The Perils of Relying on Memory in Court," *Telegraph*, December 15, 2008, https://www.telegraph.co.uk/technology/3778272/The-perils-of-relying-on-memory-in-court.html.
3. Elizabeth F. Loftus and Katherine Ketcham, "Truth or Invention: Exploring the Repressed Memory Syndrome; Excerpt from 'The Myth of Repressed Memory,'" *Cosmopolitan*, April 1995, tps://staff.washington.edu/eloftus/Articles/Cosmo.html; Lauren Slater, *Opening Skinner's Box: Great Psychological Experiments of the Twentieth Century* (New York: Norton, 2005), 181–203; Buckner F. Melton, Jr., "George Franklin Trial: 1990–91," Encyclopedia.com, accessed June 28, 2022, https://www.encyclopedia.com/law/law-magazines/george-franklin-trial-1990-91; Stephanie Denzel, "George Franklin," The National Registry of Exonerations, updated May 2, 2022, https://www.law.umich.edu/special/exoneration/Pages/casedetail.aspx?caseid3221.
4. "Rodney Halbower," Wikipedia, updated April 27, 2022, https://en.wikipedia.org/wiki/Rodney_Halbower.
5. Lawrence Wright, "Remembering Satan—Part II. What Was Going On in Thurston County?," *New Yorker*, May 16, 1993, https://www.newyorker.com/magazine/1993/05/24/remembering-satan-part-ii; Mark L. Howe and Lauren M. Knott, "The Fallibility of Memory in Judicial Processes:

Lessons from the Past and Their Modern Consequences," *Memory* 23, no. 5 (2015): 636–47; "Thurston County Ritual Abuse Case," Wikipedia, updated December 9, 2021, https://en.wikipedia.org/wiki/Thurston_County_ritual_abuse_case.

6   Richard J. Ofshe, "Inadvertent Hypnosis During Interrogation: False Confession Due to Dissociative State; Mis-identified Multiple Personality and the Satanic Cult Hypothesis," *International Journal of Clinical and Experimental Hypnosis* 40, no. 3 (1992): 152.

7   Wright, "Remembering Satan"; Ofshe, "Inadvertent Hypnosis During Interrogation," 125–56.

8   Karen A. Olio and William F. Cornell, "The Facade of Scientific Documentation: A Case Study of Richard Ofshe's Analysis of the Paul Ingram case," *Psychology, Public Policy, and Law* 4, no. 4 (1998): 1194–95.

9   Elizabeth F. Loftus and Jacqueline E. Pickrell, "The Formation of False Memories," *Psychiatric Annals* 25, no. 12 (December 1995): 720–25.

10 Elizabeth F. Loftus, "Planting Misinformation in the Human Mind: A 30-Year Investigation of the Malleability of Memory," *Learning & Memory* 12, no. 4 (2005): 361–66.

11 Kimberley A. Wade et al., "A Picture Is Worth a Thousand Lies: Using False Photographs to Create False Childhood Memories," *Psychonomic Bulletin & Review* 9, no. 3 (September 2002): 597–603.

12 Daniel L. Schacter, "Constructive Memory: Past and Future," *Dialogues in Clinical Neuroscience* 14, no. 1 (March 2012): 8.

13 Schacter, "Constructive Memory," 11.

3장 기억과 상상의 핵심, 경로 재생

1 T. V. Bliss and A. R. Gardner-Medwin, "Long-Lasting Potentiation of Synaptic Transmission in the Dentate Area of the Unanaesthetized Rabbit Following Stimulation of the Perforant Path," *Journal of Physiology* 232, no. 2 (July 1973): 357–74; T. V. Bliss and T. Lomo, "Long-Lasting Potentiation of Synaptic Transmission in the Dentate Area of the Anaesthetized Rabbit Following Stimulation of the Perforant Path," *Journal of Physiology* 232, no. 2 (July 1973): 331–56.

2 Steve Ramirez et al., "Creating a False Memory in the Hippocampus," *Science* 341, no. 6144 (July 2013): 387–91.

3 John O'Keefe and Jonathan Dostrovsky, "The Hippocampus as a Spatial Map: Preliminary Evidence from Unit Activity in the Freely-Moving Rat," *Brain Research* 34, no. 1 (November 1971): 171–75.

4 John O'Keefe and Lynn Nadel, *The Hippocampus as a Cognitive Map* (Oxford: Clarendon, 1978), 217–30.

5 Arne D. Ekstrom et al., "Cellular Networks Underlying Human Spatial Navigation," *Nature* 425, no. 6954 (September 2003): 184–88.

6 Nobelförsamlingen, "Press release. The 2014 Nobel Prize in Physiology or Medicine. 2014," October 6, 2014, https://www.nobelprize.org/prizes/medicine/2014/press-release/.

7 이런 방향의 초기 연구로 다음과 같은 예가 있다. William B. Levy, "A Sequence Predicting CA3 Is a Flexible Associator That Learns and Uses Context to Solve Hippocampal-Like Tasks," *Hippocampus* 6, no. 6 (1996): 579–90.

8 Gyorgy Buzsaki, "Hippocampal Sharp Wave-Ripple: A Cognitive Biomarker for Episodic Memory and Planning," *Hippocampus* 25, no. 10 (October 2015): 1073.

9   Kenway Louie and Matthew A. Wilson, "Temporally Structured Replay of Awake Hippocampal Ensemble Activity During Rapid Eye Movement Sleep," *Neuron* 29, no. 1 (January 2001): 145–56.

10 Albert K. Lee and Matthew A. Wilson, "Memory of Sequential Experience in the Hippocampus During Slow Wave Sleep," *Neuron* 36, no. 6 (December 2002): 1183–94.

11 스캐스Skaggs와 맥노튼의 이전 연구 또한 수면 중 두 장소 세포 스파이크의 시간적 순서가 수면 전 공간 탐색 중의 시간적 순서를 반영한다는 것을 보여주었다. William E. Skaggs and Bruce L. McNaughton, "Replay of Neuronal Firing Sequences in Rat Hippocampus During Sleep Following Spatial Experience," *Science* 271, no. 5257 (March 1996): 1870–73.

12 David J. Foster and Matthew A. Wilson, "Reverse Replay of Behavioural Sequences in Hippocampal Place Cells During the Awake State," *Nature* 440, no. 7084 (March 2006): 680–83; Kamran Diba and Gyorgy Buzsaki, "Forward and Reverse Hippocampal Place-Cell Sequences During Ripples," *Nature Neuroscience* 10, no. 10 (October 2007): 1241–42.

13 Higgins C, Liu Y, Vidaurre D, Kurth-Nelson Z, Dolan R, Behrens T, Woolrich M. "Replay bursts in humans coincide with activation of the default mode and parietal alpha networks," *Neuron*, 2021 Mar 3;109(5):882-893.e7. doi: 10.1016/j.neuron.2020.12.007.

14 Yvonne Y. Chen et al., "Stability of Ripple Events During Task Engagement in Human Hippocampus," *Cell Reports* 35, no. 13 (2021): 109304; Anli A. Liu et al., "A Consensus Statement on Detection of Hippocampal Sharp Wave Ripples and Differentiation from Other Fast Oscillations," *Nature Communications* 13 (2022): 6000.

15 Anoopum S. Gupta et al., "Hippocampal Replay Is Not a Simple Function of Experience," *Neuron* 65, no. 5 (March 2010): 695–705.

16 Chongxi Lai, Shinsuke Tanaka, Timothy D. Harris, and Albert K. Lee.

"Volitional activation of remote place representations with a hippocampal brain-machine interface." *Science* 382, no. 6670 (2023): 566-573.

17 Zeb Kurth-Nelson et al., "Fast Sequences of Non-Spatial State Representations in Humans," *Neuron* 91, no. 1 (July 2016): 194-204; Yunzhe Liu et al., "Human Replay Spontaneously Reorganizes Experience," *Cell* 178, no. 3 (July 2019): 640-52.e14.

18 Nicolas W. Schuck and Yael Niv, "Sequential Replay of Nonspatial Task States in the Human Hippocampus," *Science* 364, no. 6447 (June 2019).

19 Cameron Higgins et al., "Replay Bursts in Humans Coincide with Activation of the Default Mode and Parietal Alpha Networks," *Neuron* 109, no. 5 (March 2021): 882-93.e7.

20 Nikos K. Logothetis et al., "Hippocampal-Cortical Interaction During Periods of Subcortical Silence," *Nature* 491, no. 7425 (November 2012): 547-53.

2부 기억과 상상은 어떻게 이뤄지는가

4장 상상하는 해마

1 Donald Kennedy and Colin Norman, "What don't we know?" *Science* 309 no. 5731 (2005): 75.

2 Greg Miller, "How are memories stored and retrieved?" *Science* 309 no. 5731 (2005): 92.

3 Donald O. Hebb, *The Organization of Behavior: A Psychological Theory* (New York: Wiley, 1949), 60-66.

4 최근 CA1과 CA3 사이의 작은 부위인 CA2가 사회적 정보 처리와 같은 나름의 고유 기능을 갖고 있다는 보고들이 있다. 그러나 전체 해마 기능

에서 어느 정도 중요성을 차지하는지 확실하지 않고, 또한 CA2에 대한 연구가 아직까지 부족한 실정이기 때문에, 여기서는 논의하지 않기로 한다. Nikolaos Tzakis and Matthew R. Holahan, "Social Memory and the Role of the Hippocampal CA2 Region," *Frontiers in Behavioral Neuroscience* 13 (2019): 233; Andrew B. Lehr et al., "CA2 Beyond Social Memory: Evidence for a Fundamental Role in Hippocampal Information Processing," *Neuroscience & Biobehavioral Reviews* 126 (July 2021): 407–8.

5 정확하게 말하면 피라미드 뉴런$^{pyramidal\ neuron}$을 의미한다. 해마와 대뇌피질 영역에서 정보 처리의 중심 역할을 하는 뉴런들은 대체로 삼각형 모양을 하고 있어 피라미드 뉴런이라고 불린다. 이 뉴런들은 처리된 정보를 긴 축삭을 통해 다른 부위로 전달하는 역할을 한다. 반면 소수의 억제성 뉴런들은 다양한 종류가 있으며, 대부분 축삭을 국소적으로 뻗어 피라미드 뉴런의 활동을 조절하는 역할을 수행한다.

6 이는 피라미드 뉴런을 활성화하는 흥분성 시냅스의 수를 의미한다. 이러한 시냅스는 외부 입력과 CA3 피라미드 뉴런의 회귀 투사에 의해 형성된다. 이외에도 소수이지만 억제성 뉴런에 의해 형성된 억제성 시냅스도 존재한다.

7 David G. Amaral, Norio Ishizuka, and Brenda Claiborne, "Neurons, Numbers and the Hippocampal Network," *Progress in Brain Research* 83 (1990): 7–9.

8 CA1은 회귀 투사가 완전히 없는 것은 아니지만 CA3에 비해 훨씬 약하고 방향도 다르다. CA1 뉴런은 주출력 이외에 해마의 종축(횡단면과 수직인 축)을 따라 약하게 투사하여 다른 단면의 CA1 뉴런들과 연결된다. Sunggu Yang et al., "Interlamellar CA1 Network in the Hippocampus," *Proceedings of the National Academy of Science of the United States* 111, no. 35 (September 2014): 12919–24.

9 David Marr, "Simple Memory: A Theory for Archicortex," *Philosophical Transactions of the Royal Society B: Biological Sciences* 262, no. 841 (July 1971): 23–81.

10 Gyorgy Buzsaki, "Hippocampal Sharp Wave-Ripple: A Cognitive Biomarker for Episodic Memory and Planning," *Hippocampus* 25, no. 10 (October 2015): 1075–76. 또한 우리가 비활동적일 때, 즉 디폴트 네트워크 활성 상태일 때, 해마의 억제성 신경세포 활동이 급격히 감소한다는 사실이 잘 알려져 있다. 즉, 휴식기에는 해마의 억제가 느슨해진다. 이 때문에 휴식기의 CA3 신경망은 활동적일 때 경험했던 활성 패턴을 그대로 반복하기가 어렵다. 오히려 경험하지 않았던 새로운 활성 패턴들이 등장할 가능성이 높다.

11 S E Fox, J B Ranck Jr, "Localization and anatomical identification of theta and complex spike cells in dorsal hippocampal formation of rats," *Exp Neurol* 49(1 Pt 1) (1975): 299–313.

12 Min W. Jung et al., "Remembering Rewarding Futures: A Simulation-Selection Model of the Hippocampus," *Hippocampus* 28, no. 12 (December 2018): 913–30.

5장 상상을 평가하는 해마

1 Min W. Jung et al., "Remembering Rewarding Futures: A Simulation-Selection Model of the Hippocampus," Hippocampus 28, no. 12 (December 2018): 913–30.

2 Gyorgy Buzsaki, "Hippocampal Sharp Wave-Ripple: A Cognitive Biomarker for Episodic Memory and Planning," *Hippocampus* 25, no. 10 (October 2015): 1075–76.

3 전두피질은 대뇌피질의 앞부분을 통칭하며 전전두피질과 운동피질을 포함한다.

4 Hyunjung Lee et al., "Hippocampal Neural Correlates for Values of Experienced Events," *Journal of Neuroscience* 32, no. 43 (October 2012):

15053–65; Yeongseok Jeong et al., "Role of the Hippocampal CA1 Region in Incremental Value Learning," *Scientific Reports* 8, no. 1 (June 2018): 9870.

5   Sung-Hyun Lee et al., "Neural Signals Related to Outcome Evaluation Are Stronger in CA1 than CA3," *Frontiers in Neural Circuits* 11 (2017): 40.

6   'Simulation'의 표준 번역어는 시뮬레이션이지만 외래어 표기와 본래 우리말의 병기('시뮬레이션-선택')가 어색하게 보일 수 있다는 점을 고려해, 여기서는 모사로 번역했다.

7   Min W. Jung et al., "Remembering Rewarding Futures: A Simulation-Selection Model of the Hippocampus," *Hippocampus* 28, no. 12 (December 2018): 913–30.

8   Jung et al., "Remembering Rewarding Futures," 913–30.

9   Jong W. Lee and Min W. Jung, "Separation or Binding? Role of the Dentate Gyrus in Hippocampal Mnemonic Processing," *Neuroscience & Biobehavioral Reviews* 75 (April 2017): 183–91.

10 Jong W, Lee and Min W. Jung. "Memory consolidation from a reinforcement learning perspective," *Frontiers in Computational Neuroscience & Biobehavioral Reviews* 18 (January 2025).

11 주인공인 파나마 조는 몬테주마 피라미드의 보물의 방에 도달하기 위해 많은 단계를 거쳐야 한다. 따라서 초기 단계에서의 특정 행동이 궁극적으로 보물의 방에 도달하는 데 도움이 되는지 또는 그 반대인지 알아내는 것이 쉽지 않다.

12 Richard S. Sutton, "Dyna, an Integrated Architecture for Learning, Planning, and Reacting," *ACM Sigart Bulletin* 2, no. 4 (1991): 160–63377; Richard S. Sutton and Andrew G. Barto, *Reinforcement Learning: An Introduction* (Cambridge, MA: MIT Press, 1998), 230–35. (《단단한 강화학습》, 리처드 서튼·앤드류 바르토 지음, 김성우 옮김, 제이펍, 2020).

13 Daniel L. Schacter, "Constructive Memory: Past and Future," *Dialogues in*

Clinical Neuroscience 14, no. 1 (March 2012): 8.

6장 해마 기능의 진화적 기원

1 Sara J. Shettleworth, "Spatial Memory in Food-Storing Birds," *Philosophical Transactions of the Royal Society B: Biological Sciences* 329, no. 1253 (1990): 143–51.

2 Jennifer J. Siegel, Douglas Nitz, and Verner P. Bingman, "Lateralized Functional Components of Spatial Cognition in the Avian Hippocampal Formation: Evidence from Single-Unit Recordings in Freely Moving Homing Pigeons," *Hippocampus* 16, no. 2 (2006): 125–40; Jennifer J. Siegel, Douglas Nitz, and Verner P. Bingman, "Spatial- Specificity of Single-Units in the Hippocampal Formation of Freely Moving Homing Pigeons," *Hippocampus* 15, no. 1 (2005): 26–40.

3 Elhanan Ben-Yishay et al., "Directional Tuning in the Hippocampal Formation of Birds," *Current Biology* 31, no. 12 (June 2021): 2592–602.e4.

4 Randy L. Buckner, Jessica R. Andrews-Hanna, and Daniel L. Schacter, "The Brain's Default Network: Anatomy, Function, and Relevance to Disease," *Annals of the New York Academy of Sciences* 1124 (March 2008): 20–24, 30.

5 Nina Patzke et al., "In Contrast to Many Other Mammals, Cetaceans Have Relatively Small Hippocampi That Appear to Lack Adult Neurogenesis," *Brain Structure and Function* 220, no. 1 (January 2015): 361–83.

6 Maya Geva-Sagiv et al., "Spatial Cognition in Bats and Rats: From Sensory Acquisition to Multiscale Maps and Navigation," *Nature Reviews Neuroscience* 16, no. 2 (February 2015): 96, 101–2.

7   T. A. Stevens and J. R. Krebs, "Retrieval of Stored Seeds by Marsh Tits Parus Palustris in the Field," *Ibis* 128, no. 4 (1986): 513–25.

8   Hannah L. Payne, Galen F. Lynch, and Dmitriy Aronov, "Neural Representations of Space in the Hippocampus of a Food-Caching Bird," *Science* 373, no. 6552 (July 2021): 343–48.

3부 상상을 확장한 추상적 세계

7장 인간을 혁신의 주체로 만든 힘

1   Howard Eichenbaum et al., "The Hippocampus, Memory, and Place Cells: Is It Spatial Memory or a Memory Space?" *Neuron* 23, no. 2 (June 1999): 213–15; Dmitriy Aronov, Rhino Nevers and David W Tank, "Mapping of a non-spatial dimension by the hippocampal-entorhinal circuit," *Nature* 543, no. 7647 (2017): 719-722; Marielena Sosaand Lisa M. Giocomo, "Navigating for reward," *Nature Reviews Neuroscience* 22 (2021): 472–487.

2   예를 들어, A가 B보다 크고 B가 C보다 크다는 것을 알면 직접 대보지 않아도 A가 C보다 크다는 것을 아는 것과 같다.

3   마음이론이란 다른 사람의 신념이나 의도와 같은 정신 상태를 추론하는 능력이다(예: "나는 네가 무슨 생각을 하는지 알아").

4   Charles R. Gallistel, *The Organization of Learning* (Cambridge, MA: MIT Press, 1990), 338–40; Sara J. Shettleworth, *Cognition, Evolution, and Behavior*, 2nd ed. (Oxford: Oxford University Press, 2010), 190–208, 421–55; Christopher Krupenye and Josep Call, "Theory of Mind in Animals: Current and Future Directions," *Wiley Interdisciplinary Reviews: Cognitive Science* 10, no. 6 (November 2019): e1503; Caio A. Lage, De Wet Wolmarans, and Daniel C. Mograbi, "An Evolutionary View of Self-

Awareness," *Behavioural Processes* 194 (January 2022): 104543.

5   Carol A. Seger and Earl K. Miller, "Category Learning in the Brain," *Annual Review of Neuroscience* 33 (2010): 205–9; Raymond P. Kesner and John C. Churchwell, "An Analysis of Rat Prefrontal Cortex in Mediating Executive Function," *Neurobiology of Learning and Memory* 96, no. 3 (October 2011): 422–23; Sébastien Tremblay, K. M. Sharika, and Michael L. Platt, "Social Decision-Making and the Brain: A Comparative Perspective," *Trends in Cognitive Sciences* 21, no. 4 (April 2017): 269–70; Farshad A. Mansouri, David J. Freedman, and Mark J. Buckley, "Emergence of Abstract Rules in the Primate Brain," *Nature Reviews Neuroscience* 21, no. 11 (November 2020): 597–602; Prabaha Gangopadhyay et al., "Prefrontal-Amygdala Circuits in Social Decision-Making," *Nature Neuroscience* 24, no. 1 (January 2023): 5–13.

6   Immanuel Kant, *Critique of Pure Reason*, ed. Paul Guyer and Allen W. Wood (Cambridge: Cambridge University Press, 1999), 110, 127–29, 136–38.

7   Kant, Critique of Pure Reason, 157–59, 178–80. (《순수이성비판》).

8   Alexandra O. Constantinescu, Jill X. O'Reilly, and Timothy E. J. Behrens, "Organizing Conceptual Knowledge in Humans with a Gridlike Code," *Science* 352, no. 6292 (June 2016): 1464–68; Seongmin A. Park, Douglas S. Miller, and Erie D. Boorman, "Inferences on a Multidimensional Social Hierarchy Use a Grid-Like Code," *Nature Neuroscience* 24, no. 9 (September 2021): 1292–301.

9   Timothy E. J. Behrens et al., "What Is a Cognitive Map? Organizing Knowledge for Flexible Behavior," *Neuron* 100, no. 2 (October 2018): 502–4.

10 Gilbert Ryle, *The Concept of Mind* (New York: Barnes and Noble, 1949), 16.

11 "Gilbert Ryle," Wikipedia, updated October 28, 2021, https://en.wikipedia.

org/wiki/Gilbert_Ryle.

12 《사피엔스》, 유발 하라리 지음, 조연욱 옮김, 김영사, 2015, 50-60.

13 소뇌는 운동뿐만 아니라 다양한 인지적 과정에 관여한다. Richard B. Ivry and Juliana V. Baldo, "Is the Cerebellum Involved in Learning and Cognition?" *Current Opinion in Neurobiology* 2, no. 2 (1992): 214; Maedbh King et al., "Functional Boundaries in the Human Cerebellum Revealed by a Multi-Domain Task Battery," *Nature Neuroscience* 22, no. 8 (2019): 1371-78.

14 Suzana Herculano-Houzel et al., "The Elephant Brain in Numbers," *Frontiers in Neuroanatomy* 8 (2014): 46.

15 David C. Van Essen, Chad J. Donahue, and Matthew F. Glasser, "Development and Evolution of Cerebral and Cerebellar Cortex," *Brain, Behavior and Evolution* 91, no. 3 (2018): 159; Suzana Herculano-Houzel, "The Human Brain in Numbers: A Linearly Scaled-Up Primate Brain," *Frontiers in Human Neuroscience* 3 (2009): 31.

16 Herculano-Houzel, "The Human Brain in Numbers," 31.

17 포유류 1,504종을 비교한 논문에 따르면, 영장류의 경우 체질량 대비 뇌 질량 변화율이 다른 종에 비해 20배 이상 큰 것으로 조사됐다. Chris Venditti et al., "Co-evolutionary dynamics of mammalian brain and body size," *Nature Ecology & Evolution* 8 (2004): 1534-1542.

18 Heidi S. Mortensen et al., "Quantitative relationship in delphinid neocortex," *Frontiers in Neuroanatomy* 8, no. 132 (2014): 132.

19 Cornelia McCormick et al., "Mind-Wandering in People with Hippocampal Damage," *Journal of Neuroscience* 38, no. 11 (March 2018): 2745-54.

20 Jon H. Kaas, "The Origin and Evolution of Neocortex: From Early Mammals to Modern Humans," *Progress in Brain Research* 250 (2019): 72-73.

21 Ferris Jabr, "How Humans Evolved Supersize Brains," *Quanta Magazine*,

November 10, 2015, https://www.quantamagazine.org/how-humans-evolved-supersize-brains-20151110/.

22 Bradley L. Schlaggar and Dennis D. O'Leary, "Potential of Visual Cortex to Develop an Array of Functional Units Unique to Somatosensory Cortex," *Science* 252, no. 5012 (June 1991): 1556 – 60.

23 Leslie C. Aiello and Peter Wheeler, "The Expensive-Tissue Hypothesis: The Brain and the Digestive System in Human and Primate Evolution," *Current Anthropology* 36, no. 2 (1995): 201 – 8.

24 Rachel N. Carmody and Richard W. Wrangham, "The Energetic Significance of Cooking," *Journal of Human Evolution* 57, no. 4 (October 2009): 380 – 86; Karina Fonseca-Azevedo and Suzana Herculano-Houzel, "Metabolic Constraint Imposes Tradeoff between Body Size and Number of Brain Neurons in Human Evolution," *Proceedings of the National Academy of Science of the United States* 109, no. 45 (November 2012): 18571 – 6.

25 Alianda M. Cornelio et al., "Human Brain Expansion During Evolution Is Independent of Fire Control and Cooking," *Frontiers in Neuroscience* 10 (2016): 167.

8장 판단과 조절을 담당하는 전전두피질

1 이차운동피질은 전운동피질 premotor cortex과 보조운동피질 supplementary motor cortex로 나뉜다. 아직 각각의 정확한 기능은 밝혀지지 않았다.

2 Chad J. Donahue et al., "Quantitative Assessment of Prefrontal Cortex in Humans Relative to Nonhuman Primates," *Proceedings of the National Academy of Science of the United States* 115, no. 22 (May 2018): E5183 – E92.

3 John M. Harlow, "Recovery from the Passage of an Iron Bar through the

Head," *Publication of the Massachusetts Medical Society* 2, no. 3 (1868): 329-47.

4   Tim Shallice and Lisa Cipolotti, "The Prefrontal Cortex and Neurological Impairments of Active Thought," *Annual Review of Psychology* 69 (January 2018): 169.

5   Patrick Murphy et al., "Impairments in Proverb Interpretation Following Focal Frontal Lobe Lesions," *Neuropsychologia* 51, no. 11 (September 2013): 2075-86.

6   Andreas Nieder, "Supramodal Numerosity Selectivity of Neurons in Primate Prefrontal and Posterior Parietal Cortices," *Proceedings of the National Academy of Science of the United States* 109, no. 29 (July 2012): 11860-5.

7   Andreas Nieder, "The Neuronal Code for Number," *Nature Reviews Neuroscience* 17, no. 6 (2016): 367-69.

8   David S. Tait, E. Alexander Chase, and Verity J. Brown, "Attentional Set-Shifting in Rodents: A Review of Behavioural Methods and Pharmacological Results," *Current Pharmaceutical Design* 20, no. 31 (2014): 5046-59.

9   여러 연구에서 설치류의 전두엽피질에서 추상적인 개념과 관련된 신경 활동이 발견됐다. Erin L. Rich and Matthew Shapiro, "Rat Prefrontal Cortical Neurons Selectively Code Strategy Switches," *Journal of Neuroscience* 29, no. 22 (June 2009): 7208-19; Gregory B. Bissonette and Matthew R. Roesch, "Neural Correlates of Rules and Conflict in Medial Prefrontal Cortex During Decision and Feedback Epochs," *Frontiers in Behavioral Neuroscience* 9 (2015): 266; James M. Hyman et al., "Contextual Encoding by Ensembles of Medial Prefrontal Cortex Neurons," *Proceedings of the National Academy of Science of the United States* 109, no. 13 (March 2012): 5086-91; Sandra Reinert et al., "Mouse Prefrontal Cortex Represents Learned Rules for Categorization," *Nature* 593, no. 7859 (May 2021): 411-17.

10 Dumontheil, "Development of Abstract Thinking During Childhood and Adolescence," 59; David Badre, "Cognitive Control, Hierarchy, and the Rostro-Caudal Organization of the Frontal Lobes," *Trends in Cognitive Science* 12, no. 5 (May 2008): 194-95.

11 Iroise Dumontheil, "Development of Abstract Thinking During Childhood and Adolescence: The Role of Rostrolateral Prefrontal Cortex," *Developmental Cognitive Neuroscience* 10 (October 2014): 64-69.

9장 인류 혁명과 쐐기앞소엽

1 Ofer Bar-Yosef, "The Upper Paleolithic Revolution," *Annual Review of Anthropology* 31, no. 1 (2002): 364-69; Pamela R. Willoughby, "Modern Human Behavior," in *Oxford Research Encyclopedia of Anthropology*, published online May 29, 2020, https://doi.org/10.1093/acrefore/9780190854584.013.46.

2 Gillian M. Morriss-Kay, "The Evolution of Human Artistic Creativity," *Journal of Anatomy* 216, no. 2 (February 2010): 166.

3 Morriss-Kay, "The Evolution of Human Artistic Creativity," 171; Dahlia W. Zaidel, "Art and Brain: The Relationship of Biology and Evolution to Art," *Progress in Brain Research* 204 (2013): 218, 223.

4 Julien Riel-Salvatore and Claudine Gravel-Miguel, "Upper Paleolithic Mortuary Practices in Eurasia: A Critical Look at the Burial Record," in *The Oxford Handbook of the Archaeology of Death and Burial*, ed. Liv N. Stutz and Sarah Tarlow (Oxford: Oxford University Press, 2013), 303, 335-36.

5 Judith Thurman, "First Impressions: What Does the World's Oldest Art Say about Us?" *New Yorker*, June 16, 2008.

6 Takanori Kochiyama et al., "Reconstructing the Neanderthal Brain

Using Computational Anatomy," *Scientific Reports* 8, no. 1 (April 2018): 6296; Axel Timmermann, "Quantifying the Potential Causes of Neanderthal Extinction: Abrupt Climate Change Versus Competition and Interbreeding," *Quaternary Science Reviews* 238 (2020): 106331.

7   R. Gabriel Joseph, *Frontal Lobes: Neuroscience, Neuropsychology, Neuropsychiatry* (Cambridge, MA: Cosmology, 2011), 190 – 99.

8   시간이 지남에 따라 표본이 환경에서 받은 방사선에 비례해 활성화된 전자가 축적되는데, 이를 측정해 연대를 추정하는 기법이다.

9   Heléne Valladas et al., "Thermoluminescence Dating of Mousterian Troto-CroMagnon Remains from Israel and the Origin of Modern Man," *Nature* 331, no. 6157 (1988): 614 – 16.

10   Ian McDougall, Francis H. Brown, and John G. Fleagle, "Stratigraphic Placement and Age of Modern Humans from Kibish, Ethiopia," *Nature* 433, no. 7027 (2005): 733 – 36 Jean-Jacques Hublin et al., "New Fossils from Jebel Irhoud, Morocco and the PanAfrican Origin of Homo Sapiens," *Nature* 546, no. 7657 (June 2017): 289 – 92.

11   Rebecca L. Cann, Mark Stoneking, and Allan C. Wilson, "Mitochondrial DNA and Human Evolution," *Nature* 325, no. 6099 (1987): 31 – 36; Douglas C. Wallace, Michael D. Brown, and Marie T. Lott, "Mitochondrial DNA Variation in Human Evolution and Disease," *Gene* 238, no. 1 (September 1999): 211 – 30; Renée Hetherington and Robert G. B. Reid, *The Climate Connection: Climate Change and Modern Human Evolution* (Cambridge: Cambridge University Press, 2010), 31 – 34.

12   유전적 증거는 호모 사피엔스가 네안데르탈인을 포함한 다른 초기 인류를 완전히 대체한 것은 아니며, 그들과 교배했음을 가리킨다. Philipp Gunz et al., "Neandertal Introgression Sheds Light on Modern Human Endocranial Globularity," *Current Biology* 29, no. 1 (January 2019): 120 – 27.

13 Richard G. Klein, "Out of Africa and the Evolution of Human Behavior," *Evolutionary Anthropology: Issues, News, and Reviews* 17, no. 6 (2008): 271.

14 Adam Powell, Stephen Shennan, and Mark G. Thomas, "Late Pleistocene Demography and the Appearance of Modern Human Behavior," *Science* 324, no. 5932 (June 2009): 1298–301.

15 Stephen Davies, "Behavioral Modernity in Retrospect," *Topoi* 40, no. 1 (2021): 228–29.

16 Amélie Beaudet, Andrew Du, and Bernard Wood, "Evolution of the Modern Human Brain," *Progress in Brain Research* 250 (2019): 229–41.

17 Simon Neubauer, Jean-Jacques Hublin, and Philipp Gunz, "The Evolution of Modern Human Brain Shape," *Science Advances* 4, no. 1 (2018): eaao5961.

18 Neubauer, Hublin, and Gunz, "The Evolution of Modern Human Brain Shape," eaao5961.

19 Beaudet, Du, and Wood, "Evolution of the Modern Human Brain," 228–29; Emiliano Bruner et al., "The Brain and the Braincase: A Spatial Analysis on the Midsagittal Profile in Adult Humans," *Journal of Anatomy* 227, no. 3 (September 2015): 275.

20 Emiliano Bruner et al., "Evidence for Expansion of the Precuneus in Human Evolution," *Brain Structure and Function* 222, no. 2 (March 2017): 1053–60.

21 Emiliano Bruner and Sofia Pereira-Pedro, "A Metric Survey on the Sagittal and Coronal Morphology of the Precuneus in Adult Humans," *Brain Structure and Function* 225, no. 9 (December 2020): 2747–55; Emiliano Bruner et al., "Cortical Surface Area and Cortical Thickness in the Precuneus of Adult Humans," *Neuroscience* 286 (Feb 12 2015): 345–52.

22 Emiliano Bruner, "Human Paleoneurology and the Evolution of the Parietal Cortex," *Brain, Behavior and Evolution* 91, no. 3 (2018): 143–44.

23 Andrea E. Cavanna and Michael R. Trimble, "The Precuneus: A Review of Its Functional Anatomy and Behavioural Correlates," *Brain* 129, part 3 (March 2006): 568 – 78.

24 Rebecca Chamberlain et al., "Drawing on the Right Side of the Brain: A Voxel-Based Morphometry Analysis of Observational Drawing," *Neuroimage* 96 (August 2014): 167 – 73.

25 두 뇌 영역 활동의 시간적 상관성으로서 두 영역이 얼마나 긴밀히 작동하는지에 대한 지표다.

26 Shoji Tanaka and Eiji Kirino, "Reorganization of the Thalamocortical Network in Musicians," *Brain Research* 1664 (June 2017): 48 – 54.

27 Qun-Lin Chen et al., "Individual Differences in Verbal Creative Thinking Are Reflected in the Precuneus," *Neuropsychologia* 75 (August 2015): 441 – 49; Emanuel Jauk et al., "Gray Matter Correlates of Creative Potential: A Latent Variable Voxel-Based Morphometry Study," *Neuroimage* 111 (May 2015): 312 – 20.

28 Debra A. Gusnard and Marcus E. Raichle, "Searching for a Baseline: Functional Imaging and the Resting Human Brain," *Nature Reviews Neuroscience* 2, no. 10 (October 2001): 690.

29 이 때문에 중앙 집행 네트워크는 전두-두정 네트워크frontopolar network라고도 불린다.

30 Amanda V. Utevsky, David V. Smith, and Scott A. Huettel, "Precuneus Is a Functional Core of the Default-Mode Network," *Journal of Neuroscience* 34, no. 3 (January 2014): 932 – 40.

31 Reece P. Roberts and Donna Rose Addis, "A Common Mode of Processing Governing Divergent Thinking and Future Imagination," in *The Cambridge Handbook of the Neuroscience of Creativity*, ed. Rex E. Jung and Oshin Vartanian (Cambridge: Cambridge University Press, 2018), 213 – 15; Roger E. Beaty, "The Creative Brain," *Cerebrum* (January 2020): cer-02-20;

Oshin Vartanian, "Neuroscience of Creativity," in *The Cambridge Handbook of Creativity*, ed. James C. Kaufman and Robert J. Sternberg (Cambridge: Cambridge University Press, 2019), 156–59.

32   Jared Diamond, "The Great Leap Forward," in *Technology and Society: Issue for the 21st Century and Beyond*, 3rd ed., ed. Linda Hjorth, Barbara Eichler, Ahmed Khan and John Morello (Upper Saddle River, NJ: Prentice Hall, 2008), 15.

10장 인공 신경망의 발전

1   이미지 분류 모델은 입력된 이미지가 어떤 카테고리에 속하는지 예측한다. 예를 들어, 사진 속에 있는 사물이 고양이인지, 개인지, 자동차인지 판단하는 것이 목표다. 톱-5 오류율이란, 모델이 이미지에 대해 예측한 상위 5개의 가능성 높은 카테고리 중에서 정답이 포함되지 않은 비율을 말한다.

2   Krizhevsky, Alex, Ilya Sutskever, and Geoffrey E. Hinton. "ImageNet classification with deep convolutional neural networks." *Communications of the ACM* 60, no. 6 (2017): 84-90.

3   Yann LeCun, Yoshua Bengio, and Geoffrey Hinton, "Deep Learning," Nature 521, no. 7553 (May 2015): 436; Alexander S. Lundervold and Arvid Lundervold, "An Overview of Deep Learning in Medical Imaging Focusing on MRI," *Zeitschrift für Medizinische Physik* 29, no. 2 (May 2019): 102–3; Roger Parloff, "Why Deep Learning is Suddenly Changing Your Life," *Fortune*, September 29, 2016, https://fortune.com/longform/ai-artificial-intelligence-deep-machine-learning/.

4   순방향 신경망에서는 정보가 입력 노드로부터 출력 노드 쪽으로 한 방향으로만 전달되며, 순환이나 루프가 존재하지 않는다.

5   Hannes Schulz and Sven Behnke, "Deep Learning: Layer-Wise Learning of Feature Hierarchies," *Künstliche Intelligenz* 26, no. 4 (2012): 357–63.

6   Quoc V. Le et al., "Building High-Level Features Using Large Scale Unsupervised Learning" (paper presented at the *Proceedings of the 29th International Conference on Machine Learning*, 2012), https://doi.org/10.48550/arXiv.1112.6209.

7   Gwangsu Kim et al., "Visual Number Sense in Untrained Deep Neural Networks," *Science Advances* 7, no. 1 (2021): eabd6127.

8   Seungdae Baek et al., "Face Detection in Untrained Deep Neural Networks," *Nature Communications* 12, no. 1 (Dec 16 2021): 7328.

9   이 가능성이 전무한 것은 아니다. 뉴런의 분자적 구성을 살펴보면 동물 간, 뇌부위 간 많은 차이가 발견된다.

10 감각 입력을 처리하는 감각피질과 운동 조절에 직접적으로 관여하는 운동피질 이외의 영역을 연합피질이라 한다.

11 Jon H. Kaas, "The Origin and Evolution of Neocortex: From Early Mammals to Modern Humans," *Progress in Brain Research* 250 (2019): 64.

12 James J. DiCarlo, Davide Zoccolan, and Nicole C. Rust, "How Does the Brain Solve Visual Object Recognition?" *Neuron* 73, no. 3 (February 2012): 419–20; Jon H. Kaas and Mary K. L. Baldwin, "The Evolution of the Pulvinar Complex in Primates and Its Role in the Dorsal and Ventral Streams of Cortical Processing," *Vision* 4, no. 1 (December 2019): 3; Sang-Han Choi et al., "Proposal for Human Visual Pathway in the Extrastriate Cortex by Fiber Tracking Method Using Diffusion-Weighted MRI," *Neuroimage* 220 (October 2020): 117145; Joshua H. Siegle et al., "Survey of Spiking in the Mouse Visual System Reveals Functional Hierarchy," *Nature* 592, no. 7852 (April 2021): 86–92.

13 Hernan G. Rey et al., "Single Neuron Coding of Identity in the Human Hippocampal Formation," *Current Biology* 30, no. 6 (March 2020): 1152–

59.

14　Rodrigo Q. Quiroga, "Concept Cells: The Building Blocks of Declarative Memory Functions," *Nature Reviews Neuroscience* 13, no. 8 (July 2012): 587–91; Rodrigo Q. Quiroga et al., "Invariant Visual Representation by Single Neurons in the Human Brain," Nature 435, no. 7045 (June 2005): 1102–7.

15　Julia Sliwa et al., "Independent Neuronal Representation of Facial and Vocal Identity in the Monkey Hippocampus and Inferotemporal Cortex," *Cerebral Cortex* 26, no. 3 (March 2016): 950–66.

16　뇌 수술 환자를 대상으로 한 후속 연구에서도 추상적 사고와 추론에 관련된 해마 신경 신호가 관찰됐다. Hristos S. Courellis et al., "Abstract representations emerge in human hippocampal neurons during inference," *Nature* 632 (2024): 841-849.

17　Thérèse M. Jay, Jacques Glowinski, and Anne-Marie Thierry, "Selectivity of the Hippocampal Projection to the Prelimbic Area of the Prefrontal Cortex in the Rat," *Brain Research* 505, no. 2 (December 1989): 337–40; Priyamvada Rajasethupathy et al., "Projections from Neocortex Mediate Top-Down Control of Memory Retrieval," *Nature* 526, no. 7575 (October 2015): 653–59; Ruchi Malik et al., "Top-Down Control of Hippocampal Signal-to-Noise by Prefrontal Long-Range Inhibition," Cell 185, no. 9 (April 2022): 1602–17.

18　Michel A. Hofman, "Evolution of the Human Brain: When Bigger Is Better," *Frontiers in Neuroanatomy* 8 (2014): 15.

19　Lei Xing et al., "Expression of Human-Specific ARHGAP11B in Mice Leads to Neocortex Expansion and Increased Memory Flexibility," *EMBO Journal* 40, no. 13 (July 2021): e107093.

20　Michael Heide et al., "Human-Specific ARHGAP11B Increases Size and Folding of Primate Neocortex in the Fetal Marmoset," *Science* 369, no. 6503

(July 2020): 546 – 50.

4부 상상과 추상을 넘어서

11장 상상력과 창의성

1   창의성의 뇌 과학에 관심이 있다면 안나 아브람^{Anna Abraham}의 저서와 렉스 정^{Rex Jung}, 오신 바타니안^{Oshin Vartanian}이 편집한 책을 추천한다. Anna Abraham, *The Neuroscience of Creativity* (Cambridge: Cambridge University Press, 2018); Rex E. Jung and Oshin Vartanian, eds., *The Cambridge Handbook of the Neuroscience of Creativity* (Cambridge: Cambridge University Press, 2018). 전자는 창의성의 뇌 신경 기제와 관련된 연구들을 폭넓고 균형 있게 소개하고 후자는 이 분야의 전문가들이 기고한 글을 모은 책이다.

2   Abraham, The Neuroscience of Creativity, 9 – 11; Dean Keith Simonton, "Creative Ideas and the Creative Process: Good News and Bad News for the Neuroscience of Creativity," in *The Cambridge Handbook of the Neuroscience of Creativity*, ed. Rex E. Jung and Oshin Vartanian (Cambridge: Cambridge University Press, 2018), 9 – 10.

3   Melissa C. Duff et al., "Hippocampal Amnesia Disrupts Creative Thinking," *Hippocampus* 23, no. 12 (December 2013): 1143 – 49.

4   Arne Dietrich, "Types of Creativity," *Psychonomic Bulletin & Review* 26, no. 1 (February 2019): 1.

5   Dietrich, "Types of Creativity," 3.

6   *Human Neuroscience* 7 (2013): 330; Roger E. Beaty et al., "Creative Cognition and Brain Network Dynamics," *Trends in Cognitive Science* 20, no. 2 (February 2016): 88 – 93; Oshin Vartanian, "Neuroscience

of Creativity," in *The Cambridge Handbook of Creativity*, ed. James C. Kaufman and Robert J. Sternberg (Cambridge: Cambridge University Press, 2019), 156–59.

7   Daniel L. Schacter and Donna Rose Addis, "The Cognitive Neuroscience of Constructive Memory: Remembering the Past and Imagining the Future," *Philosophical Transactions of the Royal Society B: Biological Sciences* 362, no. 1481 (2007): 773–75.

8   Marcela Ovando-Tellez et al., "Brain Connectivity-Based Prediction of Real-Life Creativity Is Mediated by Semantic Memory Structure," *Science Advances* 8, no. 5 (February 2022): eabl4294.

9   Daniel Kahneman, and Amos Tversky, "Prospect Theory: An Analysis of Decision under Risk," *Econometrica* 47, no. 2 (1979): 263–292.

10 R. Keith Sawyer, *Explaining Creativity: The Science of Human Innovation* (New York: Oxford University Press, 2006), 153.

11 Chunfang Zhou and Lingling Luo, "Group Creativity in Learning Context: Understanding in a Social-Cultural Framework and Methodology," *Creative Education* 3, no. 4 (2012): 392; Amanda L. Thayer, Alexandra Petruzzelli, and Caitlin E. McClurg, "Addressing the Paradox of the Team Innovation Process: A Review and Practical Considerations," *American Psychologist* 73, no. 4 (2018): 363.

12 Rebecca Mitchell, Stephen Nicholas, and Brendan Boyle, "The Role of Openness to Cognitive Diversity and Group Processes in Knowledge Creation," *Small Group Research* 40, no. 5 (2009): 535–54; Zhou and Luo, "Group Creativity in Learning Context," 393; Paul B. Paulus, Jonali Baruah, and Jared B. Kenworthy, "Enhancing Collaborative Ideation in Organizations," *Frontiers in Psychology* 9 (2018): 2024.

13 Mark F. Bear, Barry W. Connors, and Michael A. Paradiso, *Neuroscience: Exploring the Brain*, 4th ed., Wolters Kluwer (2016): 765.

14 Simonton, "Creative Ideas and the Creative Process," 16.
15 최근 연구 결과는 새로운 자극이 해마와 전전두피질 사이의 신경 연결을 유연하게 만든다고 한다. Alan J. Park et al., "Reset of Hippocampal-Prefrontal Circuitry Facilitates Learning," *Nature* 591, no. 7851 (March 2021): 615–19.
16 Mihaly Csikszentmihalyi, *Flow: The Psychology of Optimal Experience* (New York: HarperCollins, 2008), 71. (《몰입 Flow》, 미하일 칙센트미하이 지음, 최인수 옮김, 한울림, 2004).
17 《몰입 Thik hard!》, 황농문 지음, 알에이치코리아, 2007;《몰입 두 번째 이야기》, 황농문 지음, 알에이치코리아, 2011.

12장 인공지능과 혁신의 미래

1 Ray Kurzweil, *The Singularity Is Near: When Humans Transcend Biology* (New York: Penguin, 2005), 135–36. (《특이점이 온다》, 레이 커즈와일 지음, 김명남·장시형 옮김, 김영사, 2025).
2 Irving John Good, "Speculations Concerning the First Ultraintelligent Machine," in *Advances in Computers* (Amsterdam: Elsevier, 1966), 33.
3 Kurzweil, *The Singularity Is Near*, 24.
4 Maclyn McCarty, "Discovering Genes Are Made of DNA," *Nature* 421, no. 6921 (2003):406.
5 Richard S. Sutton, and Andrew G. Barto, *Reinforcement Learning: An Introduction* (Cambridge, MA: MIT Press, 1998), 148–51.
6 정확히 말하자면 알파고의 경우 가치 신경망 value network, 정책 신경망 police network, 몬테 카를로 트리 검색 Monte Carlo tree search 이라는 세 가지 인공지능 요소가 결합된 알고리즘이다. 훈련 과정 중 가치 신경망과 정책 신경망 모두 학습 과정을 거쳤으며, 대국 중에는 몬테카를로 트리 검색 알고리즘을

실행하여 승리할 가능성이 가장 높은 수를 선택한다.

7   아타리 게임은 퐁Pong, 브레이크아웃Breakout, 팩맨Ms. Pac-Man, 스페이스 인베이더Space Invader와 같이 1980년대에 출시된 고전 비디오 게임 시리즈로, 인공지능의 학습 및 일반화 능력을 평가하기 위한 실험 환경으로 널리 사용된다.

8   David Silver et al., "Reward Is Enough," *Artificial Intelligence* 299 (2021): 103535.

9   Ashish Vaswani et al., "Attention is All you Need," *Advances in Neural Information Processing Systems*, 30 (2017): 5998--6008.

10   순환 신경망은 회귀 투사의 존재로 현재 입력과 이전 상태에 대한 정보를 함께 처리할 수 있어 순서가 있는 데이터 처리에 흔히 사용된다. 4장을 참조하라.

11   Manshu Zhang et al.,"The three-dimensional porous mesh structure of Cu-based metal-organic-framework - Aramid cellulose separator enhances the electrochemical performance of lithium metal anode batteries," *Surfaces and Interfaces* 46 (2024): 104081.

12   홍영재, "유명 작곡가도 "전혀 몰랐다"…AI로 만든 곡이 공모전 1위," SBS 뉴스, 2024. 4. 6. https://news.sbs.co.kr/news/endPage.do?news_id=N1007601599&plink=COPYPASTE&cooper=SBSNEWSEND.

13   Min W. Jung, *A Brain for Innovation: The Neuroscience of Imagination and Abstract Thinking*, Columbia University Press (2023), 159.

14   뇌 신경망은 1헤르츠 이하부터 100헤르츠 이상까지 폭넓고 다양한 동기 발진(리듬)을 나타낸다.

15   역전파는 주어진 입력 데이터에 대해 신경망이 내놓은 예측 결과와 실제 값 사이의 오차를 계산한 후, 이것을 다시 역으로 전파하여 각 계층의 가중치를 조정하는 과정이다. 먼저 순전파forward propagation 과정을 통해 입력 데이터를 신경망에 통과시켜 출력(예측)을 얻는다. 다음 역전파 과정을 통해 출력과 실제 값 사이의 오차를 기반으로 출력층에서 입력층 방향으

로 각 층의 가중치를 업데이트한다. 이 과정이 반복되면서 신경망의 가중치가 점차 최적화되어, 예측 성능이 향상된다.

16　역전파 대신 뇌신경생물학적으로 타당한 딥러닝 학습 알고리즘에 대한 연구가 활발히 진행중이며, 대표적으로 'feedback alignment'라는 모델이 있다. Timothy P. Lillicrap, Daniel Cownden, Douglas B. Tweed, and Colin J. Akerman, "Random synaptic feedback weights support error backpropagation for deep learning," *Nature Communications* 7 (2016): 13276; Jeonghwan Cheon, Sang Wan Lee, and Se-Bum Paik, "Pretraining with Random Noise for Fast and Robust Learning without Weight Transport," arXiv:2405.16731 [cs.LG] (2024), https://doi.org/10.48550/arXiv.2405.16731

17　토큰은 텍스트를 작은 조각으로 나눈 것이라고 생각하면 된다. 인공지능이 문장을 이해하거나 생성할 때 문장을 한 번에 처리하기보다는 단어, 글자, 혹은 단어의 일부분처럼 작은 조각들로 나누어 처리한다. 이 작은 조각들이 바로 토큰이다.

18　Next Big Idea Club, "Bill Gates on AI", 29 June, 2024. https://nextbigideaclub.com/magazine/bill-gates-says-superhuman-ai-may-closer-think-podcast/50267/.

19　이는 인공지능에서 one-shot learning 또는 few-shot learning 문제로 알려져 있으며, 이런 개념을 구현해야 한다는 데는 많은 사람들이 동의하지만 아직까지 획기적인 방법이 제안되지는 않았다. Li Fei-Fei, R. Fergus, and P. Perona, "One-shot learning of object categories," *IEEE Transactions on Pattern Analysis and Machine Intelligence* 28, no. 4 (2006): 594-611.

20　Marco Tulio Ribeiro, Sameer Singh, and Carlos Guestrin, "Why Should I Trust You?": Explaining the Predictions of Any Classifier. *KDD '16: Proceedings of the 22nd ACM SIGKDD International Conference on Knowledge Discovery and Data Mining* (2016):1135-1144, https://doi.org/10.1145/2939672.2939778.

21 이와 더불어 진화 과정에서 선택된 선천적 뇌 신경 메커니즘이 작동할 수 도 있다. 우리 뇌는 형태와 배경을 분리하는 선천적 지각 원리를 가지고 있으며, 특히 얼굴, 그중에서도 눈과 입 주변에 주의를 기울이는 경향이 있다. Alfred L. Yarbus, "Eye Movements and Vision," Plenum Press (1967); Doris Y. Tsao, Winrich A. Freiwald, Roger B. H. Tootell, and Margaret S Livingstone, "A cortical region consisting entirely of face-selective cells," *Science* 311, no. 5761 (2006): 670-674.

22 인공신경망은 사람에 비해 객체의 형태보다 질감texture을 더 민감하게 구분하도록 학습되기 쉽다는 연구 결과가 있다. Robert Geirhos, Patricia Rubisch, Claudio Michaelis, Matthias Bethge, Felix A. Wichmann, and Wieland Brendel, "ImageNet-trained CNNs are biased towards texture; increasing shape bias improves accuracy and robustness," arXiv:1811.12231 [cs.CV] (2018), https://doi.org/10.48550/arXiv.1811.12231

23 Tim Robinson FRAeS, and Stephen Bridgewater, "Highlights from the RAeS Future Combat Air & Space Capabilities Summit," *Royal Aeronautical Society*, 26 May 2023, https://www.aerosociety.com/news/highlights-from-the-raes-future-combat-air-space-capabilities-summit/.

24 "인류 역사상 AI가 인간 살상한 첫 전투 벌어졌다," 주간동아, 2024. 3. 1. https://www.donga.com/news/Inter/article/all/20240331/124238975/1.

25 Sara Brown, "Why neural net pioneer Geoffrey Hinton is sounding the alarm on AI," *MIT Management*, May 23, 2023, https://mitsloan.mit.edu/ideas-made-to-matter/why-neural-net-pioneer-geoffrey-hinton-sounding-alarm-ai.

26 Dharmendra S. Modha et al., "Neural inference at the frontier of energy, space, and time," *Science* 382, no. 6668 (2023): 329-335.

맺음말: 우리의 행동이 우리의 미래를 결정한다

1. Marc Rosenberg. October 10, 2017. "Marc My Words: The Coming Knowledge Tsunami." https://learningsolutionsmag.com/articles/2468/marc-my-words-the-coming-knowledge-tsunami.
2. Hannah Ritchie and Max Roser, "Extinctions," Ourworldindata.org, accessed June 21, 2022, https://ourworldindata.org/extinctions.
3. WWF, "Living Planet Report 2022—Building a Nature-Positive Society," WWF.ca, October 12, 2022, https://wwf.ca/?s=Living+Planet+Report+2022&lang=en.
4. WWF, "Living Planet Report 2024 – A System in Peril," 2024, https://livingplanet.panda.org/thank_you_for_downloading_the_living_planet_report_executive_summary/.
5. Hannah Ritchie (2022) "There have been five mass extinctions in Earth's history" Published online at OurWorldInData.org. Retrieved from: 'https://ourworldindata.org/mass-extinctions' Nov 30, 2022. [retrieved on Aug 28, 2024].

부록

부록 1: 회귀 투사와 연합 기억

1. David Marr, "Simple Memory: A Theory for Archicortex," *Philosophical Transactions of the Royal Society B: Biological Sciences* 262, no. 841 (July 1971): 23–81.
2. Donald O. Hebb, *The Organization of Behavior: A Psychological Theory* (New York: Wiley, 1949), 60–66.

부록 2: 모사-선택 이론의 핵심 근거

1. Wolfram Schultz, Peter Dayan, and P. Read Montague, "A Neural Substrate of Prediction and Reward," *Science* 275, no. 5306 (March 1997): 1593 – 99.

2. Daeyeol Lee, Hyojung Seo, and Min W. Jung, "Neural Basis of Reinforcement Learning and Decision Making," *Annual Review of Neuroscience* 35 (2012): 291 – 93; Camillo Padoa-Schioppa and Katherine E. Conen, "Orbitofrontal Cortex:A Neural Circuit for Economic Decisions," *Neuron* 96, no. 4 (November 2017): 739 – 42, 745 – 47.

3. Hyunjung Lee et al., "Hippocampal Neural Correlates for Values of Experienced Events," *Journal of Neuroscience* 32, no. 43 (October 2012): 15053 – 65.

4. Eric B. Knudsen and Joni D. Wallis, "Hippocampal Neurons Construct a Map of an Abstract Value Space," *Cell* 184, no. 18 (September 2021): 4640 – 50 e10; Saori C. Tanaka et al., "Prediction of Immediate and Future Rewards Differentially Recruits Cortico-Basal Ganglia Loops," *Nature Neuroscience* 7, no. 8 (August 2004): 887 – 93; Katherine Duncan et al., "More Than the Sum of Its Parts: A Role for the Hippocampus in Configural Reinforcement Learning," *Neuron* 98, no. 3 (May 2018): 645 – 57.

5. Sung-Hyun Lee et al., "Neural Signals Related to Outcome Evaluation Are Stronger in CA1 than CA3," *Frontiers in Neural Circuits* 11 (2017): 40.

6. Yeongseok Jeong et al., "Role of the Hippocampal CA1 Region in Incremental Value Learning," *Scientific Reports* 8, no. 1 (June 2018): 9870.

7. Robert J. McDonald, and Norman M. White, "A Triple Dissociation of Memory Systems: Hippocampus, Amygdala, and Dorsal Striatum," *Behavioral Neuroscience* 107, no. 1 (February 1993): 15 – 18; Mark G.

Packard, and Barbara J. Knowlton, "Learning and Memory Functions of the Basal Ganglia," *Annual Review of Neuroscience* 25 (2002): 579–83.

부록 3: 가치를 표상하는 CA1 뉴런

1   Lee et al., "Hippocampal Neural Correlates for Values of Experienced Events," 15053–65.

부록 4: 치상회의 기능

1   David G. Amaral, Norio Ishizuka, and Brenda Claiborne, "Neurons, Numbers and the Hippocampal Network," *Progress in Brain Research* 83 (1990): 3.

2   Bruce L. McNaughton, "Neuronal Mechanisms for Spatial Computation and Information Storage," in *Neural Connections, Mental Computations*, ed. Lynn Nadel, Lynn A. Cooper, Peter W. Culicover and Robert M. Harnish (Cambridge, MA: MIT Press, 1989), 305; Edmund T. Rolls, "Functions of Neuronal Networks in the Hippocampus and Cerebral Cortex in Memory," in *Models of Brain Function*, ed. Rodney M. J. Cotterill (Cambridge: Cambridge University Press, 1989), 18–21; James J. Knierim and Joshua Neunuebel, "Tracking the Flow of Hippocampal Computation: Pattern Separation, Pattern Completion, and Attractor Dynamics," *Neurobiology of Learning and Memory* 129 (March 2016): 39–46.

3   David Marr, "A Theory of Cerebellar Cortex," *Journal of Physiology* 202, no. 2 (June 1969): 440, 442–43; James S. Albus, "A Theory of Cerebellar Function," *Mathematical Biosciences* 10, nos. 1–2 (1971): 36–41.

4   Jong W. Lee and Min W. Jung, "Separation or Binding? Role of the Dentate Gyrus in Hippocampal Mnemonic Processing," *Neuroscience & Biobehavioral Reviews* 75 (April 2017): 184–91.

그림 출처

그림 1   Robert W. Fogel, "Catching up with the Economy," *American Economic Review* 89권, 1호 (1999): 2쪽에서 허가를 받아 발췌(저작권자: American Economic Association).

그림 2   Suzanne Corkin et al., "H. M.'s Medial Temporal Lobe Lesion: Findings from Magnetic Resonance Imaging," *Journal of Neuroscience* 17, no. 10 (1997): 3965쪽에서 허가를 받아 발췌(저작권자: Society for Neuroscience).

그림 3   McGeddon, "File:Trolley Problem.svg," Wikimedia Commons, updated July 8, 2024, https://upload.wikimedia.org/wikipedia/commons/f/fd/Trolley_Problem.svg (CC BY-SA 4.0).

그림 4   Kimberly Wade 제공.

그림 5   (왼쪽) Angel Nunez와 Washington Buno의 "The Theta Rhythm of the Hippocampus: From Neuronal and Circuit Mechanisms to Behavior," *Frontiers in Cellular Neuroscience* 15 (2021): 649262 (CC BY). (오른쪽) Wiam Ramadan, Oxana Eschenko, and Susan J. Sara의 "Hippocampal Sharp Wave/Ripples During Sleep for Consolidation of Associative Memory," *PLoS One* 4, no. 8 (2009년 8월): e6697 (CC BY).

그림 6   Celine Drieu와 Michael Zugaro의 "Hippocampal Sequences During Exploration: Mechanisms and Functions," *Frontiers in Cellular*

Neuroscience 13 (2019): 232 (CC BY)에서 발췌해 수정.

그림 7　저자가 작성함.

그림 8　저자가 작성함.

그림 9　"File(modified).png," Wikimedia Commons, 2008년 4월 19일 업데이트, https://commons.wikimedia.org/wiki/File:CajalHippocampus_(modified).png (CC BY).

그림 10　Min W. Jung et al., "Remembering Rewarding Futures: A Simulation-Selection Model of the Hippocampus," *Hippocampus* 28, no. 12 (December 2018): 915 (CC BY).

그림 11　Jaafar Basma et al., "The Evolutionary Development of the Brain as It Pertains to Neurosurgery," *Cureus* 12, no. 1 (January 2020): e6748 (CC BY).

그림 12　Verner Bingman 제공.

그림 13　Min W. Jung et al., "Cover image," *Hippocampus* 28, no. 12 (December 2018).

그림 14　저자가 작성함.

그림 15　(왼쪽) Khardcastle, "Grid cell image V2," Wikimedia Commons, updated June 1, 2017, https://commons.wikimedia.org/wiki/File:Grid_cell_image_V2.jpg (CC BY-SA). (오른쪽) Khardcastle, "Autocorrelation image," Wikimedia Commons, updated Jun 1, 2017, accessed Dec 21, 2022, https://commons.wikimedia.org/wiki/File:Autocorrelation_image.jpg (CC BY-SA).

그림 16　저자가 작성함.

그림 17　저자가 작성함.

그림 18　(왼쪽 위) Korbinian Broadmann, "File:Radial organization of tectogenetic layers in cerebral cortex, human fetus 8 months (K. Brodmann, 1909, p. 24, fig. 3).jpg," Wikimedia Commons, updated January 23, 2020, https://commons.wikimedia.org/wiki/File:Radial_

organization_of_tectogenetic_layers_in_cerebral_cortex,_human_fetus_8_months_(K._Brodmann,_1909,_p._24,_Fig._3).jpg; (오른쪽) Henry V. Carter, "File:Gray754.png," Wikimedia Commons, updated January 23, 2007, https://commons.wikimedia.org/wiki/File:Gray754.png.

그림 19 Bruno Dubuc, "The Evolutionary Layers of the Human Brain," The Brain from Top to Bottom, accessed December 11, 2022, https://thebrain.mcgill.ca/flash/a/a_05/a_05_cr/a_05_cr_her/a_05_cr_her.html. (저작권자의 허가를 얻음).

그림 20 (왼쪽) John M. Harlow, "File:Phineas gage—1868 skull diagram.jpg," Wikimedia Commons, updated October 25, 2007, https://commons.wikimedia.org/wiki/File:Phineas_gage_-_1868_skull_diagram.jpg; (오른쪽) "File:Phineas Gage GageMillerPhoto2010-02-17 Unretouched Color Cropped.jpg," Wikimedia Commons, updated August 2, 2014, https://commons.wikimedia.org/wiki/File:Phineas_Gage_GageMillerPhoto2010-02-17_Unretouched_Color_Cropped.jpg.

그림 21 저자가 작성함.

그림 22 Frank Gaillard, "Frontal Pole," Radiopaedia.org. rID: 46670, accessed April 6, 2023, https://radiopaedia.org/articles/34746 (CC-BY-NC-SA).

그림 23 Altamira (왼쪽 위), Rameessos, "Cave Painting in the Altamira Cave," World History Encyclopedia, January 6, 2015, https://www.worldhistory.org/image/3537/cave-painting-in-the-altamira-cave/; Lascaux (오른쪽 위), Prof saxx, "Cave Painting in Lascaux," World History Encyclopedia, January 7, 2015, https://www.worldhistory.org/image/3539/cave-painting-in-lascaux/ (CC BY-NC-SA); and Chauvet Cave (왼쪽 아래), T. Thomas, "Cave Paintings in the Chauvet Cave," World History Encyclopedia, July 16, 2014, https://www.

그림 출처

worldhistory.org/image/2800/cave-paintings-in-the-chauvet-cave/ (CC BY-NC-SA) and (오른쪽 아래) Patilpv25, "Panel of the Rhinos, Chauvet Cave (Replica)," World History Encyclopedia, February 10, 2017, https://www.worldhistory.org/image/6350/panel-of-the-rhinos-chauvet-cave-replica/ (CC BY-SA).

그림 24   Oke, "Venus of Willendorf," Wikimedia Commons, updated October 29, 2006, https://en.wikipedia.org/wiki/Venus_figurine#/media/File:Wien_NHM_Venus_von_Willendorf.jpg (CC BY-SA).

그림 25   "Red Haired Mummy," Mummipedia Wiki, updated June 8, 2013, https://mummipedia.fandom.com/wiki/Red_Haired_Mummy (CC BY SA).

그림 26   (왼쪽) Claude Valette, "File:20 TrianglePubienAvecTêteDeBison&JambeHumaine.jpg," Wikipedia Commons, updated March 4, 2016, https://commons.wikimedia.org/wiki/File:20_TrianglePubienAvecT%C3%AAteDeBison%26JambeHumaine.jpg (CC BY-SA). (오른쪽) 저작권자의 허가를 얻음. ⓒ 2025-Succession Pablo Picaso-SACK(Korea).

그림 27   Simon Neubauer, Jean-Jacques Hublin, and Philipp Gunz, "The Evolution of Modern Human Brain Shape," *Science Advances* 4, no. 1 (2018): eaao5961 (CC BY-NC).

그림 28   Neubauer, Hublin, and Gunz, "The Evolution of Modern Human Brain Shape," eaao5961 (CC BY-NC).

그림 29   (왼쪽) Henry V. Carter, "File:Lobes of the brain NL.svg," Wikidemia Commons, updated January 15, 2010, https://commons.wikimedia.org/wiki/File:Lobes_of_the_brain_NL.svg (public domain). (오른쪽) Dayu Gai, Fabio Macori, and C. Worsley, "Precuneus," Radiopaedia, updated September 2, 2021, https://doi.org/10.53347/rID-38968 (CC BY-NC-SA).

그림 30   Massimo Merenda, Carlo Porcaro, and Demetrio Iero, "Edge Machine

Learning for AI-Enabled IoT Devices: A Review," *Sensors* (Basel) 20, no. 9 (April 2020): 2533 (CC BY).

그림 31   Hannes Schulz and Sven Behnke, "Deep Learning: Layer-Wise Learning of Feature Hierarchies," *Künstliche Intelligenz* 26, no. 4 (2012): 357. (저자의 허가를 얻음).

그림 32   Hernan G. Rey et al., "Single Neuron Coding of Identity in the Human Hippocampal Formation," *Current Biology* 30, no. 6 (March 2020): 1153 (CC BY).

그림 33   (왼쪽) "Common Marmoset (Callithrix jacchus)," NatureRules1 Wiki, accessed August 28, 2022, https://naturerules1.fandom.com/wiki/Common_Marmoset (CC BY-SA). (오른쪽) Michael Heide et al., "Human-Specific ARHGAP11B Increases Size and Folding of Primate Neocortex in the Fetal Marmoset," *Science* 369, no. 6503 (July 2020): 547.

그림 34   저자가 작성함.

그림 35   Duncan E. Donohue, and Giorgio A. Ascoli, "A Comparative Computer Simulation of Dendritic Morphology," *PLoS Computational Biology* 4, no. 6 (2008): e1000089 (CC BY 4.0).

그림 36   저자가 작성함.

그림 37   Wolfram Schultz, Peter Dayan, and P. Read Montague, "A Neural Substrate of Prediction and Reward," *Science* 275, no. 5306 (March 1997): 1594. (저작권자의 허가를 얻음).

그림 38   (왼쪽) Sul et al., 2010, Neuron, 66:449-460. (오른쪽) Hyunjung Lee et al., "Hippocampal Neural Correlates for Values of Experienced Events," *Journal of Neuroscience* 32, no. 43 (October 2012): 15054 (CC BY-NC-SA).

그림 39   Lee et al., 2012, *Journal of Neuroscience*, 32:15053-15065.

그림 40   저자가 작성함.

기억 의 미래

첫판 1쇄 펴낸날 2025년 8월 5일

지은이 정민환
발행인 조한나
책임편집 조정현
편집기획 김교석 문해림 김유진 김하영 박혜인 함초원
디자인 한승연 성윤정
마케팅 문창운 백윤진 김민영
회계 양여진 김주연

펴낸곳 (주)도서출판 푸른숲
출판등록 2003년 12월 17일 제2003-000032호
주소 서울특별시 마포구 토정로 35-1 2층, 우편번호 04083
전화 02)6392-7871, 2(마케팅부), 02)6392-7873(편집부)
팩스 02)6392-7875
홈페이지 www.prunsoop.co.kr
페이스북 www.facebook.com/prunsoop   **인스타그램** @prunsoop

ⓒ푸른숲, 2025
ISBN 979-11-7254-066-1 (03400)

* 잘못된 책은 구입하신 서점에서 바꾸어 드립니다.
* 본서의 반품 기한은 2030년 8월 31일까지입니다.